成功心理学

发现工作与生活的意义

5th Edtion

[美] 丹尼斯·韦特利 —— 著　顾 肃　刘森林 —— 译

北京联合出版公司
Beijing United Publishing Co.,Ltd.

前　言

运用本书

欢迎阅读《成功心理学》。本书向你讲述成功的基本心理学原理——这些原理适用于每一个人，无论其年龄、背景和专业领域。

和许多心理学书籍不同，本书没有采用一种千部一腔的方式，而是让你积极地去界定什么对于自己来说才是正确的。本书要求你运用自我意识和批判思维的策略，以此来考察自己的梦想、价值观、兴趣、技能、需求、认同、自尊和关系。这将帮助你确立并达到与你个人成功愿景一致的目标。

本书按逻辑顺序提供了成功的诸多原理。首先，你将评估自己属于什么类型、具备何种特殊品质，从而帮助你开发自我意识、明确个人目标。然后你将认识到，对于令人满意的生活来说，自尊和积极思考的重要性。同时你也会认识到在向自我目标不懈前进的道路上必需的工具：自我约束和自我激励。一旦你掌握了这些心理学工具，你将学会时间和金钱管理、沟通和积极人际关系的基本法则。

由于每一章节都涉及先前章节所介绍的概念，你要通过逐章仔细阅读，才能获得最大的收获。当然，如果时间有限，你也可以选择集中阅读你最感兴趣的话题。

本书栏目

作为一部新颖而全面的著作，本书的专栏是被设计来帮助你理解和记忆每一章中引入的心理学原理的。这些专栏也可以用来激发思考和讨论，并帮助你把学到的知识运用到现实生活中。

真实成功故事　通过仔细阅读真实的成功故事来开始每一章的学习，看一个普通人是如何应对该章所谈论的问题和挑战的。运用故事后面的问题，设想你自己就处于那个人的位置，并评估你对即将阅读的章节的主题已了解了多少内容。在那一章的结尾，再度回到真实的成功故事，并运用你学会的概念来为该角色所处的情境提供成功的解决方案。

篇章导言和目标　每一章都有一个简要的导言来预告将涵盖到的话题，并且提供一个目标列表，这包含了你可以预期在阅读完文本并完成所有练习后必须掌握的各种技能和信息。

开篇格言　开篇的格言与该章论述的理念有关，同时也为你提供精神食粮。花一点时间去思考该格言作者试图表达的观念。你是否赞同？为什么？

关键词　关键词以黑体呈现于文本中，并在页边给出了注释，以便复习。在书末第374页的词汇表中也一并列出关键词和重点词的定义。

成功要诀　"成功要诀"专栏概括了每章的内容核心。读者们可以用这些便签来预习和温习该章内容，同时也提示读者在日常生活中运用这些成功的基本原理。

应用心理学　本栏目集中于发人深省的问题，如文化和身体形象、冲动控制和老年心理学。它将该章中的一个或多个与心理学鲜明突出的前沿问题联系起来。

职业发展　职业发展栏目使该章的概念密切联系职场，给读者在工作紧张、问题解决和简历写作等问题上提供信息。

网络活动　本技术性栏目探讨如何高效率和富有高成效地使用电脑、网络和电子邮件，它还阐述了像在人工智能和在线合作学习等领域中技术与心理学之间的联系。

练习　每章都有若干练习，这是材料中一个必不可少的部分。这些练习让你通过自我评估、对真实世界的观察和批判的思考来把新学到的概念运用于你自己的生活中。

个人日志　每章还有一些个人日志和简短的笔记式练习，它们让你暂停一下，以对所述材料进行个人的反思。

在线学习中心网站（www.mhhe.com/waitley5e）　这个辅助网站为教师和学生提供了许多栏目。教师可以访问每章的注释、测验题库、PPT演示和附加的资料来源。学生栏目包括实用的测验题、评估练习，以及用于研究项目和有益的在线工具、就业资源和其他许多相关材料的链接。文本中提供了包含特定网络资源的参考资料。

行动起来

本书既是一本工作手册，也是一本教科书。请你记下笔记，划出重要的概念，标出自己准备进一步探究的段落。在转移到下一章之前，花些时间完整地完成每一个练习和个人日志——这将帮助你在个人层次上理解这些材料。但是，不要为找到"正确"的答案而担忧——唯一正确的答案是，忠于你自己的、真实的并由反思和批判性思考所支持的答案。当你完成本书的时候，你将对自己的目标和对未来的憧憬有一个珍贵的记录。

目 录

前言 1

第一章 心理学与成功 3

1.1 了解成功 4
- 什么是成功？ 4
  - 成功的要素 4
  - 谁是成功者？ 8
  - 成功和快乐 10
  - 什么产生快乐？ 10
- 理解心理学 17
  - 为什么学习心理学？ 17
  - 心理学的目标 18
  - 解释人的行为 18
  - 思考、感觉和行动 19
  - 认知和情感 20

1.2 理解你自己 23
- 你的内在自我 23
  - 你的自我形象 24
  - 树立健康的自我形象 24
- 你和你的社会 25
  - 身份 30
- 文化和身份 33
  - 性别和身份 37

第二章 自我意识 43

2.1 找出你的方向 44
- 发展自我意识 44
  - 对己诚实的重要性 44
  - 自我知觉 46
  - 情感意识 46
- 确定你的梦想 49
  - 目标的重要性 49
  - 梦想应该是什么？ 51
- 深入接触你的价值观 52
  - 你的职业价值观 56

2.2 发现你的强项 59
- 人格与个性 59
  - 特质来自何处？ 59
  - 存在多少特质？ 60
  - "大五"人格特质 60
- 探讨你的技能和兴趣 64
  - 技能类型 64
  - 复合技能、复合智力 65
  - 发现你的兴趣 73
- 把自我意识与工作结合起来 75
  - 工作为什么重要 75
  - 人格类型与工作 76

第三章　目标和障碍　85

3.1　设置并实现目标　86
- 你的目标是什么？　86
  - 设置目标　86
  - 短期和长期目标　90
  - 把你的目标结合起来　90
  - 坚守在轨道上　90
  - 在你行动时调整目标　94
- 克服障碍　95
  - 试图取悦他人　95
  - 并不真正想要它　95
  - 成为完美主义者　96
  - 独来独往　96
  - 抵制变化　99

3.2　控制压力和愤怒　99
- 压力和压力源　99
  - 压力表现　101
  - 逃避反应　102
  - 压力控制　105
  - 应对愤怒　107
  - 对愤怒的反应　111
  - 富有成效地控制愤怒　113

第四章　自　尊　121

4.1　理解自尊　122
- 自尊的力量　122
  - 高自尊的效应　122
  - 低自尊的后果　123
  - 自尊的起源　124
  - 害羞与自尊　131
  - 提高你的自尊　134
  - 自我期望和自尊　134
  - 确立你的自我期望　136

4.2　学会喜欢自己　140
- 自我接纳和自尊　140
  - 你、缺陷和全部　141
  - 修复消极的自我形象　142
  - 戒除比较的习惯　147
  - 真实的还是理想的　148
- 运用积极的自我对话　151
  - 消极自我对话：你的内在批评　151
  - 使用积极主张　153
  - 批评与自尊　156
  - 破坏性和建设性批评　157
  - 处理建设性批评　158
  - 处理破坏性批评　158
  - 积极主张与自尊　160

第五章　积极思考　171

5.1　成为积极思考者　172
- 积极思考与乐观主义　172
  - 积极思考为什么重要？　172
  - 思考与态度　173
- 采纳积极的习惯　175
  - 寻找美好　175
  - 选择你的词语　176
  - 和积极人士在一起　179
  - 接受而不是批评　179
  - 限制抱怨　179
  - 不必担忧　180

◇ 思考的类型与健康 184
　　好态度，好健康 184
　　消极思考与精神健康 185
　　变得健康 185

5.2 战胜消极思考 191
◇ 克服自暴自弃的态度 191
　　态度的力量 191
　　恶性循环 192
　　改变你的态度 193
◇ 认清扭曲的想法 198
　　非理性的信念 199
◇ 改变你的消极想法 202
　　学习你的 ABCDE 202

第六章　自我约束　211

6.1 掌控你的生活 212
◇ 什么是自我约束 212
　　自我约束的要素 213
　　坚持的力量 213
　　自我决定 215
◇ 控制冲动 216
　　从长计议 218
◇ 接受改变 219
　　你抵抗改变吗？ 220
　　什么使你止步不前？ 221
◇ 克服坏习惯 224
　　步骤1：愿意改变 227
　　步骤2：了解习惯 227
　　步骤3：替代坏习惯 228

6.2 训练你的思维 233
◇ 学会批判性思考 233

　　批判性思考的好处 233
　　你是批判性思考者吗？ 233
　　批判性思考的标准 234
◇ 成为更好的决策者 241
　　为什么好决定事关重大 241
　　处理错误 244
　　决策过程的步骤 244

第七章　自我激励　257

7.1 理解激励 258
◇ 激励的力量 258
　　积极和消极激励 258
　　激励来源 259
　　理解刺激性奖励 261
◇ 需求与激励 265
　　需求和要求 266
　　需求层次 266
　　生理需求 267
　　安全需求 268
　　社会需求 268
　　尊重需求 269
　　自我实现需求 269

7.2 给你的激励充电 273
◇ 激励和情感 273
　　欲望的重要性 274
◇ 克服对失败的恐惧 275
　　正视你的恐惧 275
　　扩大你的舒适区域 276
　　重新思考失败 276
　　失败乃成功之母 276
◇ 克服对成功的恐惧 278

战胜你的恐惧　278
◇ 设想愿景　283
愿景与成功　283
想象的力量　284
设置愿景的步骤　284

第八章　资源管理　293

8.1　时间管理　294
◇ 管理你的时间　294
时间管理步骤　294
第一步：分析你如何利用时间　295
第二步：给你的活动排序　298
第三步：为你的时间制定计划　303
◇ 应对拖延　304
我们为何拖延　307

8.2　金钱管理　311
◇ 金钱很重要　311
财富与幸福感　311
金钱和你　312
◇ 管理你的财务　313
第一步：分析你是如何使用自己的金钱的　314
第二步：给你的开支做优先性排序　317
第三步：为你的金钱做一个计划　318
◇ 扩展你的资源　319
消费，消费，消费　323
改变购物习惯　323
明智地使用信贷　324
随时关注开支　326

第九章　沟通与人际关系　331

9.1　有效沟通　332
◇ 沟通概观　332
人际沟通　332
沟通的要素　335
沟通失败　336
非语言沟通　338
非语言沟通的功能　338
非语言沟通的形式　341
解释非语言信号　342
◇ 改善你的沟通技能　344
成为有效的讲话者　344
成为一名积极的倾听者　347

9.2　健康的关系　353
◇ 关系概观　353
群体关系　353
遵　从　354
多样性　355
抛弃成见和偏见　355
发展同理心　357
人际关系　360
亲密关系　360
自我表露　361
成功的亲密关系　364
处理关系中的冲突　366
尊重和成功　368

译后记　384
出版后记　385

真实成功故事

"我正在做正确的事情吗？"

展望未来

比尔·桑托斯（Bill Santos）是洛杉矶的一位自由电影制片助理，他获得了助理制片人的专职工作。每个人都祝贺他获得了薪水的提升和醒目的头衔。而比尔却并不为这份工作的前途感到十分高兴。这次提升意味着更长的工作时间和更多的责任。况且，他认为自己甚至不喜欢这些由他协助制作的节目。他为什么这么做呢？

考虑自身

比尔一直梦想以写作来谋生。制片助理并不是他梦寐以求的工作，但是他在这行业干得不错，还有一些额外收益。近来，比尔已经开始为一本崭露头角的杂志撰写文章。尽管报酬低，但这种写作却提醒他思量一下，自己为何曾把作家当成自己的首要理想。如果接受新的职务，那他将不能在写作上花费时间了。比尔明白，接受这个职务是明智的，但他无法对此充满热情。

你怎么想？

你认为比尔怎样做才会更成功，接受制片助理职务还是花费时间写作？为什么？

第一章

心理学与成功

"与我们内心的东西相比,在我们后面和前面的都是小事。"

——哲学家 拉尔夫·艾默生(Ralph Waldo Emerson)

导言

在成功路上迈出的第一步就是界定成功对你意味着什么。在 1.1 节中,你将阐明你的成功愿景,并开始思考如何才能使它变成现实。你也要思考可以帮助你获得成功的个人品质,并探索学习心理学何以能帮助你了解自己和你的个人世界。在 1.2 节中,你将开始思考你的个人身份和自我形象。你将思考如何看待自我,以及这对你有什么意义。

本章目标

读完本章后,你将能够:

- 定义成功。
- 列举几个能帮助人们快乐的个人品质。
- 定义心理学并指出其四项主要目的。
- 解释思考、感觉和行动之间的关系。
- 定义自我、自我形象和身份。
- 描述身份的组成。

1.1 了解成功

◇ 什么是成功？

什么是成功？不同的人会给出不同的定义。对于某些人而言，成功是大量的财富、名声，或是满满一橱柜的奖品。对于其他人而言，成功是名望、社会地位，或是一份受人尊敬的职业。但是，尽管金钱和荣誉总是伴随着成功，它们却并不是成功最重要的因素。事实上，许多成功人士从未获得此类回报。

那么，什么是成功？在本书中，**成功**意味着一生的个人成就。个人成就来自你在你的工作和生活中创造的一种有意义的感觉。这种成功不是由其他任何人所赋予的，也不会被其他任何人所剥夺。它需要你冒险、克服挑战，并让你的最佳资源——你自己——发挥最大潜能。

> **成功**
> 一生的成就，它来自你在你的工作和生活中创造的一种有意义的感觉。

成功是一个历程，而不是终点。它应当包括内省、思考你所重视的事物，并探索对你而言最有意义的人生道路。在练习1中思考成功对你意味着什么。阅读完本书之后，你也许会希望返回到此练习，从而能更清楚地阐述你的成功观。

成功的要素

> **成功要诀**
> 金钱和名声不等于成功。

一生的成功有几个重要的构成要素，你将在本书中一一领会它们。这些要素展示在第9页的个人日志1.1中，它们是一些你可以注入到实际生活中的思维和行动的良好习惯。第一个重要的要素是自我意识。与自我意识密切联系的是自我引导、自尊、自律和自我激励，这些都是保持你在向着目标和理想的方向上不懈前进的手段。你的态度也是成功的一个重要构成要素；积极思考能帮助你正确地观察事物，并度过艰难时光。最后，缺乏积极的人际关系就不可能有真正的成功。现在，让我们来一一考察这些关键的成功要素。

自我意识 自我意识包括指出并评价你的个人价值观、个人品质、技能和兴趣。缺乏自我意识，你就难以断定你对生活的真实想法。成功人士运

练习1　对你来说成功意味着什么？

A. 至少花3~4分钟时间，在脑海里搜索当你思考"成功"时会想到的每个词或短语。把它们填入下面的方框中。

成功 =

B. 阅读你写下的所有内容。这些词语如何展现了你自己的成功愿景？

_____
_____
_____

C. 现在，写下你对成功的定义。

对我来说，成功意味着_____
_____
_____

D. 你的成功定义与本书中提供的成功定义有区别吗？如果有，那是怎样的区别呢？

E. 按照你对成功的定义，你认为你将会获得成功吗？为什么会或为什么不会？

F. 描述你所知道的符合你的定义的两位成功人士。

职业发展

你的社交能力怎样？

一张纸能涵盖多少对你的描述呢？许多——如果它是一封求职信的话。求职信是简明扼要的自我介绍，它连同你的个人简历一起寄给潜在雇主，它为你解释自己为什么是这份工作的最佳人选提供了机会。尽管许多求职者把求职信视同弃物，但求职信绝不是如此的。在最近一项调查中，60%的总经理都说，比起附属于它的个人简历，求职信要么同样重要，要么更加重要。当你起草求职信时，请记住雇主们通常只花费几秒钟（经常不超过10到20秒）的时间来浏览每一份申请书。思考一下雇主想知道什么：此人是谁？他为什么申请这份工作？为什么我会雇用她而不是我最好朋友的侄子？运用下述指南来帮助你：

- 写信给有实权雇用你的人。
- 突显你是这项具体工作最佳人选的资格。
- 简洁明了。不浪费时间地谈论要点。
- 确认你的语法、拼写和标点符号正确无误。
- 自信和正规化——不要开玩笑、乞求或自我炫耀。
- 不要超过一张纸的长度。

一封求职信给了你一个机会，让你展示自己是具有自我意识、自我引导和专业性的人才。让它发挥作用吧！

你的观点是什么？

写一篇短文，描述求职信比附属于它的个人简历更重要的情景。

如果想获取有关写作专业求职信和个人简历的资料，请点击 www.mhhe.com/waitley5e。

用自我意识来建立自信，并获得追求梦想的勇气。他们还运用自我意识去理解自己的思想、感觉和行动，并更好地与他人相处。

自我引导 成功人士通过培养自我引导这种重要品质来把自己与他人区别开来。**自我引导**是制定明确的目标并向其努力的能力。成功人士能够告诉你，他们正走向何方，沿着这个方向他们计划做什么，谁将和他们一起冒险。他们拥有人生的行动计划。他们制定目标并得到自己想要的。他们指引自己沿着成功之路行进。

自尊 自尊，即对自己作为一个有价值的、独特个体的尊重，是另一个成功的基础。自尊帮助人们朝着梦想和目标努力，并帮助人们在被他人批评或阻碍时保持前进。它也帮助人们首先相信自己是值得获取成功的。

积极思考 每个人都体验过或美好或糟糕的经历。成功人士学会关注未来的各种可能性，而不是在糟糕的经历上废话连篇。他们也把挫折视作重

成功要诀

成功是个历程，而不是终点。

自我引导

制定明确的目标并向其努力的能力。

> **成功要诀**
> 运用积极思考来实现你的目标。

新进行评估和尝试的良机。并不是每位成功人士都是天生的乐观者，但成功人士会学着运用积极思考来推动自己向目标前进。

自律　成功不是马上发生的——它需要付出努力。不管计划如何完美，你都需要自律，以便将你的计划付诸行动。成功人士掌控自己的生活。事情一旦做错，他们就承担责任，而一旦事情做成了，他们也接受功劳。他们学会如何做一些必要的改变和摆脱恶习。他们也学会批判地思考，作出正确的决定，并运用这些技能来管理时间和金钱。

自我激励　为了获得并维持动力，成功人士给自己设置了既充满挑战又鼓舞人心的目标。他们关注对自己富有意义的目标，而不是社会或他人觉得自己应该关注的目标。他们理解自己的需求和渴望，并能够保持自身向前进，不顾自己的恐惧。

> **成功要诀**
> 要花时间发展人际关系。

积极关系　良好和各式各样的关系对于成功的人生至关重要。即使在我们这样一个看重个人成就的社会中，没有他人的帮助、建议和情感支持，谁都别想取得成功。最快乐和最具有成就的人，通常也是会为生活中的其他人腾出时间的人，而不是把自己的所有精力都集中于累积成就。

你已经具备了上面的哪些成功要素？哪些是你需要开发的？在个人日志1.1中写下你的思考。

谁是成功者？

> **成功要诀**
> 成年人也需要角色模范。

成功人士会从生活中获取他们想得到的东西。他们确立并实现对他人和自身都有益的目标。他们不必凭借运气而在生活中获得成功，也不必依靠他人的牺牲来获得成功。他们通过发挥自己与生俱来的潜力来获得成功，并发展和使用它来实现目标，而且这个目标按照他们自己的标准来说是值得的。

在我们的社会中，谁是真正的成功人士，这一点往往不是显而易见的。举个例子，媒体经常美化拥有大量财富、名声或权力的人，但这些人不一定总是最成功的。事实上，大量的财富、名声或权力有时会导致一种毫无目标的感觉。

正如我们每个人都有自己的成功愿景一样，我们每个人对"谁是成功人士"也有自己的想法。在你的眼中谁是成功的呢？有影响力的商界人物？电影明星？获得诺贝尔奖的科学家？充满爱心的教师？专注的手艺人？精心培育子女的父母？对于我们大多数人而言，最成功的人士对我们来说都是些特殊的人，例如父母、亲戚、教师或朋友。通常，我们欣赏与自己关系密切的人的成功，这是因为他们影响了我们的生活，而且我们知道他们克服了许多障碍才达到了自己的目标。

角色模范　如果回顾早期的童年时代，你也许就会记起当时拥有的一个角色模范。**角色模范**是具备你希望拥有的品质的人。

孩童需要角色模范，但成年人也同样需要。随着我们的成长，我们的角色模范通常代表了我们未来希望成为的样子。詹姆斯是一位信息技术专业的学生，他从麦克尔·戴尔（Michael Dell，戴尔计算机公司的首席执行官）身上得到了鼓舞。詹姆斯在获悉戴尔在 19 岁时仅凭 1000 美元和一个好点子就开创了自己的公司时，他就决定去了解更多的情况。詹姆斯在互联网

> **角色模范**
> 具备你希望拥有的品质的人。

个人日志 1.1

成功的构成要素

在每一个椭圆中的横线上写下一条途径，即你认为该椭圆中所标注的品质能通过此途径帮助你成为你想要成为的人。

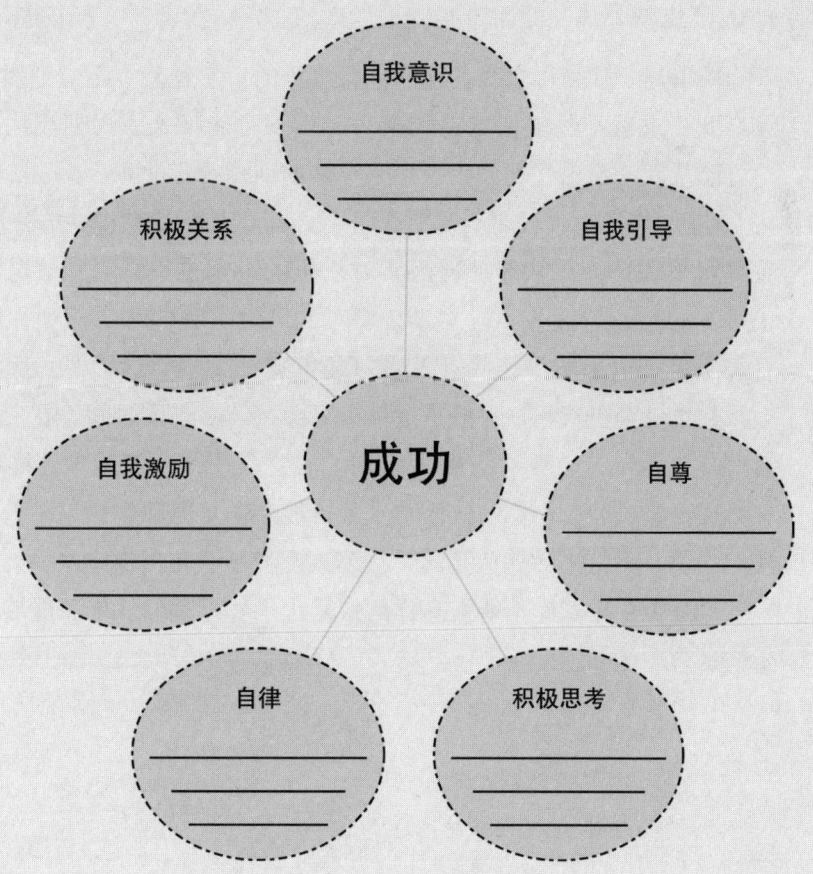

上阅读了大量关于戴尔的事迹,并选择他作为自己在伦理、技术、商业技能和积极态度上的角色模范。现在,詹姆斯正努力开创属于自己的电脑生意。

你不必亲自认识作为你角色模范的他或她;这个人也许来自世界上的不同地方,甚至属于不同的世纪。你的角色模范们也许有着很大的区别——一些人也许拥有特殊的技能或成就,而另一些人也许拥有一些个人美德,比如勇气、慷慨或诚实。你可以选取一个或几个角色模范。运用练习2,选择一个角色模范,并尽可能多地了解他或她。

成功和快乐

> **快乐**
> 来自对生活积极评价的幸福状态。

真正成功的一个重要收获是快乐。**快乐**是一种幸福的状态,它来自对生活的积极评价。它是关于你是谁、你正在做什么,以及你和他人关系的总体良好感觉。当你对日常活动产生兴趣、对事情的进展方式产生热情,以及为你的未来感到乐观的时候,你就是快乐的。你现在有多快乐?通过完成第15~16页上的练习3来发现你的答案吧!

什么产生快乐?

快乐是一种赢得自我尊重和他人尊重的自然经验。不应把快乐混同于放纵自我、逃避某些事情或追求享乐。你不可能吸入、喝到或抽到快乐。你不可能买到、穿出、驾驶出、吞下、注射或旅行出快乐。

你过去是否知道,像财富、青春、身体健康、婚姻状况、外貌上的吸引力、教育水平和社会现状等外部因素对快乐的影响很小?通常情况下,驾驶豪华轿车的企业总裁并不比乘坐公交车的临时工更快乐。假如你明天起床后看起来像个电影明星,并且上衣口袋里有一张中奖的彩票,那将会发生什么?你也许会更快乐——但是这仅仅只会持续一小段时间。在一年之内,生活对你来说或许并不会有多大差别。研究表明,在经历像这样巨大变化的一年或更长时间后,你的快乐水平很可能会恢复到和此前一年一样的程度。换句话说,无论生活如何起落,很多人都经历着相当稳定水平的快乐。

> **成功要诀**
> 为了快乐创造属于你自己的机会。

这是否意味着你不能提高你的快乐水平?不是的。你总能够找到创造快乐的良机。诸如:

- 在你的人生中创造一种有目的的感觉
- 建立与他人更深层的联系
- 改善技能、学习并富有生产力

- 玩游戏并尽情享受
- 更好地了解你自己
- 努力变得更像你钦佩的人
- 积极前瞻未来之事
- 享受你周围的美好事物
- 为好奇而好奇

快乐的人不会坐等快乐出现。相反，他们会为快乐进入他们的生活创造机会。

积极品质 促进快乐的另一条途径是培养帮助你享受生活和应对挑战的个人品质。研究成功和快乐的心理学家们发现了其中的一些品质。其中最重要的是：

- 爱的能力——感受、表达并接受爱、亲情、热情和同情，并以慷慨的方式行动的能力
- 使命感——对某些事情有兴趣和感到兴奋，并将其转变成毕生工作的能力
- 勇气——承担风险和挑战自我的能力
- 信任——对他人及其动机富有信心
- 乐观——期望事情朝最好的方向发展
- 重视未来——关注未来可能发生的事情，而不是关注过去的错误或失望
- 社交技能——理解他人、与他人和谐相处、建立稳固关系的能力
- 美学感受力——欣赏和喜爱艺术、音乐和大自然的能力
- 职业伦理——坚持履行义务、可信赖、尽责、干实事和富有生产力的承诺
- 诚实——对自我和他人以直率的方式思考、说话和行动
- 情感意识——体验并表达各式各样情感的能力
- 坚持——在持续面对失败和逆境时，坚持朝向目标以及调整压力的能力
- 宽容——慷慨的精神，避免嫉妒和责备的能力
- 创新思维——愿意思考新的观念和观点，并尝试新的思考和行事方式。
- 精神追求——寻找人之存在的更大利益、目的或意义
- 自尊——对你自身价值的积极感受，包括尊重自己以及尊重他人的权利、感觉和愿望
- 智慧——运用你的知识和经验去作出正确决定的能力

> **成功要诀**
>
> 尝试新的思考和工作方式。

培养这些品质将有助于你保持身体健康、享受稳固的友谊和家庭关系、从忠诚的浪漫关系中得到满足、成为卓有成效和充满爱心的父母、在工作中寻找满足感、对自己有信心。

练习2　你的角色模范

A. 选择一个你钦佩并希望以某种方式仿效的人。仔细研究其人生，并填写下列资料。

角色模范剖析

1. 姓名_____

2. 出生时间和地点_____

3. 特殊成就

_____

_____

_____

4. 他或她克服的障碍

_____

_____

_____

5. 他或她克服障碍的途径

_____

_____

_____

6. 特殊的个人品质

_____

_____

_____

7. 他或她过去或现在展示这些品质的方式

_____
_____
_____

8. 他或她获得这些品质的途径

_____
_____
_____

9. 你和你的角色模范具备的共同之处（个人品质、经历、兴趣、挑战）

_____
_____
_____
_____
_____

10. 你希望变得更像你的角色模范的领域

_____
_____
_____
_____
_____

B. 在所有你可以选择的人士中,你为什么偏偏选取这个人作为你的角色模范?你认为你选取的角色说明了你的什么情况?

_____
_____
_____
_____
_____

C. 观察你对角色模范剖析中第10项的回答。你会采取哪些具体行动来使自己在这些领域中更像你的角色模范?

_____
_____
_____
_____
_____
_____
_____
_____
_____
_____
_____
_____
_____
_____

练习3 你有多快乐?

A. 阅读下列每一条陈述,并判断它对于你是完全正确、可能正确、可能错误还是完全错误的。在恰当的方格中打钩。

	完全正确	可能正确	可能错误	完全错误
1. 我是天生快乐的。				
2. 我的未来显得充满光明。				
3. 对我正从事的事情抱有热情,这是件容易的事情。				
4. 我经常在无特别理由的情况下感到快乐和满意。				
5. 我的人生富有乐趣。				
6. 每天我都做些有趣的事情。				
7. 我基本上是一个快乐的人。				
8. 我通常能找到富有生气的生活方式。				
9. 我有一些非常有趣的消遣方式和嗜好。				
10. 我经常感觉到真正的快乐。				
11. 在大多数清晨,接下来的一天对我而言都是明亮的。				
12. 在大多数日子里,我都拥有真正快乐舒心的时光。				
13. 我经常在无特别理由的情况下感到某种幸运。				
14. 每天都有有趣和令人兴奋的事情发生在我身上。				
15. 在闲暇时间里,我通常能找到有趣的事情去做。				
16. 我通常是无忧无虑的。				
17. 人生于我是一场伟大的冒险。				
18. 在不自负的情况下,我对自己感到相当满意。				

资料来源:改编自 Dr. Auke Tellegen 的 *Multidimensional Personality Questionaire*。

B. **评分：** 为了发现你的快乐总分，给所有选项打分：完全正确3分，可能正确2分，可能错误1分，完全错误0分。对于第10题，你必须倒过来评分，即完全正确0分，完全错误3分。

你的总分是多少？ _____

最高的可能得分是54分，37分是平均分。如果你得到38分或更高的分数，那表示你为自己的人生感到快乐。如果你的得分低于36分，那你对自己的人生就抱有相对消极的看法。

C. 你的得分高于平均分、低于平均分或与平均分相差无几？对此你如何解释？

_____
_____
_____
_____
_____

D. 你必须改变生活中的什么才能使你变得更快乐？为什么？

_____
_____
_____
_____
_____

E. 从现在开始的两年内，你认为你将更快乐、更不快乐还是没有变化？为什么？

_____
_____
_____
_____
_____

◇ **理解心理学**

为了清楚地了解你对人生的要求，你首先需要了解自己。我是谁？我渴望和需要什么？为什么我会以目前的方式去思考、感受和行动？这些疑问出现在成功旅程的开端。这些问题也是心理学研究的重点。**心理学**是研究人类行为的科学。"心理学"（psychology）一词来源于两个希腊语单词："psyche"的意思是"思想"或"自我"，"logos"的意思是"科学"或"研究"。

心理学关注的是人类的行为。**行为**指的是我们思考、感受或做的任何事情，包括：

- 行动
- 反应
- 说话
- 观察
- 感觉
- 想象
- 需要
- 记忆
- 睡眠
- 梦想

心理学家通过观察人的行为来研究人。虽然心理学家不能直接测量出人们在想些什么或感觉如何，但他们能够观察其行动，倾听其话语，并尝试理解其体验。

心理学
研究人类行为的科学。

行为
人们思考、感受或做的任何事情。

成功要诀
心理学帮助你理解自己。

为什么学习心理学？

心理学处理那些对人们有意义的基本问题。心理学家提出诸如此类的问题：

- 为什么人与人之间有区别？区别如何？
- 所有人的共同需求是什么？
- 情感来自哪里？它们行使什么功能？
- 态度来自哪里？它们怎样改变？
- 肉体和精神之间的区别是什么？

通过为这些问题提供洞见，心理学帮助我们理解自己和他人。因此，学习心理学家的发现和理论能够帮助你更好地理解你自己和你的世界。

心理学的目标

心理学有四个主要的目标：描述、预测、解释和（在某些情况下）改变人的行为。

由于人的行为太过复杂，许多心理学家便仅仅关注这些中的一两个目标。例如，一些心理学家集中精力观察人们在很特殊的环境中如何思考和活动。他们然后运用其观察资料来创建人在这些环境中的思考和行为模式。例如，研究婚姻关系的心理学家也许会调查影响人们选择配偶的因素，或是随着时间变化，婚姻关系趋向变化的方式。

其他心理学家对描述个人和团体如何思考和活动感兴趣，这为的是预测他们在未来有可能如何思考和活动。例如，研究儿童的心理学家也许会试图预测哪些儿童将面临诸如抑郁和自卑这样问题的风险。

许多心理学家都集中关注心理学的第四项目标：改变人类的行为。例如，临床心理学家帮助患者改变与心理疾病有关的不良行为。治疗社交恐惧症患者的临床心理学家可以帮助这些人勇敢地面对恐惧，并采取积极的措施克服它。

解释人的行为

为什么人们以目前的方式思考、感觉和行动？直到几个世纪前，人们还

网络活动

虚拟治疗

越来越多的心理学家正在提供网络在线服务。许多心理学家现在通过电子邮件、即时通信系统、聊天室，甚至双向视频会议系统来提供咨询。在线治疗对于患有严重疾病（如自杀妄想或精神病）的人群是不适宜的。然而，它能够联系在地理上分隔、有社交焦虑或肢体伤残的人群。人们也能够运用网络找到虚拟支持小组、搜索治疗信息，以及专业领域的咨询师和心理学专家的名单。但是，在线心理健康服务有什么缺陷呢？批评人士指出，在线治疗完全无效。成功的治疗建立在人们的联系之上。两个人能在电脑屏幕上建立一种深厚的联系吗？批评人士还担心人们会沦为伪医疗专家的受害者，这样的话，患者的在线个人信息也不再安全。

思考　你认为在线治疗的优点和缺点是什么？你会尝试它吗？为什么会或为什么不会？将你的观点带入班级讨论小组。想了解更多关于在线心理治疗的内容，请点击 www.mhhe.com/waitley5e。

相信，人的行为是由存在于肉体之外的灵魂所控制的。在古代，人们认为像紧张、焦虑和沮丧等心理问题都是由邪恶灵魂引起的。由于心理学是关注可观察行为的，如今很少有心理学家还在集中研究存在的精神方面了。相反，大多数心理学家从试图理解行为的生理基础着手。

人是具有复杂神经系统的生物体，这个复杂的神经系统可以调节思维、感觉和行动。**神经系统**是由将信息输入和输出大脑的神经元（神经细胞）组成的一个庞大网络。神经元运用化学信号和电信号相互传递。它们告诉我们的腺体和肌肉做什么，并将信号从感觉器官传达到大脑。任何时候都有上百万神经活动在我们全身传递，即使在我们休息或睡眠的时候也是如此。

意识 神经系统不只是负责监控我们的身体机能。它也负责意识，即对自己在一个特定时刻经历的感觉、思考和知觉的意会。意识可以表现为极度警觉的形式，比如当我们在考试或在拥挤不堪的街道上寻找停车位的时候。它也可以表现为放松警惕的形式，比如当我们在做白日梦或在一条熟悉的道路上驾车而不必考虑自己应当做什么的时候。

意识活动由意识思维所控制，这是大脑机能中控制我们可以意识到的精神过程的一部分。**意识思维**从我们的环境中收集信息，然后把它们存储到我们的记忆中，并帮助我们作出合乎逻辑的决定。然而，意识思维不是全部内容。我们也有**潜意识思维**，它储存我们不完全意识到的情感和感觉，以及心灵深处的感觉。我们的潜意识思维也帮助我们解决问题。你是否曾经尝试解决一个难题而未果，却在稍后思考其他事情时突然想到了该问题的答案？这就是潜意识思维的力量。它能在你的意识思维忙于其他事情时给出答案。

思考、感觉和行动

人们是在思考还是感觉的基础上行动的？是感觉产生思考，还是思考产生感觉？事实上，思考、感觉和行动是相互联系的。其中的每一个都在连续的循环中影响着另一个。

我们对于人物、事物、事件和环境的思考强烈地影响着我们对它们的感觉。例如，假如我们相信某件事情将以对我们有利的方式进行，但实际上它却没有，那我们大概会体验到一种失望的感觉。另一方面，假如我们相信某件事情将不会以对我们有利的方式进行，而它实际上却发生了，那我们或许会觉得很轻松。

神经系统
通过在大脑和其他身体部位之间往返传递信息来调节行为的神经元系统。

意识思维
大脑机能中控制我们可以意识到的精神过程的一部分。

潜意识思维
大脑机能中控制我们未能积极意识到的精神过程的一部分。

成功要诀
思考、感觉和行动是相互联系的。

应用心理学

投射测验

"看看这个图片。告诉我，你看到了什么？"罗夏墨迹测验（Rorschach inkblot test）要求受试者解读大致对称的墨迹模式，这是心理学上最著名的测验之一。罗夏测验是一种设计来描绘病人无意识思维和感觉的投射测验。当一名病人观看一块墨迹时，他或她通过把这些思维和感觉"投射"到墨迹形象上而将其显示出来。其他的投射测验包括主题统觉测验（Thematic Apperception Test），它要求受试者围绕一系列图片创作一个故事。投射测验真的有用吗？一些心理学家发现罗夏墨迹测验在诊断像精神分裂症这样的障碍时有用，这种精神疾病的特点是思维的混乱和不连贯。但是，运用投射测验来衡量人的个性则是有争议的。首先，这些测验建立在认为人的个性出自无意识的、隐蔽的根源这样的观念上。其次，很少有研究支持这些测验的可靠性。再次，我们几乎不可能以客观的方式来给投射测验"打分"。当然，尽管有这些反对意见，投射测验仍然被许多临床心理学家所采用。

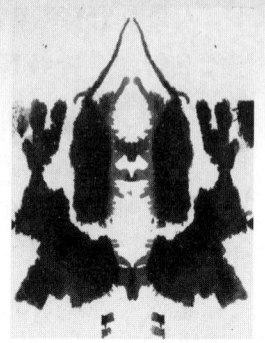

批判性思考

你认为罗夏墨迹测验有可能揭示一个人的哪些潜意识思维和感觉？

同理，我们对世界的感觉也强烈地影响着我们对它的信念和思考。我们如果对某种情境具有积极的看法和感觉，那就会再次寻求这种情境。如果我们对某种情境持有负面的看法和感觉，那就会在未来规避这种情境。

我们行动的方式也影响着我们的思考和感觉。例如，在工作中认真负责使我们对自己感觉良好，而不负责任的行动则会产生相反的结果。

运用个人日志1.2继续思索你的思考、感觉和行动之间是如何联系的。

认知和情感

思考和感觉究竟是什么？思考，在心理学中被称为**认知**，指的是加工信息的功能。这些信息的表现形式可以是文字、图像或声音。我们认为，每当我们自言自语、做白日梦、重温过去的情节、在我们脑海中听见一首乐曲或看见一张图片时，我们都会思考。认知包括如下活动：

认知
对任何形式的信息进行思考的过程。

个人日志 1.2

你的思考、感觉和行动

思考最近一次引发你强烈情感的情境。在下面的循环中,写下你在该情境中是如何思考、感觉和行动的。

情境:

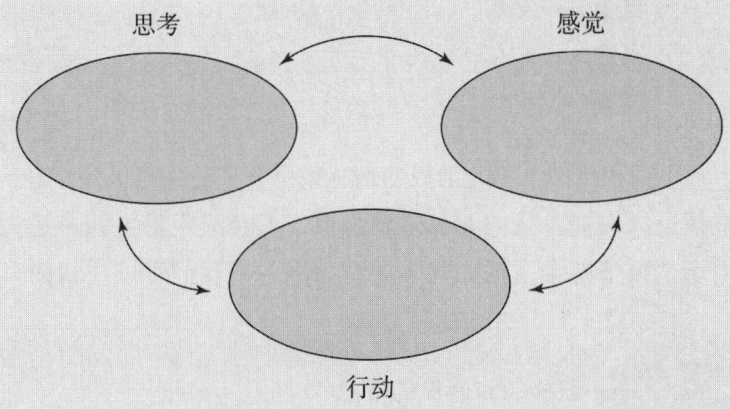

你的思考、感觉和行动是如何相互影响的?

- **感知**——赋予感官信息以意义
- **辨认**——确认你此前是否经历过某个人、事、想法或情境
- **记忆**——储存和恢复信息
- **推理**——运用信息抵达结论
- **作决定**——在各种选项或行动过程中进行评价和挑选
- **解决问题**——创造并评估那些克服横在你和目标之间障碍的方式
- **形成概念**——按照共同特征对目标、事件或人进行分类
- **想象**——在头脑中形成你想开展的行为的详细画面

认知与情感密切联系。**情感**指伴随着生理和行为变化的主观感觉,比如面部表情和姿势上的变化。尽管情感没有好坏之分,但是,有些情感却比其他的更使人愉快。例如,欢乐、兴趣和惊喜就比恐惧、愤怒和内疚更使人愉快。除了表现为积极的或消极的以外,情感也可以是比较强烈或比

情感

伴随着生理和行为变化的主观感觉。

较温和的，如下面的图1.1所示。例如，喜欢比喜爱温和些，喜爱又比热爱温和些。情感有无数的来源——视觉、听觉、嗅觉、记忆、观念或与他人的互动。事实上，我们一直在感受着某些事情，即使是在洗碗或开车去上班的时候。

积极的情感帮助我们学习、解决问题、作出决定、与他人相处、与自己相处。愉快的情感包括：

- **高兴**——达到目标后的快乐感
- **喜爱**——爱慕、痴心或依恋的感觉
- **兴趣**——好奇、关心或关注的状态
- **自豪**——在你实现个人成功时体会到的积极感觉

不像积极的情感，消极的情感鼓励我们将注意力集中在困扰我们的特定事情上。例如，我们如果感到恐惧，就会集中精力回避使人恐惧的对象。由于消极情感会占据如此多的精力，它使我们难以在朝向自身目标行进的

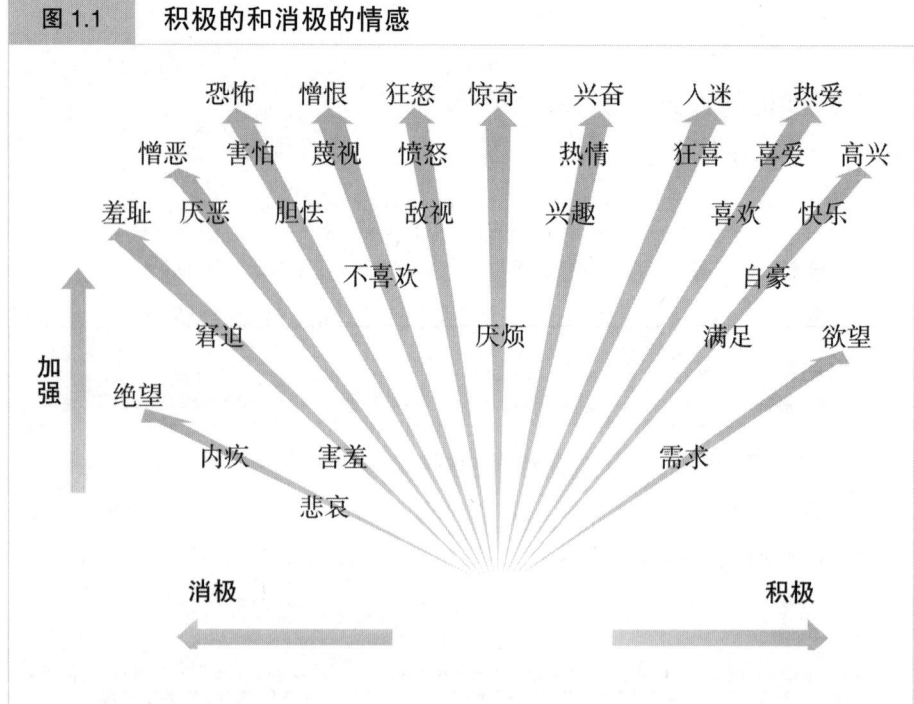

图1.1　积极的和消极的情感

情感跨度　情感可以是极度消极的，诸如内疚和绝望；或是极度积极的，诸如快乐和高兴；它们也可以是比较中性的，诸如厌烦或惊奇。描述一种引发强烈喜悦感的体验。

途中开展像学习或工作这样富有生产力的事情。消极的情感包括：

- **窘迫**——在你觉得他人发现你的缺点时体会到的不愉快感
- **内疚**——在你觉得自己的行为伤害到了他人时所体会到的消极感
- **惭愧**——在你经历了一次个人失败后体会到的消极感
- **绝望**——无望和受挫折时的不愉快感
- **恐惧**——焦虑和预感到危险时的不愉快感
- **愤怒**——强烈的不满、怨恨或敌意
- **憎恶**——一种消极的反感或排斥
- **悲哀**——因失去而产生的忧郁的悲伤感

> **成功要诀**
> 关注你自己的内心正在发生什么以及为什么会这样发生。

意识到人们的这些情感，有助于你理解自己内心正在发生什么和为什么会这样发生。学会像心理学家那样，不时地停下来，观察你的思想、感觉和行动。这将帮助你理解自己的行为，这将是引导你走向成功之路而做出积极改变的第一步。

✓ 自我测验

1 什么是角色模范？（p.9）
2 学习心理学的好处是什么？（p.17）
3 什么是神经系统？（p.19）

1.2 理解你自己

◇ 你的内在自我

我们每个人都有不止一种神经系统。我们也有**自我**。我们的**自我**是我们作为一个独特的、有意识的个体的感觉。它是我们存在的内在核心。我们的自我包含对"我是谁"这个问题的所有回答，包括特质、思考、感觉、行动、价值观和信念等。

自我是我们生命中非常真实的一部分，但它不能够通过调查的形式描述出来或在实验室里测量出来。自我是我们用以赋予我们的世界和经验以意义的一种理念。设想一下，如果你走完一生却不知道内在自我是谁，那将会怎样？你将不会形成喜好、拥有梦想、设置目标或建立关系。你将怎样

> **自我**
> 你对自己作为一个独特的、有意识的个体的感觉。

看待世界？你将如何计划明天？

我们对世界的理解大多是透过我们对自我的理解而来的。我们决定什么是正确或错误的，什么是有吸引力或无吸引力的，什么是愉快或痛苦的，这些决定都建立在我们看待自己和我们与外界关系的基础之上。拥有一种坚定的自我意识有助于我们制定计划和作出预报。它让我们对自己正在从事的事情投入一份情感。它激励我们实现目标并改善自我。拥有一种坚定的自我意识也帮助我们建立并保持与他人的关系。

你的自我形象

> **自我形象**
> 你拥有的关于你自己的所有信念。

我们每个人都拥有一套对自己的看法，即我们的**自我形象**。我们的自我形象是由我们对自己的所有信念组成的。我们的自我形象很重要——我们将要从事或试图去做的任何事情都建立在我们所持有的对自己的信念的基础之上。我们的自我形象决定我们怎样把自己展现给世界，它影响我们对自己能专业地完成什么的认识，它影响我们对个人和职业关系的选择。如果你拥有积极的自我形象，你就会把自己看做是一个值得并且有能力实现目标、获得成功的人。你就会把自己看做是有资格享受快乐的人。一种坚定、积极的自我形象可以成为你人生追求中最大的资本。

除了总体上的自我形象，我们也有在人生特定领域中的自我形象，比如学习、工作和亲密关系。例如，如果你相信自己是一名成功的学生，那就拥有一个牢固的学术型自我形象。我们拥有特定自我形象的重要领域包括：

> **成功要诀**
> 自我感觉帮助你了解世界、制定计划和作出决定。

- 智力能力
- 工作、学习和运动的能力
- 创造力、幽默感和品行
- 浪漫情调和外貌
- 父母关系和亲密友谊
- 社会认可 / 受欢迎程度

你的自我形象是什么？你把自己视做一个有创意、友善、有趣和聪明的人呢，还是你低估了自己？把你的想法写进第26页的个人日志1.3中。

树立健康的自我形象

> **成功要诀**
> 健康的自我形象是积极的，但也是现实的。

健康的自我形象是积极的，但也是现实的。然而，拥有现实的自我形象的人不会为自己的弱项而烦恼，因为他们知道自己的强项超过了这些弱项。

他们并不担忧自己不能做好的事情,而是使自己把能够做好的事情做得更完美。例如,萨拉知道自己在数学和电脑上是高手,但在艺术上却相当平庸。艾米特为自己是一名好的写手和音乐高手而感到自豪,但也知道自己在作口头展示时有可能会卡壳。这两人都拥有健康、现实的自我形象。

与此对照,拥有不现实、消极的自我形象的人,他们会过度评估自己的弱项,并为低自尊所累(在第四章中,你将了解到更多关于自我形象与自尊之间的联系)。拥有不现实、积极的自我形象的人具有高自尊,但他们过高地估计了自己的强项,而且不付出成功所必需的努力。他们也难以与他人相处,因为他们通常显得抱有敌意和自高自大。

除了现实的态度以外,健康的自我形象也建立在此刻的你的基础上。今天你是谁并不能限制下周、下个月或下一年的你将是谁。你的潜力、兴趣和能力每天都在发展,并将继续发展下去。你被你周围的世界所影响,同时你也影响着你周围的世界。

复杂性和自我形象 健康的自我形象也是复杂的。拥有复杂的自我形象意味着拥有多种看待自我的积极方式。拥有复杂自我形象的人较少遭受心理困扰,比如紧张、焦虑和沮丧等。他们在遭遇生活某一领域中的挫折或困难时,能够返回到自己在生活中所扮演的许多积极角色里的一个角色中去。例如,拉当娜拥有一种复杂的自我形象:她把自己看做是一名职业女性、母亲、艺术家和环保主义者。当工作中的某些事情变得棘手时,她仍然为许多其他积极的方面而感到自豪。相反,杰瑞德拥有一个相当简单的自我形象:他认为自己主要是一名学生。偶然在一次考试中表现不佳,他就会觉得自己很失败。

复杂的自我形象的关键是在你生活的各个重要领域间维持一种平衡,这些领域包括关系、学习、工作、职业、社区、健康、爱好、闲暇以及精神生活等等。当你把时间和精力投入到人生每一个重要领域中时,你就为良好的自我感觉建立起了稳固的基础。你的生活有多么平衡?请看看第27~29页练习4。

◇ 你和你的社会

如果你写下了对自己最深处自我的详细描述,然后要求你最好的朋友写出对你的描述,那你认为这两种描述会有多么相似?如果换作是你的兄弟姐妹来写,又会是什么样的描述?你的父母呢?一个新结识的人呢?很可能他们的描述无一与你的相似。这是因为没有一个人是用你看待自己的方式来观察你。也因为你可能在与这些人相处时都表现得有一些不同。

(成功要诀)
在你的生活中找到平衡是有益健康的。

(成功要诀)
没有一个人是用你看待自己的方式来观察你。

个人日志 1.3

你如何看待自己？

在每条陈述下的标尺上，根据你对赞同该陈述的强烈程度，在 1 到 10 之间选择一个或多个数字并画上圆圈。数字 1 代表完全不赞同，数字 10 代表完全赞同。你可以选择一个或一组数字。

1. 我智商很高。

   1 2 3 4 5 6 7 8 9 10

2. 我擅长运动。

   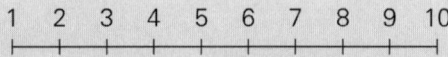

3. 我富有创造力。

   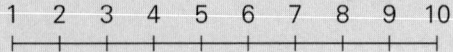

4. 我和我身边的朋友关系良好。

   1 2 3 4 5 6 7 8 9 10

5. 我有不错的幽默感。

   1 2 3 4 5 6 7 8 9 10

6. 我受他人欢迎。

   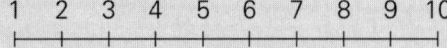

7. 我能胜任工作。

   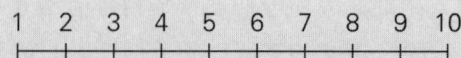

8. 我在学校中很能干。

   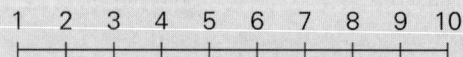

9. 我对他人来说很有浪漫的吸引力。

   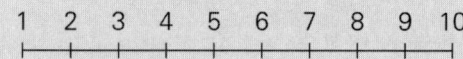

10. 我的外表很吸引人。

    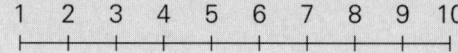

11. 我是有道德的人。

    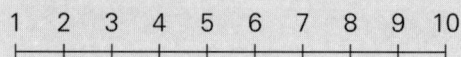

12. 我和父母关系良好。

    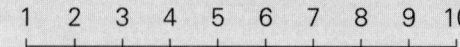

指出你打出最高分的三个领域。在这些领域中，你感到特别自豪的有哪些？现在看看你打出最低分的领域。这里是否存在你过于严格要求自己的可能性？

练习4　生活之轮

A. 阅读下列每条陈述。判定每条陈述符合你的程度，然后在1（完全不符合）到10（完全符合）之间选一个数字填入表格中。

	打分（1~10）
1. 我和朋友一起看电影、上饭馆等。	
2. 我花时间思考生活的意义。	
3. 我定期进行锻炼。	
4. 我享受与爱人在一起的时光。	
5. 我在赚钱和花钱上有目标。	
6. 我对迄今为止的职业选择和职业发展感到满意。	
7. 我参与社区事务。	
8. 我喜欢阅读图书或杂志。	
9. 我属于一个俱乐部或社团。	
10. 我留出时间进行沉思、祈祷、礼拜或其他精神活动。	
11. 我吃健康的食物。	
12. 我给不在身边的朋友和家庭成员写信或打电话。	
13. 我赚得了自己想要的收入。	
14. 我在职场、学校或其他地方参与富有创造性的工作。	
15. 我属于一个社区协会。	
16. 我参加研讨班或学习特殊的课程来提升自己的知识或技能。	
17. 我乐于认识新面孔，喜欢社交。	
18. 我思考怎样使我的人生为一个更大的目标服务。	
19. 我尝试维持健康的体重。	
20. 我在同事或同学中也有好朋友。	
21. 我有一个存钱计划。	
22. 我已经达到一些、但不是全部的职业目标。	
23. 我是社区或慈善项目的志愿者。	
24. 我观看或收听教育节目。	

B. 评分：针对上述24条陈述，把你给出的等级评分（1~10）填在下列横线上。

关系	工作和职业	社区	学习和学校教育
项目4：_____	项目6：_____	项目7：_____	项目8：_____
项目12：_____	项目14：_____	项目15：_____	项目16：_____
项目20：_____	项目22：_____	项目23：_____	项目24：_____
总计：_____	总计：_____	总计：_____	总计：_____

健康和健身	爱好和休闲	精神生活	金钱
项目3：_____	项目1：_____	项目2：_____	项目5：_____
项目11：_____	项目9：_____	项目10：_____	项目13：_____
项目19：_____	项目17：_____	项目18：_____	项目21：_____
总计：_____	总计：_____	总计：_____	总计：_____

C. 在下面的圆圈中，根据每个部分的总计分画一条曲线，以此记录下总分。

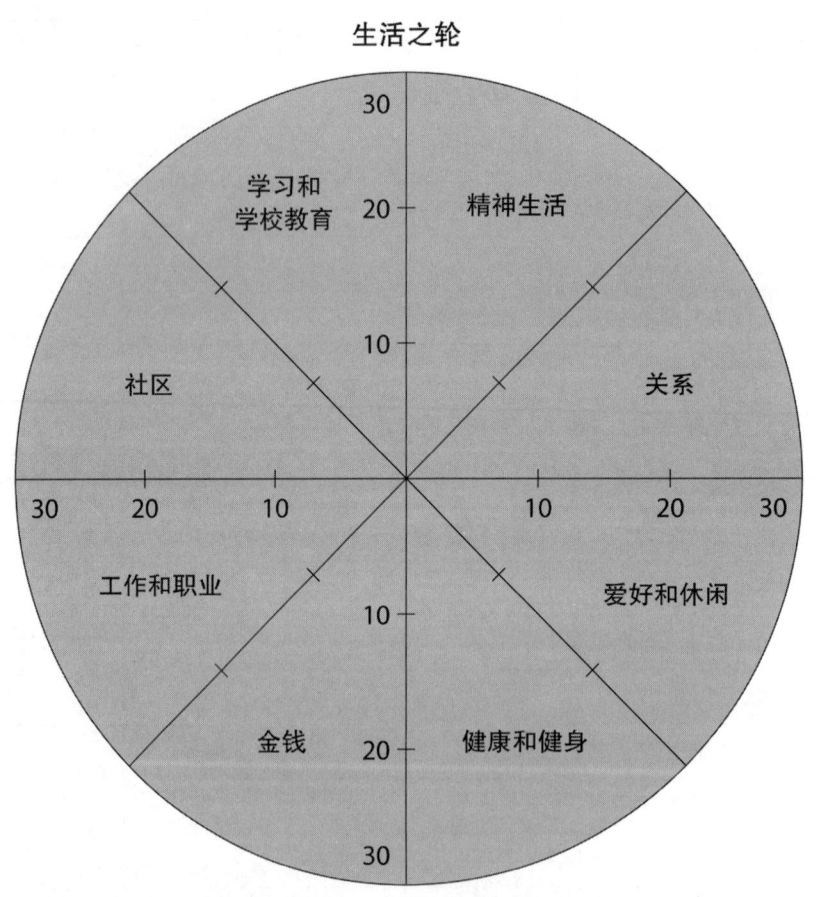

生活之轮

D. 如果你画出的曲线呈圆形,则你的生活处于良好的平衡中。你的生活是平衡的还是不平衡的?请予以解释。

E. 你希望或需要在你生活中的哪些领域里花费更多的时间?请予以解释。

F. 为了能在被忽视的领域上花更多的时间,你可以在哪一两个领域中放弃一些特定的事情?请举例。

G. 在本练习的8个生活领域里,其中是否有一些对你来说特别重要的领域?请予以解释。

你是否注意到，人们会根据社会环境改变自己的行为？例如，金妮在工作中是尽责、精于管理的，在课堂上是羞涩、安静的，跟朋友在一起是友善、开朗的。她在某些场合表现不当吗？她不确定自己是谁吗？不一定。金妮的行为显示出她能胜任各种社会角色的能力。**社会角色**是一套规定我们在给定的社会场合或环境中应该如何表现的准则（行为标准）。像金妮一样，我们每个人都隶属于许多社会角色：伴侣、朋友、家长、公民、儿子或女儿、学生、雇员等。

社会角色
规定你在给定的社会场合和环境中如何表现的一套准则。

我们根据社会角色而行动，这是因为我们期望得到社会的认可。有时，这种期望促使我们采取隐藏真实自我的方式来行动。通过改变我们的行为来给他人留下良好印象，这就是所谓的**自我表现**。例如，特蕾娜在受到恭维后故作谦虚，这是因为她害怕自己看起来很自负。

自我表现
通过改变你的行为来给他人留下良好的印象。

我们所有人都运用自我表现，有时甚至在没有意识到的情况下使用它。例如，我们也许在聚会上表现得友善和快乐，从而给人留下良好的印象，即使内心正感到疲惫和不满。你在面对不同的人时会如何表现？你热衷于自我表现吗？把你的想法写入练习5中。

身 份

我们选择如何向世界定义自己，这构成了我们的**身份**。我们的身份是我们的公共自我。身份是复杂的，并且是在整个一生中一点一点地整合在一起的。有时候，当你遇到新的人、场合、观念和挑战时，你的身份也会随着时间而改变。

身份
你选择如何向世界定义自己。

尽管每个个体的身份是复杂的，大多数心理学家仍然赞同它由三个要素组成：个体身份、关系身份和集体身份。当你逐步把你个体、关系和集体的身份整合为一个有意义的整体时，你的身份就成形了。

个体身份
将你与他人区别开来的生理和心理特征。

个体身份 你的**个体身份**由把你与他人区别开来的各种个人特征所构成。这些个人特征既可以是物质的（比如你的外表和财产），也可以是心理的（比如你的个性和才能）。个体身份的重要组成部分有：

- 姓名（起名、绰号）
- 年龄
- 性别
- 身体特征（高、矮、体形、红发等）
- 财产（家、汽车、衣物等）
- 与他人互动的方式（羞涩、开朗、和蔼等）

练习5　你自己的各个方面

A. 你在面对下述这些人时，自己分别是怎样思考、感觉和行动的？在下面的图形中写下可以用来描述的五个形容词。

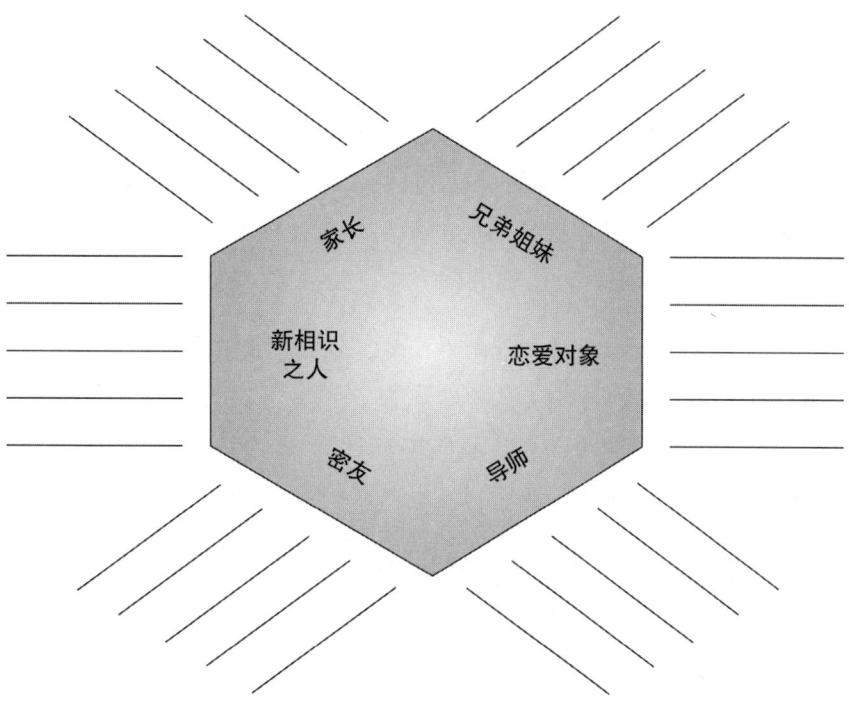

B. 你与这其中的哪一个人在一起时会更有"做自己"的感觉，或者在与他们任何人相处时，你的思考、感觉和行动都保持一致吗？请予以解释。

_____
_____
_____

C. 我们都会不时地运用自我表现策略。你何时运用自我表现？请予以解释。

_____
_____
_____

- 才能和个人品质（智力、创造力、运动能力等）
- 喜欢和爱好（食物、音乐、嗜好等）
- 情感（欢乐、悲哀、抑郁、镇定、激动等）
- 信仰和意识形态（环保主义、保守派等）
- 智识兴趣（文学、科学等）
- 艺术活动（绘画、唱歌、舞蹈等）

关系身份
你在与重要的他人的关系中如何定位自己。

关系身份 关系身份指的是我们在与生活中重要人物的关系中如何定位自己，比如我们的父母、兄弟姐妹、密友、孩子、爱人。这些重要的他人对于我们的自我感觉是如此的举足轻重，以至于我们经常为他们的成就感到骄傲，就像面对自己的成就一样。关系身份的要素是：

- 亲属关系/家庭角色（母亲、父亲、儿子、女儿等）
- 爱侣/性角色
- 职业角色（老板、雇员等）
- 友谊角色（同事、密友、熟人等）

集体身份
你扮演的社会角色和你所属的社会组织的综合。

集体身份 我们的**集体身份**是我们扮演的所有社会角色和我们所属的社会组织的综合。人是社会动物，我们每个人都是许多社会团体的成员，比如文化团体、民族群体和宗教团体。文化和民族尤其强烈地影响身份。思考一下，如果你成长在另一个国家或以另一种民族身份出生，那今天的你会有什么不同？你还会是"你"吗？

思考一下，下列集体身份的构成要素怎样使你成为现在的你：

- 种族/民族
- 宗教信仰
- 文化（欧洲、亚洲等）
- 社会阶层或地位（中产阶层、工人阶层等）
- 职业
- 公民身份/区域性（美国、加利福尼亚等）
- 组织成员关系（学生乐队成员等）
- 政治立场（民主党、共和党、绿党等）

我们每个人对身份的这些方面都有不同的评价。例如，一些人也许把宗教信仰当做是自己身份认同的主要部分，而另一些人则可能把自己的职业放在更重要的位置。

你的身份要素是什么，哪一些是你看待自己的核心要素？第 34 页的练习 6 将帮助你找出答案。

◇ 文化和身份

文化对身份有着强烈的影响。文化由为巨大的社会群体所共享的、世代相传的行为、观念、态度和传统所构成。每个文化都具有不同的价值观、伦理观、信仰、生活方式、可接受和不可接受的行为的标准，比如穿着、自我表达以及与他人联系的方式。文化影响生活的方方面面，从教育到职业，再到家庭。

文化
为巨大的社会群体所共享的、世代相传的行为、观念、态度和传统。

西方文化通常提倡个人主义。这就意味着人们对个人目标的重视超过对团体目标的重视，并且以个人属性而不是团体属性来界定自己的身份。在个人主义文化中，人们强调与他人的竞争，并且力求从人群中脱颖而出。由于这一原因，来自某些国家（比如美国和加拿大）的人，通常更重视个体身份，而非关系身份或集体身份。在个人主义文化中，人们重视的价值观包括：

- 愉悦
- 创造力和想象力
- 富有挑战、新奇和变化的多样化生活
- 勇敢，寻求冒险和风险
- 思想和行动自由
- 独立、自力更生并选定自己的目标

与西方文化不同，许多东方文化提倡集体主义。这就意味着人们对团体目标的重视超过了对个人目标的重视，他们根据团体认同而不是个人特质来界定身份。例如，在充斥着集体主义的亚洲文化中，比如日本、印度和中国，人们对合作和协调的人际关系的重视超过了对与众不同或从人群中脱颖而出的追求。在集体主义文化中，人们强调的重要价值观包括：

- 敬重并尊重父母和长辈
- 社会秩序与稳定
- 国家安全和对敌国的警戒
- 自律并抵制诱惑
- 礼貌、谦恭和文质彬彬
- 服从、履行责任和遵守义务

练习 6　身份剖析

A. 把你个体身份的每一方面都填写在下列横线上。

个体身份

我的全名是＿＿＿＿＿＿＿＿＿＿＿＿＿＿＿＿＿＿＿＿＿＿＿＿＿＿＿＿＿＿＿

我的年龄是＿＿＿＿＿＿＿＿＿＿＿＿＿＿＿＿＿＿＿＿＿＿＿＿＿＿＿＿＿＿＿

我的性别是＿＿＿＿＿＿＿＿＿＿＿＿＿＿＿＿＿＿＿＿＿＿＿＿＿＿＿＿＿＿＿

把我同他人区别开来的身体特征是＿＿＿＿＿＿＿＿＿＿＿＿＿＿＿＿＿＿＿＿

＿＿＿＿＿＿＿＿＿＿＿＿＿＿＿＿＿＿＿＿＿＿＿＿＿＿＿＿＿＿＿＿＿＿＿＿

我最重要的财产是＿＿＿＿＿＿＿＿＿＿＿＿＿＿＿＿＿＿＿＿＿＿＿＿＿＿＿

＿＿＿＿＿＿＿＿＿＿＿＿＿＿＿＿＿＿＿＿＿＿＿＿＿＿＿＿＿＿＿＿＿＿＿＿

当我和他人在一起的时候，我通常会采取的行动是＿＿＿＿＿＿＿＿＿＿＿＿

＿＿＿＿＿＿＿＿＿＿＿＿＿＿＿＿＿＿＿＿＿＿＿＿＿＿＿＿＿＿＿＿＿＿＿＿

我的特殊品质/才能包括＿＿＿＿＿＿＿＿＿＿＿＿＿＿＿＿＿＿＿＿＿＿＿＿

＿＿＿＿＿＿＿＿＿＿＿＿＿＿＿＿＿＿＿＿＿＿＿＿＿＿＿＿＿＿＿＿＿＿＿＿

我喜欢＿＿＿＿＿＿＿＿＿＿＿＿＿＿＿＿＿＿＿＿＿＿＿＿＿＿＿＿＿＿＿＿＿

我经常感受到的情感是＿＿＿＿＿＿＿＿＿＿＿＿＿＿＿＿＿＿＿＿＿＿＿＿＿

我坚定地信奉＿＿＿＿＿＿＿＿＿＿＿＿＿＿＿＿＿＿＿＿＿＿＿＿＿＿＿＿＿

＿＿＿＿＿＿＿＿＿＿＿＿＿＿＿＿＿＿＿＿＿＿＿＿＿＿＿＿＿＿＿＿＿＿＿＿

我非常感兴趣于＿＿＿＿＿＿＿＿＿＿＿＿＿＿＿＿＿＿＿＿＿＿＿＿＿＿＿＿

＿＿＿＿＿＿＿＿＿＿＿＿＿＿＿＿＿＿＿＿＿＿＿＿＿＿＿＿＿＿＿＿＿＿＿＿

关系身份

我是＿＿＿＿＿＿＿＿＿＿＿＿＿＿＿＿＿＿＿＿＿＿＿＿＿＿＿＿的儿子/女儿

我是＿＿＿＿＿＿＿＿＿＿＿＿＿＿＿＿＿＿＿＿＿＿＿＿＿＿＿＿＿＿＿的密友

我是＿＿＿＿＿＿＿＿＿＿＿＿＿＿＿＿＿＿＿＿＿＿＿＿＿＿＿的配偶/伴侣

我是＿＿＿＿＿＿＿＿＿＿＿＿＿＿＿＿＿＿＿＿＿＿＿＿＿＿＿的母亲/父亲

令我感到自豪的密友、亲人获得的成就和具有的品质包括_____

_____

_____

_____

集体身份

我的民族是_____

我的文化背景是_____

我的宗教信仰是_____

就职业而言，我是（或将是）一名_____

我出生于_____

我生活在_____

我所属的社会团体包括_____

我的政治倾向是_____

B. 你觉得上面的这些信息在多大程度上总结了你的真实身份？请予以解释。

_____

_____

_____

_____

_____

C. 假如一个从未和你谋面的人得到了这份表单，那你认为此人会在多大程度上了解你？请予以解释。

_____

_____

_____

_____

D. 现在请填写下面的问卷表，以此来考虑你身份每个方面的重要程度。在1至5之间选择一个数字给每条陈述打分（1代表对你的自我认识来说完全不重要，5代表对你的自我认识来说极为重要）。

	打分（1～5）
1. 我的梦想和目标	
2. 我最亲密的朋友	
3. 我的亲戚和家庭	
4. 我的认知和情感	
5. 我的生活伴侣	
6. 我的民族	
7. 我的自我形象	
8. 我的职业和经济状况	
9. 我的宗教信仰	
10. 我的伦理观和价值观	
11. 我的朋友和熟人圈	
12. 我对社区的归属感	

E. **评分**：把你给第1、4、7、10项打的分数加起来，从而确定你个体身份的总分。把你给第2、3、5、11项打的分数加起来，从而确定你关系身份的总分。把你给第6、8、9、12项打的分数加起来，从而确定你集体身份的总分。你的各项总分是多少？

个体身份_____ 关系身份_____ 社会身份_____

对你来说，你身份中的哪一项组成部分最重要？_____

F. 你最重视你身份的哪四五个个体方面（来自三个主要组成中的任意一项）？为什么？
_____
_____
_____
_____

正因为对关系和社会秩序的强调，来自集体主义文化的人们更趋向于重视自己的关系身份和集体身份，而不是自己的个体身份。

性别和身份

文化的一个特殊面——性别——对于我们的身份具有特殊的强烈影响。性别是一系列用于定义男性和女性的特征。不像性是生理的，性别是文化的。当孩子逐渐成长并形成自身特点时，他们便会受到性别角色的强烈影响。**性别角色**是一套定义男性和女性应当如何表现的规范。

性别角色
一套定义男性和女性应当如何表现的规范。

不同文化间的性别角色存在着广泛的差异。在西方社会中，传统上就指望男人坚定自信、独立和有竞争性，而指望女人乐于助人、善于表达和温柔。由于学校和家庭对待男孩和女孩的方式不同，因此像这样的性别角色被不断地强化。例如，女孩比男孩更有可能由于攻击行为而受到惩罚，因为此类行为被认为更适合于男孩，而不是女孩。另一方面，男孩更有可能由于哭泣而受到惩罚，并被告知"男儿有泪不轻弹"。

甚至提供给男孩和女孩的玩具也在强化性别角色。女孩们会经常收到洋娃娃、玩具小屋和化妆品，而男孩们会经常收到卡车和火车玩具、动作玩偶，甚至是玩具枪。一个对洋娃娃感兴趣的男孩或对玩具卡车感兴趣的女孩，也许会面临来自父母、教师和同龄人的批评和质疑。

在过去的几十年里，性别角色在美国一直发生着变化。部分原因可以归结于劳动力中女性比例的增加，她们现在几乎已经占到了全体雇员的一半。超过四分之一的事业为女性所拥有。在医学院和兽医学专业中，女生的录取数量多于男生——这也打破了男性主导数学和科学领域的神话。

不幸的是，尽管我们的社会在欣赏和奖励那些技能、才干和成就符合或超出预期的员工上取得了很大的进步，**性别歧视**（即一个人由于其性别而受到区别对待或不公正的待遇）仍然未完全清除。女性（甚至男性）有可能面对"母性墙"的偏见。这种偏见假定，女性对家庭的承诺会超过对事业的承诺，如此一来便会使后者受到损害。或者是这样，被视为"太强势"的女性有可能被错误地贴上"太难沟通"或"太野心勃勃"的标签，而与此同时，她们的男同事们却会因为类似的行为而得到奖励。

性别歧视
由于性别不同而受到区别对待的情况。

而且，大部分研究表明，女性在职场上获得的报酬仍然低于男性，这可以部分地归因于性别歧视。当然，这也由于女性经常在职场中选择报酬较低的工作。例如，数学专业的女生与男生相比，更可能进入教师行列，而这是报酬较低的职业。并且，女性也不被鼓励就工资或最低幅度的加薪来与高层谈判,而男性更倾向于谈判(并获得)更高的薪酬。然而,这些其实是任何人都能够学会并掌握的技能。

界定你的角色 许多研究者提出,把典型的男性气质和女性气质品质融合于一身是最健康的。具有混合特质的人在需要时会变得坚强和讲究逻辑,但也会在恰到好处时变得富有感情和敏感。例如,在职场中,具有诸如逻辑推理、独立和勇敢之类传统男性品质的女性要比胆怯和顺从的女性更能坚持自我。同样地,拥有传统女性品质(如温柔、敏感和同情)的男性与那些认为必须保持独立和冷静的男性相比,更能够享受更亲密和更和谐的人际关系。

我们生来就具备感受和表达人类全部思想和情感的能力。把个人品性看做是整个人类所具有的特质,而不是以好坏、强弱、男女性别来论,这可以让我们自由地界定自己的身份和个人抱负。正如我们将在后面章节中讨论的那样,职业选择不应为"什么可接受"的性别或文化观念所阻碍。它将以若干个人因素为基础,特别是你的志趣和价值观。

> **成功要诀**
> 不要在你能成为什么的问题上设置限制。

✓ 自我测验

1 界定自我形象。(p. 24)
2 什么是社会角色?(p. 30)
3 列举身份的三个组成部分。(p. 30)

本章复习和活动

关键词

成功（p.4）
自我引导（p.7）
角色模范（p.9）
快乐（p.10）
心理学（p.17）
行为（p.17）
神经系统（p.19）
意识思维（p.19）

潜意识思维（p.19）
认知（p.20）
情感（p.21）
自我（p.23）
自我形象（p.24）
社会角色（p.30）
自我表现（p.30）
身份（p.30）

个体身份（p.30）
关系身份（p.32）
集体身份（p.32）
文化（p.33）
性别角色（p.37）
性别歧视（p.37）

根据学习目标进行总结

- **定义成功。** 成功是毕生的成就，它通过为你的工作和个人生活创造一种有意义的感觉而形成，同时也来自于对你自己和成就的满意度。

- **列举几个能帮助人们快乐的个人品质。** 能为生活营造快乐感的个人品质包括：爱的能力、使命感、勇气、信任、乐观、重视未来、社交技能、美学感受力、职业伦理、诚实、情感意识、坚持、宽容、创新思维、精神追求、自尊和智慧。

- **定义心理学并指出其四项主要目的。** 心理学是关于人类行为的科学研究。它的四项主要目的是描述、预测、解释和（在某些情况下）改变人的行为。

- **解释思考、感觉和行动之间的关系。** 思考、感觉和行动是相互联系的：一个影响着另一个。例如，我们对自我的信念影响着我们的自我感觉和行动的方式。

- **定义自我、自我形象和身份。** 自我是对自己作为独一无二的、有意识的存在的个人感受。自我形象是一个人拥有的对他或她自己的所有信念。身份指的是一个人选择如何向世界界定他或她自己。

- **描述身份的组成。** 身份有三个组成部分：个体身份、关系身份和集体身份。个体身份是把一个人与他人区别开来的身体特征和心理特征。关系身份指个体在与其他重要的人的关系中如何定位他或她自己。集体身份是个体所扮演的所有社会角色和他或她所属的社会群体的总和。

本章复习和活动

复习题

1. 根据课本内容，你觉得什么促使一个人获得成功？
2. 解释思考、感觉和行动之间的关系。
3. 为什么消极的情感会使朝着一个目标学习或工作成为难事？
4. 什么是集体主义，它与个人主义有何区别？
5. 假如你说"我是天主教徒"，你表明的是你身份中的哪一部分？
6. 比较社会角色与性别角色。

批判性思考

7. **快乐** 许多心理学家相信，每个个体都有一个快乐"设置值"，即他或她通常保持的一般快乐水平。这表明，一些人就是比其他人更快乐。假如这是事实，那你认为努力变得更快乐是值得尝试的吗？为什么是或不是？
8. **身份** 设想你成长于一个不同的文化中，不论是国内还是国外。你认为你的身份还会和现在一样吗——你还是"你"吗？假如你被一个不同的家庭所领养，那会怎样？请予以解释。

应　用

9. **性别角色** 性别角色通过给女孩和男孩不同的玩具而得到强化。拜访一下本地的玩具店或书店，观察那些提供给6~12岁的男孩和女孩的玩具或图书（如果无法访问玩具店或书店，则可浏览大的玩具或图书销售网站）。比较并对照女孩的玩具或图书与男孩的玩具或图书。玩具或图书在强化传统性别角色上占了多大比例？
10. **生活平衡** 调查两个成年人生活的平衡状态。向他们解释——你希望按照"生活之轮"的八个区域来采访他们：关系、学习和学校教育、工作和职业、社区、健康、爱好和休闲、金钱和精神生活。让每个采访对象完成练习4。统计每个采访对象的得分。你的采访对象生活在平衡的状态中吗？他们想使生活处于更加平衡的状态吗？"生活之轮"八个区域中的哪一个对他们来说最重要？把他们的回答与你自己的进行比较和对照。

本章复习和活动

网络活动

11. **成功的秘密**　点击 www.mhhe.com/waitley5e 中的链接，该网站描述了那些具有伟大成就的人士。选取三个人的传记进行阅读。这些人是如何获得成功的？是什么激励了他们达到目标？这三位成功人士彼此之间具备哪些相似之处？写出一两页关于他们传记的总结，以及你从他们的人生故事中学到了什么。

12. **心理学方法**　浏览 www.mhhe.com/waitley5e 中的第一章，找到其中关于心理学五种主要研究方法的文章。阅读该文，然后选择其中一种方法进行进一步探索。描述该方法的主要理念。这些理念为你更好地筹备和计划未来提供洞见了吗？它们能帮助你解释自己为什么以目前的方式行动吗？写出一页的报告。

真实成功故事："我正在做正确的事情吗？"

回顾你对第 2 页"真实成功故事"所做的回答。考虑一下，你现在在读完本章后会怎样回答。

完成该故事　续写一段比尔的故事，表明他如何能够运用他自己对成功的定义来帮助自己决定正确的职业发展道路。

真实成功故事

"我的真实想法是什么？"

寻找工作

玛丽亚·坎平为她家族的纺织生意工作了12年。她起初的正式职位是接待员，但她逐渐担当起了各种重要责任，从销售到财务再到人事。当玛丽亚的父亲生病时，一切都改变了。她的家族被迫关闭公司，于是玛丽亚面临了艰难的就业选择。几个月后，她获得了一份临时的办公室经理工作。

寻找自我

玛丽亚的家人和朋友鼓励她接受这份新工作，但她怀疑自己获得成功的能力。"我只不过是一个接待员——我拥有什么技能呢？"玛丽亚想起一位朋友曾提供给她一份电话营销的工作，但她不知道这份工作能否激发自己的兴趣。她这才意识到自己从未花时间去思考她是谁以及她想要什么。

你怎么想？

玛丽亚能够做些什么来更好地了解自己的技能和兴趣？

第二章

自我意识

"很少有人会触及表面,而更少有人会竭力深思自己的经验。"

——散文家 伦道夫·伯恩(Randolph Bourne)

导言

在你得到你想从生活中获得的东西之前,你必须知道你是谁,你想走向何方。在本章中,你将通过自我意识的过程获得自我认识。在 2.1 节中,你将领会到自我意识怎样帮助你找到前进的方向。你将审视自己未来的梦想,并界定会引导你选择的价值观。在 2.2 节中,你将审视自己的几个方面——你的个性、技能、智力和兴趣。然后,将这些信息综合在一起,以此来思考可能适合你的职业。

本章目标

读完本章后,你将能够:

- 定义自我意识并列举它的益处。
- 阐明影响人们价值观的要素。
- 定义人格,并列举"大五"人格特征。
- 比较并对照技能、知识和兴趣。
- 解释个性、技能和兴趣如何与职业选择相关联。

2.1　找出你的方向

◇ 发展自我意识

你曾静下来询问自己对人生的要求是什么吗？你是否正行驶在正确的方向上？要解答这些重要问题，你需要发展自我意识。**自我意识**是关注自我（包括你的思想、感觉、态度、动机和行为）的过程。自我意识来自于退后一步并诚实地审视自己的过程，也来自于你与周围世界建立联系的方式。

自我意识具有许多益处。它帮助你了解自己内心当下的真实感觉和思考。它帮助你根据自己的个人价值观去行动，而不是因为他人的言行而左右摇摆。它帮助你评价自身独特的个性、技能和兴趣。一旦拥有自我意识，你就能够作出正确的选择。

> **自我意识**
> 关注你自己的过程。

对己诚实的重要性

自我意识很重要，但有时也很困难。真正的自我意识需要**对己诚实**，即清楚、现实地看待你的强项和弱项的能力。对己诚实是自我认识的基础。为了提高自己，重要的是能够准确地看待自己，而不是过于苛刻或宽厚地看待自己。扪心自问："我真实地看待自己了吗？我过于自信了，还是看低了自己？"

对己诚实需要付出努力。它包括告知你的真实情况，不论是对你自己还是对他人。告知真实情况意味着承认自己是凡人，所以也是不尽完美的。诚实有可能令人生畏，因为它要求我们承认那些也许是自己厌恶的、不符合自身形象的想法和感觉。对己诚实意味着面对你过去和现在不愉快的，甚至是痛苦的各个方面。它甚至也许包括正视这样的痛苦感觉：悲哀、悲伤、愤怒、恐惧、羞耻或内疚。

> **对己诚实**
> 清楚地看到你自己的强项和弱项的能力。

对己诚实的益处　幸运的是，对己诚实的益处远超过它所要求的努力。对己诚实，你就能够明白，为了成为梦想中的人，你应当付出什么以及需要做些什么。一旦对己诚实，你就能够深入了解自己的梦想、价值观和兴趣你将能够为自身的进步感到自豪,因为你很清楚自己制定了充满意义的目标,并为之付出了必要的努力。你是谁、你在思考什么和感觉如何,这些就都将和谐地连成一体。

为了能做到更加对己诚实,你可以试着像一个站在刚发现的、令人激动的城市遗址旁边的考古学家那样看待自己。考古学家不评价他或她发现了什么,而是尝试着去理解它。同样的道理,不要寻求"应当"是什么——而是寻求实际是什么。将你发现的一切整理成详细清单——它们既是你现在和将来的潜力与快乐的珍贵财富,也是过去的挑战与学习经验的遗迹。其中每个因素都是让你成为独特个体的关键组成部分。运用个人日志 2.1 来着手逐步了解你自己。

> **成功要诀**
> 对己诚实帮助你接触自己的梦想、价值观和兴趣。

个人日志 2.1

你对自己的了解程度如何?
完成下列关于你的每项陈述。

最了解我的人是＿＿＿＿＿＿＿＿＿＿＿＿＿＿＿＿＿＿＿＿＿＿＿＿＿＿＿

我其中的一个人生梦想是＿＿＿＿＿＿＿＿＿＿＿＿＿＿＿＿＿＿＿＿＿

能恰当描述我的三个形容词是＿＿＿＿＿＿＿＿＿＿＿＿＿＿＿＿＿＿＿

我最喜欢自己的部分是＿＿＿＿＿＿＿＿＿＿＿＿＿＿＿＿＿＿＿＿＿＿

我最不喜欢自己的部分是＿＿＿＿＿＿＿＿＿＿＿＿＿＿＿＿＿＿＿＿＿

我擅长于＿＿＿＿＿＿＿＿＿＿＿＿＿＿＿＿＿＿＿＿＿＿＿＿＿＿＿＿

我不大擅长于＿＿＿＿＿＿＿＿＿＿＿＿＿＿＿＿＿＿＿＿＿＿＿＿＿＿

我喜爱＿＿＿＿＿＿＿＿＿＿＿＿＿＿＿＿＿＿＿＿＿＿＿＿＿＿＿＿＿

我厌恶＿＿＿＿＿＿＿＿＿＿＿＿＿＿＿＿＿＿＿＿＿＿＿＿＿＿＿＿＿

吸引我的三份职业是＿＿＿＿＿＿＿＿＿＿＿＿＿＿＿＿＿＿＿＿＿＿＿

我的人生目标是＿＿＿＿＿＿＿＿＿＿＿＿＿＿＿＿＿＿＿＿＿＿＿＿＿

你在填写这些陈述、特别是最后一项时是否感觉有困难?如果是这样,那你将在更密切地审视自己和自己对人生的要求的过程中获益匪浅。

自我知觉

无人天生就具有自我知觉；随着进入青春期和迈入中年，我们也越来越了解自己了。然而，一些人会比其他人花费更多的时间在反省自身上。这种经常反省自己的倾向就是所谓的**自我知觉**。

> **自我知觉**
> 经常思考并观察你自己的倾向。

心理学家通常把自我意识划分为私人自我知觉和公共自我知觉。私人自我知觉是认识你私人、内在各方面的倾向。公共自我知觉是认识自我展示在社会环境中的各方面的倾向。你的自我知觉有多强？看看你是怎样完成个人日志 2.1 中的第一句陈述的。你是否写出了"我"，或者其他什么人比你更了解你自己？通过完成练习 7 来查看你的私人和公共自我知觉水平。

私人自我知觉 私人自我知觉帮助我们理解自身。拥有私人自我知觉的人通常也拥有一种现实且复杂的自我形象。他们一般会倾向于在亲密关系中敞开心扉，从而加强人际联系并减轻孤独感。他们也不大会因为压力太大而生病（你将在第三章中了解更多关于压力的问题）。但是，私人自我知觉过高的人也有可能为抑郁所困扰，因为自我知觉除了会强化积极情绪的体验外，也会强化消极情绪的体验。

> **成功要诀**
> 过多的自我意识有可能引发忧虑。

公共自我知觉 像私人自我知觉一样，公共自我知觉也有其益处。它帮助我们审视自身言行影响他人的方式，并帮助我们适应不同的社会角色。但是，如果高度的公共自我知觉会在社会环境中导致焦虑的话，那么它也可能是有害的。例如，某些人过于担心自己的外在形象，以及担心别人怎么看待自己。

情感意识

自我意识另一个至关重要的部分是情感意识。**情感意识**是认知、识别与接受自身情感的过程。它包括观察你自己、识别当下产生的感觉，并理解你思维、感觉和行动之间的联系。拥有情感意识能帮助你以正确的方式控制自身情感，并利用这些情感来作出合理的选择。

> **情感意识**
> 认知、识别并接受自身情感的过程。

通常，当事物发展良好时，情感意识很容易被激发。假如你在一次重要的考试中得了 A，你也许就会意识到欢乐、自信、自豪和有能力等感觉。假如你正在享受期待已久的假期，你或许就会沉浸在放松、自由和满足的感觉之中。

> **成功要诀**
> 培养面对痛苦情感的勇气。

当事物发展不顺时，情感意识的产生就难得多了。在这样的环境中，我们也许会回避正视自己的情感。为了避免面对痛苦的感觉，我们也许会告

练习7　你的自我意识程度如何？

A. 阅读下列陈述，在恰当的空格中打钩，以此来表示你面对每一项时的符合程度。

	极不像我	不大像我	似像又不像我	有些像我	非常像我
1. 我一直试图了解自我。					
2. 我关注自己的行事作风。					
3. 一般而言，我能很好地认识自己。					
4. 我常常注意反省自身。					
5. 我关注表现自我的方式。					
6. 我经常是我自己幻想的对象。					
7. 我经常审视自己。					
8. 我对自己的外在形象有自我意识。					
9. 我通常留意自己的内在感觉。					
10. 我通常为给他人留下好印象而担心。					
11. 我不断检查自己的动机。					
12. 我出门前做的最后一件事是照镜子。					
13. 我有时会有种远远观察自己的感觉。					
14. 我重视别人对自己的看法。					
15. 我对自己情绪的变化保持警惕。					
16. 我通常会意识到自己的外表。					
17. 研究问题时我能意识到自己的思考方式。					

资料来源：改编自 A. Fenigstein, M. F. Scheier and A. H. Buss, "Public and Private Self-consciousness: Assessment and Theory," *Journal of Consulting and Clinical Psychology* 43 (1975): 522-527。

B. 得分：非常像我4分，有些像我3分，似像又不像我2分，不大像我1分，极不像我0分。把你对这17条陈述的评分加起来。积分越高，你的自我意识程度就越高。

你的总分？ _____

合计第1、3、4、6、7、9、11、13、15、17条的评分，确定你的个人自我意识程度。

你的总分？ _____

合计第2、5、8、10、12、14、16条的评分，确定你的公共自我意识程度。

你的总分？ _____

C. 一般参加测试者的平均水平是26分的个人自我意识和19分的公共自我意识。你的总分与这两项平均分相比如何？这告诉了你哪些关于你自己的情况？

_____
_____
_____
_____

D. 你希望自己拥有较高的自我意识、较低的自我意识还是保持正常水平？为什么？

_____
_____
_____
_____

E. 你认为自己怎样才能享受到自我意识的益处，而同时又不沦为焦虑的牺牲品？

_____
_____
_____
_____

诉自己不要在意或去感受任何事情。另外一些时候，我们也许会意识到自己正在感受些什么，但无法知道它确切是什么。

识别你的情感　如何识别你正在体验的情感？第一条线索是关注你身体的感觉。紧张？松弛？兴奋？不安？疲惫？既然情感同时具备肉体和心理的双重内涵，协调你身体的各类反应将有助于你识别自己的情感。

识别情感状态的另一条线索是关注情感产生之前瞬间的情况。当时发生了什么事？有某个想法闪过你的脑海吗？例如，受到批评后，你也许会有一种被伤害或被侮辱的感觉。假如你在某个你试图给其留下良好印象的人面前摔倒了，你也许就会感到难堪、愚蠢或不自在。如果你不能确定是何种情况导致了这种感觉，那就问自己，你的感觉正被导向何处。你是否感受到一种对自己、他人或不是特定的一个人的情感？

这也有助于寻找能精确表达你所体验到的情感的词语。比如说你正感到"消沉"或"糟糕"，却不能精确地勾画出其程度。问问你自己：什么样的形容词最能表达你现时的状态。你感到气馁？辛酸？孤独？被抛弃？开发大量的感觉词汇可以帮助你深入接触自己的情感。第 50 页上的图表 2.1 列出了各种各样的感觉词汇，它们可以帮助你精确地识别自己的情感。一旦你发现了恰当的词语，你也许就会立即产生一种把握住了自己的感觉。给你的感觉命名这一简单的活动让你了解自己正面临着什么，以及你怎样做才能驾驭它。识别你的感觉也可帮助你平静地对待它们。

> **成功要诀**
> 寻找能精确表达你感受的词语。

◇ 确定你的梦想

你的梦想是一个组合，它由你是谁和使你变得独特的那些东西构成。**梦想**是对未来的抱负、期望或愿景。梦想赋予我们人生以意义，帮助我们作出选择，帮助我们在面对障碍和困苦时坚忍不拔。与此对照，无梦想地生活会让我们感觉如水上的浮萍般四处漂荡，毫无动力。

> **梦想**
> 能赋予人生以目标的对未来的抱负、期望或愿景。

最成功的人士是那些怀抱梦想起步的人。梦想是一种强烈的愿望，它让你坚守，并促使你在某一天使其变成现实。梦想赋予我们的人生以目标，一种存在的理由。你，也只有你，才拥有使你梦想成真的能力。欲使梦想成为现实，你必须具备自我意识，以及一种一旦开始就坚持到底的强烈愿望。

目标的重要性

有时，拥有目标有可能会影响一个人的生死。维克多·弗朗克尔（Viktor

图表 2.1　感觉词汇

我感觉良好

羡慕	欣喜	好问	满意
崇拜	虔诚	明智	安全
娱乐	认真	感兴趣	自我认同
欣赏	入迷	喜悦	自信
有吸引力	有效	渊博	真诚
勇敢	得意洋洋	可爱	熟练
有能力	受鼓舞	乐观	温柔
振奋	激动	激情	狂喜
强干	着迷	高兴	有益
有信心	奉承	骄傲	受重视
满足	优雅	粗暴	受维护
无畏	感激	有活力	温馨
创新	英雄般	足智多谋	投入
好奇	抱有希望	受尊重	值得
果敢	重要	浪漫	热心

我感觉糟糕

害怕	贬值	不胜任	自我怀疑
不安	被蹂躏	嫉妒	心神不定
冷淡	失望	极度不安	糊涂
愤怒	泄气	孤独	怀疑
焦急	窘迫	迷失	势利
惭愧	空虚	平庸	悲伤
笨拙	胆怯	疏忽	猜疑
辜负	愚蠢	神经质	紧张
艰难	惊恐	失控	恐怖
欺骗	内疚	恐慌	丑陋
愚笨	心碎	悲观	高度紧张
古怪	无助	丧气	无用
防御	敌意	被拒绝	萎靡
沮丧	羞辱	自我批评	担忧
被遗弃	忽视	自我毁灭	无价值

情感意识　要变得更富于情感意识，可练习回答以下三个问题：我的身体感觉如何？在我开始体验某种情感之前恰好发生了什么？我能用确切的词语把这种感觉表达出来吗？为什么形成一套感觉词汇库能使你变得更富于情感意识？

> **成功要诀**
> 梦想赋予你人生以目标。

Frankl）先生是 20 世纪 30 年代居住在奥地利维也纳的一位精神病医生，他在第二次世界大战期间沦为了纳粹集中营的囚犯。他在达豪和奥斯维辛经历了 3 年的恐怖生涯，好几次逃脱了毒气室和死亡的威胁。在《追寻生命的意义》

（*Man's Search for Meaning*）一书中，弗朗克尔运用他在集中营的体验和观察，记述下了极端条件下人的行为。像《辛德勒名单》《钢琴家》这样的电影为我们呈现了这种人间苦难的影像。目睹自己和其他人被剥夺一切——家庭、工作、衣服、财富、健康和尊严，弗朗克尔研究了被监禁者的行为。他不掺杂任何私人情感地记录下了众多事实。他注意到，集中营中的一些囚徒每天都要面对死亡的可能性，如果他们有生存的目标，那么就能够在饥饿和拷打之下存活下来。而那些感到没有理由继续活下去的人就会轻易并快速地死去。从死亡集中营中存活下来的人几乎都拥有坚定的信念，那就是为了看到自己的至爱或者还要在余生中完成某些重要的事情。

弗朗克尔优于其他任何人类行为学权威的地方是，他的知识建立在自己的切身体验上。他的观察与西格蒙德·弗洛伊德很不相同。弗洛伊德认为，人们也许看起来不同，但如果他们都被剥夺了食物，那就会有相同的行为。他认为他们都会沦落到只具有动物般的基本本能的地步。

在集中营中，弗朗克尔曾目睹两个面临相同处境的人，一个因崩溃而放弃，另一个则保持坚强并怀着希望。他看见人们在相同境遇下，由于内在驱动力和动机的不同而做出迥然不同的反应。许多囚犯告诉弗朗克尔，他们不再期待生命中的任何事情。弗朗克尔则指出，他们把话说反了。他说："生命对他们有所期待。生命要求每个个体去发现它应当是什么。"目标促使我们每一个人都勇于面对人生中的困难时刻和悲惨遭遇。

> **成功要诀**
> 生命要求每个人都具备某样东西。

梦想应该是什么？

梦想没有好坏之分。任何一个梦想都不会因为太大而难以实现，也不会因为太小而可以忽略。梦想的构成并不重要，只要它们代表的是你觉得充满意义和有成就感的东西。你也许梦想过你的个人生活，诸如养家糊口或周游世界。你也许梦想与动物、孩子或植物打交道。你也许梦想得到认可和成就，诸如谋求一份工作或完成一个学位。你也许梦想生活在小镇的乡间别墅里或是居住在纽约市的摩天公寓中。你也许拥有一个引领你的梦想，或是能组成你美好生活画卷的几个梦想。

> **成功要诀**
> 梦想可以是你期望的任何事情。

了解梦想是自我意识的一部分。当你自问你的梦想是什么时，你真正在问的是：我想从生活中得到什么？

重新树立你的梦想　所有孩童都拥有梦想。然而，当我们长大成人后，我们经常把梦想丢失、埋葬或弃置一旁。我们日复一日地忙于生活中的各项事务。我们开始担忧他人会怎么想。通常，父母、亲戚和我们生活中其

> **成功要诀**
> 努力使自己满意，而不是他人。

他重要的成年人通过传达不认同的信息而破坏我们的梦想。一些父母要求子女跟随他们的脚步。另一些父母要求子女完成他们未做到的事情。对于我们大多数人来说，顺从他人的想法要比找出我们自己真正想要的更容易。可是，假如你仅仅为了让父母、伙伴或同行满意而制定计划，那你的成功就会使你感到空虚——你成就的不是你的梦想，而是他人的梦想。这就是为什么对于获得个人和职业成功来说，拥有并追随你自己的梦想是更为至关重要的。

如果你不能确定自己的梦想是什么，那就尝试在你学会批评自己或担心他人可能的想法之前回忆一下你的童年时光。你曾经想在长大后成为什么？你曾经对未来有什么激动人心的愿景？什么课题曾让你着迷？在他人告诉你这是不可能的、愚蠢的或是个糟糕的主意之前，你曾想要成就什么？为了开始接触你的梦想，请完成下页的个人日志2.2。

◇ 深入接触你的价值观

价值观
你选择以之为生的信念和原则。

使你更具备自我意识的下一步是探索你的**价值观**。价值观是你选择以之为生的信念和原则。价值观包括道德和宗教信念，但它们也涵盖你生活中的所有其他领域。你的价值观帮助界定你是谁。它们塑造你的态度，并帮助你确定优先级。假如你还没有明确你的价值观，那你将难以设计未来的目标。

伦理
你用来界定可接受的行为和判断正误的原则。

价值观紧密围绕**伦理**，即你用来界定可接受的行为和判断正误的原则。然而，并不存在像"正确"或"错误"的价值观这样的事情。你的价值观反映的是你作为独特个体所重视的事情。

每个人都有一套不同的价值观。作家丽塔·巴尔特斯（Rita Baltus）讲述了一个传教士的故事，故事讲的是这名传教士前往一个贫困的国家去帮助有需要的人。在该国游览的两名观光客看见传教士正在清洗一位麻风病患者，这是一种会导致皮肤病变的疾病。一名观光客转向另一名说："给我一百万我也不会做这种事。"传教士抬起头回答道："我也不会。"很明显，这位传教士看重的是金钱以外的事情。

成功要诀
确定你的价值观很重要。

考察你的价值观 你知道哪些价值观对你来说是最重要的吗？尽管每个人都以不同的原则和信念生活，但许多人至少共享下列这些基本价值观：

- 冒险——探索世界，寻找新体验
- 担当——投身于一个目标
- 社群性——感受到与邻里或群体的联系
- 同情——对不幸的事怀有同情心并努力减少它

个人日志 2.2

你的梦想是什么？

　　完成下列句子。在不评判自己的情况下，写下你最初的想法。

我一直想要_____
_____
_____

假如我将获得一份奖赏，我希望它是对_____
_____
_____的认可。

使生命富有价值的事情是_____
_____
_____

有可能发生在我身上的最好的事情是_____
_____
_____

假如我的生命接近尾声，我可能会后悔不曾拥有_____
_____
_____

　　看看你在上面所写的内容。你是否看到任何常见的词语、形象或话题？写下你现在拥有的四或五个梦想。这些梦想也许具有不同的规模，会耗费不同的时间，隶属于生命中不同的领域（如教育、职业、关系、生活方式、外表、健康、旅行或灵性）。

应用心理学

以身作则

谈到职业伦理时，管理者的行为肯定比言辞更有力量。根据伦理资源中心所开展的研究，当经理们明确地树立良好的榜样、信守承诺和责任，并公开支持同样这么做的人时，雇员们更可能会遵守职业准则。该项研究表明，这些行为比公司的正规训练项目要有效得多。本质上，雇员们希望看到他们的经理"言行一致"。

根据该项研究，对年轻雇员的正规训练应当集中在这样的目标上，那就是让他们为处理特殊情境中的不当行为而做好准备。针对上层管理人员的训练应当指导他们如何向他人表明自己的个人伦理立场。显然，这些行为应当是真心的——而不是伪装或被迫的。

大多数大公司都有所有雇员都理应遵守（在许多情况下还必须签字）的书面伦理守则。这些守则通常包括对雇员行为的基本要求以及与其商业类型相关的特定议题（比如保密协议）。

批判性思考

如果让你经营某项生意，你可能会在你的"伦理守则"中写上哪些重要的行为和价值。

- 竞争——通过竞赛和挑战来检验你自己
- 勇气——承担风险，显示出面对害怕、危险和困难时的力量
- 创造力——勇于试验，表达你自己，尝试新思维
- 环境观——保护自然环境
- 公平——以公正、无偏见的方式对待他人
- 经济保障——不必为金钱而担忧
- 乐趣——享受生活并拥有美好时光
- 慷慨——大方地对待他人
- 勤劳——无论在工作还是家庭中，都付出你的全部努力
- 健康——活得健康，享受身体和精神上的良好状态
- 诚实——以直截了当的方式思考、说话和行动
- 独立——作出你自己的决定，保有选择的余地
- 正直——做正确的事情，行为符合伦理
- 仁慈——关心和帮助他人

- 学识——寻求真理和智慧
- 学习——接受教育；个人不断地成长
- 忠诚——对一个人或一项事业保持忠心
- 外表——看起来是有吸引力、精心打扮过并健康的
- 权力——对人和状况有影响力
- 承认——因你的努力而得到承认
- 人际关系——享受亲密和有归属感的关系
- 责任——尊重义务；值得信赖
- 安全——免于焦虑；使你的需求得到满足
- 社会责任——致力于社会福利事业和解决社会问题
- 独处——享受休息和恢复活力的独处时光
- 精神性——寻找更大的人之存在的利益、目标或意义
- 宽容——接纳其他的人、文化和思想
- 财富——拥有足够的金钱来支持富足的生活方式

在你信守一套价值观之前，你需要考虑有可能影响你选择的因素，这很重要。

就像我们的其他方面一样，我们的价值观受到我们的家庭、宗教信仰、教师、朋友和个人经历的强烈影响。我们的价值观也受到我们所处的社会的影响。民主社会（如美国和加拿大）所频繁提倡的价值观包括独立、自由、责任、安全和宽容。然而，有时候我们的社会价值观有可能会令人混乱。例如，尽管我们中的大多数人被教导说要尊重辛勤的劳动和为人慷慨，但是，我们也会接触到那些过分夸大短暂名声和财富的媒体形象。

在采纳别人的价值观以作为自身标准时，我们也可能会对自己的价值观感到疑惑。比如，你的父母非常重视经济保障，而你却甘愿为了冒险而牺牲经济保障。你是会采纳父母的价值观、听从他们对职业和生活方式的建议，还是只听从自己内心的声音？在内心深处，你也许会发觉你的价值观是"错误"的，而你父母的价值观是"正确"的。不管怎样，请记住，价值观是衡量事物重要性的个人信念，它没有绝对的正确或错误。如果你还不能确定自己是否已经真的信守了一种价值观，那就问一下自己：

- 我是自己选择这种价值观的，还是从他人那里复制过来的？
- 这种价值观使我保持了很好的状态吗？
- 假如我依据这种价值观行动，那会使他人受益吗？

> **成功要诀**
> 价值观是信念，而不是绝对。

- 假如我不遵循这种价值观，那将真的会发生什么不好的事情吗？
- 这种价值观是否足够灵活，从而能使我追求自己的需求和目标？

现在是审视你价值观的时候了。重温前面的价值观列表，然后完成练习8。

你的职业价值观

价值观对于我们在生活中所做出的选择有很大影响。这些选择中最重要的一项是职业选择。如果你重视冒险，那你便可以确信，当一名警官或飞机乘务员比当会计更快乐。如果你注重创造力，那你会在给你提供机会以表现自己和提出新点子的工作中蓬勃发展。如果你注重知识，那也许会乐于从事教学、研究、科学或新闻工作。

> **成功要诀**
> 价值观指导你的人生选择。

当然，没有一份工作能够完全符合你所有的价值观。例如，一份工作也许给了你充分的独立性和冒险性，但你的安全却得不到保障。另外一份工作也许赋予了你充分的财富和创造力，但提供给你帮助他人的机会却很少。这就是为什么在工作成就和生活幸福之间寻求平衡是重要的，这也是为什么决定在你工作中占据首要地位的价值观也是重要的。

看一看你在练习8中选定的10项最重要的价值观。它们中的哪一项对你的工作来说是至关重要的？哪一项是你可以牺牲的？例如，你甘愿为帮助他人而牺牲某些收入吗？你甘愿从事一项高度独立的工作吗，即使它意味着你分给家庭生活的时间会很少？

还可问一下你自己会怎样为表达自己的价值观提供更多的机会。在工作中，你会采取何种行动以便更好地表达你的价值观？假如你注重独处，那么你会给自己安排大块独自工作并不受打搅的时间吗？假如你注重学习，那么你会自愿加入一个新项目吗？

> **成功要诀**
> 寻求以积极方式表达自己价值观的机会。

你也能创造在工作以外表达自己价值观的机会。如果你注重慷慨，那你也许会去流浪者之家当志愿者或发放食物给贫苦的人们。如果你注重人际关系，那也许会开始与老朋友叙旧和巩固家庭关系。诸如社区服务、独立学习、艺术表演之类的活动都能提供给你表达自己的价值观和实现你的人生目标的机会。

✓ 自我测验

1 自我意识是什么？（p.44）
2 为什么拥有梦想是重要的？（p.49）
3 价值观是什么？（p.52）

练习 8　价值观清单

A. 选择10个对你来说最重要的价值观。在第52、54、55页的价值观列表中进行选择，如果你感觉该列表有所遗漏，那也可以采用其他来源。将每个价值观的名称记录在下面左边一栏。

价值观	排序	注释

B. 按照你认为的重要程度对这些价值观进行排序。在排序一栏，用1（最低）到10（最高）的数值来标明每个价值观的重要性。在右边注释，简要解释你给每种价值观打此分数的理由。

C. 写下你评价最高的三种价值观。分别解释它们重要的原因以及你会在生活中使用它或计划使用它的方式。

价值观一＿＿＿＿＿＿＿＿＿＿＿＿＿＿＿＿＿＿＿＿＿＿＿＿＿＿＿＿＿＿＿＿＿＿

＿＿＿＿＿＿＿＿＿＿＿＿＿＿＿＿＿＿＿＿＿＿＿＿＿＿＿＿＿＿＿＿＿＿＿＿＿＿＿

＿＿＿＿＿＿＿＿＿＿＿＿＿＿＿＿＿＿＿＿＿＿＿＿＿＿＿＿＿＿＿＿＿＿＿＿＿＿＿

价值观二＿＿＿＿＿＿＿＿＿＿＿＿＿＿＿＿＿＿＿＿＿＿＿＿＿＿＿＿＿＿＿＿＿＿

＿＿＿＿＿＿＿＿＿＿＿＿＿＿＿＿＿＿＿＿＿＿＿＿＿＿＿＿＿＿＿＿＿＿＿＿＿＿＿

＿＿＿＿＿＿＿＿＿＿＿＿＿＿＿＿＿＿＿＿＿＿＿＿＿＿＿＿＿＿＿＿＿＿＿＿＿＿＿

价值观三＿＿＿＿＿＿＿＿＿＿＿＿＿＿＿＿＿＿＿＿＿＿＿＿＿＿＿＿＿＿＿＿＿＿

＿＿＿＿＿＿＿＿＿＿＿＿＿＿＿＿＿＿＿＿＿＿＿＿＿＿＿＿＿＿＿＿＿＿＿＿＿＿＿

＿＿＿＿＿＿＿＿＿＿＿＿＿＿＿＿＿＿＿＿＿＿＿＿＿＿＿＿＿＿＿＿＿＿＿＿＿＿＿

D. 你认为是谁或什么强烈地影响了你的价值观？请予以解释。

E. 你认为对你的朋友和爱人来说，自己的哪些价值观是最重要的？它们与你排名最高的价值观相同吗？请予以解释。

F. 想一想你生活中不遵循自己价值观的一个领域。例如，你也许重视诚实，但出于某种理由，未把某个重要的讯息告知一位朋友或家庭成员。描述这样的一种情况，并解释你觉得自己做得对不对。

2.2 发现你的强项

◇ 人格与个性

你现在应该了解关于你自己的一些重要信息了——你对生活的要求是什么，以及你看重什么。现在是时候审视那些使你显得独特的个人品质和才能了。

我们的星球上有超过 60 亿的人口，却没有任何两个人是相同的。人们彼此相互区别的地方恰恰在于各自的行为，比如他们对一些情形的反应方式或倾向于去感受的情感类型；他们在外表上也不相同，比如他们头发的颜色或身体的形态。

为了理解人们彼此相区别的许多方面，心理学家使用了人格的概念。在日常用语中，人格一词通常是指一个人的受喜爱程度和知名度。然而在心理学中，**人格**是把一个人与他人区别开来的相对稳定的行为模式。换句话说，人格就是一个人的情感（感觉）、认知（思想）和行为模式。

可以把人格描述成特质的集合。**特质**是：无论所处境况如何，都以某种特定的方式做出反应的性格。例如，如果乐观是你的特质之一，那你很可能在大多数的境况中都保持乐观。如果友善是你的特质之一，那你很可能友好地对待许多人。特质使我们的行为具有连贯性。所以我们才会说"约翰是开朗的"、"加布里埃拉是风趣的"或"约瑟尼是健谈的"。

会有某些人格特质比其他特质"更好"吗？不，尽管有些特质也许会帮助我们在某种特殊境况或职业中获得成功。例如，在销售行业中，一个善于交际、健谈的人会比一个寡言少语、文静的人发挥得更好。一个好提问、不寻常的学生也许会在与思想闭塞的教师相处时遇到麻烦。其他特质，诸如自我约束、坚持不懈和自我激励，对于每个人都有用，因为它们会帮助我们实现目标。

特质来自何处？

我们的特质既由基因也由我们的教养和经验所决定。遗传（"先天"）和环境（"后天"）孰轻孰重，心理学家对此一直争论不休。两方都能找到支持自己的证据。例如，同卵双生的双胞胎一般有相近的个性特质，无论他们被共同还是分开抚养。这意味着我们一大部分的人格特质来自父母亲的遗传。然而，被领养子女的特质一般与其养父母的相近。这意味着相反的结论——我们成长的环境对我们的行为有决定性的影响。简言之，遗传和环境两者都会影响我们的人格特质，但是其中没有一个能控制我们的思考、

人格
把你与他人区别开来的相对稳定的行为模式。

特质
无论所处境况如何，都以某种特定的方式做出反应的性格。

成功要诀
利用人格特质来帮助你成功。

感觉或行动。

你曾经考虑过你的人格特质吗？别人是如何评价你的人格的？你觉得哪些对你来说是真实的？运用第61~62页练习9中的形容词清单，构筑一幅人格特质的自画像。

存在多少特质？

存在多少不同的人格特质呢？一百种？一千种？练习9列举了将近150种特质。你也许会用几十个形容词来描述你朋友的人格特质。诚实、聪慧、负责任、轻松、敏感。心理学家们查阅《韦氏词典》（*Webster's Dictionary*）后发现，描述人格的词语多达18,000个！

"大五"人格特质

在练习9中，你选择了哪五项特质来描述你自己？它们可能不同于你的同学们用来描述他们自己的五项特质。那么，是否所有人都能用同样的五个特质来描述呢？听起来不可能？事实上，最近的人格研究表明，的确能够用仅仅五个特质来描述人的人格。这种人格模式运用如下的"大五"人格特质：

> **成功要诀**
> 找出各种描述你自己的方式。

- 开放性——想象力，对新的人、思想和经验的开放接纳程度

网络活动

在线人格特质测验

闲暇时你是喜欢一人独处，还是觉得待在人群中更安心？你是敢于冒险的人，还是会选择安全？今天，众多网站都提供人格特质测试，帮助你回答这些或更多的问题。在线测试既有高级研究工具，比如基尔塞人格气质量表（Keirsey Temperament Sorter），也有轻松的小测试题，比如根据你对颜色和狗种类的选择来解读你的人格特质。做一次人格测试会使你大开眼界。这些测试中哪些有真正的价值？网络中的一些人格测试是有科学依据的，但大多数是出于娱乐目的而不是严肃的自我探讨。你如何作出正确区分，尤其是在许多网站没有明确说明的时候？可靠的网站一般会提供这些测试背后所依据的心理学原理。你才是真正的最终裁判。如果你认为一个在线测试的结果看起来不准确，那很可能它们就是不准确的！

思考 运用网络探究人格测试。有哪些类型的测试？它们彼此之间有哪些区别？关于一些在线人格测试的链接，请点击www.mhhe.com/waitley5e。

练习9　人格自画像

A. 思考下面列出的所有人格特质。选出你认为描述了你大部分或所有时候的特质，然后在其旁边的方块中打钩（如果你不能确定某个词的含义，可查阅词典）。请记住，没有一个特质比其他特质更好。

☐抽象	☐考虑周全	☐温和	☐整洁
☐准确	☐一致性	☐好脾气	☐思维开阔
☐活跃	☐冷静	☐基础扎实	☐乐观
☐适应性	☐乐于合作	☐健康	☐有组织
☐冒险	☐无畏	☐乐于助人	☐原创性
☐富于情感	☐创造性	☐犹豫	☐开朗
☐警觉	☐好奇	☐诚实	☐耐心
☐雄心	☐给予	☐满怀希望	☐完美主义
☐忧虑	☐坚决	☐谦卑	☐不屈不挠
☐领悟	☐疏远	☐幽默	☐愉快
☐艺术性	☐支配	☐想象力	☐礼貌
☐果断	☐切实	☐冲动	☐讲求实际
☐吸引力	☐渴望	☐独立	☐私密
☐勇敢	☐随和	☐不拘礼节	☐敏捷
☐心胸开阔	☐有效率	☐好问	☐安静
☐有条理	☐情绪化	☐智慧	☐反应敏锐
☐镇定	☐精力充沛	☐善于创造	☐现实主义
☐有能力	☐热情	☐和蔼	☐反叛
☐细心	☐外向	☐轻松	☐放松
☐关心人	☐公平	☐可爱	☐可靠
☐有魅力	☐远见	☐活泼	☐有保留
☐快乐	☐坚定	☐逻辑严谨	☐足智多谋
☐思维清晰	☐灵活	☐体贴	☐负责任

续表

□聪明	□强有力	□忠诚	□规则意识
□竞争性	□宽恕	□成熟	□安全
□信心	□直率	□井井有条	□自我肯定
□认真负责	□友好	□谦逊	□自信
□保守	□慷慨	□动力十足	□自我约束
□自力更生	□善于交际	□老练	□相信别人
□明智	□自发性	□顽固	□值得信赖
□敏感	□稳定	□紧张	□理解力
□多愁善感	□平稳	□深思熟虑	□警惕
□严肃	□强健	□寻求刺激	□温暖
□害羞	□有主见	□宽容	□小心翼翼
□真诚	□意志坚强	□坚韧	□欲望
□怀疑	□支持	□传统	□机智

B. 如果让你选择五个最能描述你的特质，它们会是什么？

1. _____
2. _____
3. _____
4. _____
5. _____

C. 哪一个或两个特质是你最为之感到自豪的？为什么？

_____
_____
_____
_____
_____
_____
_____
_____
_____
_____

D. 你的人格特质与家庭成员有多大差别？它们的相似程度如何？请予以解释？

_____
_____
_____
_____
_____
_____
_____
_____
_____
_____

- 自觉性——自我约束和成就的愿望
- 外向性——果断性、社交能力、对刺激和活动的兴趣
- 随和性——值得信赖、热情和合作的态度
- 情感稳定性——抵制消极情绪,如焦虑、愤怒和沮丧

每个人在上述每个特质上的表现程度不同。例如,一个人也许表现出很高程度的开放性,另一个人表现出较低程度、甚至不具备开放性,第三个人也许介于这两个极端之间。从中国到以色列再到西班牙,这五种特质在各个国家的测试均得出了类似的结果。

◇ 探讨你的技能和兴趣

你的个性和价值观是回答"你是谁"和"未来你将走向哪里"的基础。它们代表了你作为独特个体的核心。可是,除了我们的个人品质,我们每个人都拥有一套独特的技能,我们以此走向自己想去的地方。**技能**是做某种特定事情的能力,这是学习和实践的结果。技能经常通过动词来表达,比如谈判、演讲、记忆、绘画、治疗、摄影或缝纫。

技能来自何方?没有一个人生来就会驾车或做填字游戏。技能是知识和经验相结合的结果。**知识**是对特定学科领域的事实和原理的理解。例如,你可以拥有下述知识:计算机、西班牙语、足球、植物学、猫、历史、美国文学或室内设计。

知识本身是有价值的,但它只有在跟真实世界的经验结合时才成为技能。为了做外科手术,你需要掌握比解剖学更多的知识。你还需要亲手用解剖刀做练习。任何技能都是这样。例如,为了更好地写作,你需要掌握语法、文体和有关你正在写作的课题的知识。你还需要练习如何组织观念和清晰地表达自己。

技能类型

存在两种基本的技能类型:可转换技能和特定职业技能。特定职业技能是从事特定任务或工作的能力。接合断骨、操作电锯、编写电脑程序等都是特定职业技能。可转换的技能是你能够运用于各种类型的任务和工作的能力。动手操作、组织信息、写作和作决定都是可转换的技能。

显而易见,特定职业技能比可转换技能更加重要。毕竟,当你雇用管道工修理漏水的抽水马桶时,你希望寻找的是懂得怎样修理管道的人。然而,

---

技能
做某种特定事情的能力,这是学习和实践的结果。

知识
对特定学科领域的事实和原理的理解。

成功要诀
可转换技能是特定职业技能的基础。

可转换技能却是特定职业技能的基础。如果管道工不善于推断，那他或她怎能解决管道的问题？如果他或她不具备数学和整理信息的技能，那又怎能开展自己的业务？

建立可转换的技能有助于你实现目标、管理时间和压力，并很好地进行交流。不时地评估自身技能的强项和弱项有助于你看清你已经走了多远、还想走向何方。如果你不能确定你的技能是什么，那就问自己：

- 我有做哪些事情的经验？
- 我拥有什么领域的知识？
- 我在家庭、工作或学校里完成过什么项目？
- 我解决过什么问题？这展示了什么技能？
- 我乐于做什么？它要求什么样的技能？

思考你目前拥有的技能，在第67页练习10中考察你希望开发的技能。

复合技能、复合智力

另外一个了解技能和才干的有效途径是把这些技能看做是运用智力的方式。智力与技能是什么关系——智力难道不是在智商测验中得到的分数吗？并非如此。事实上，智商得分和现实世界的智力几乎没有关系。智商测验测定语言和数学能力，这是你在传统学术科目中获得佳绩所需要的技能。但是智商测试不能测量诸如设计舞蹈、驾驶船舶、编织花篮、观察自然或安慰一位受困扰的朋友的能力。所有这些能力也都代表着智力。这些不同类型的智力被称做复合智力。

复合智力的研究者们把**智力**定义为解决特定类型的现实世界问题的一系列能力。他们把智力分为八种不同的类型：

- 文字/语言智力——运用词语和语言、记忆信息和创造想象世界的能力
- 逻辑/数学智力——复杂地思考和推理、运用数字以及认知抽象模型的能力
- 视觉/空间智力——把目标、空间维度形象化和创建心理影像的能力
- 身体/动觉智力——了解并运用肢体，并在运动、舞蹈、表演和手工艺等活动中控制肢体的能力
- 音乐智力——识别韵律、节奏、声响；记忆旋律和辨认背景音乐的能力
- 交际智力——人际沟通、领导和解决冲突的能力
- 内在智力——自我意识、自我反省、追求兴趣和设置目标的能力

智力
解决特定类型的真实世界问题的一系列能力。

（成功要诀）
精确地指出最强的一项智力有助于你发现自己做得最好的地方。

- 自然智力——在自然中识别模式和建立联系、整理收藏、辨认动植物的能力

我们每个人都拥有上述 8 种智力,但是每个人都有一两项优于其他人的智力。你最强的智力是哪项?第 70 页练习 11 中的自我评估将帮助你精确地指出自己最强的那一项智力。

拓展你的智力 你可以通过学习和实践来强化自己的智力。例如,为了拓展你的交际智力,你可以阅读关于沟通技巧的书籍,然后亲身试验书中建议的策略。为了建立你的自然智力,你可以学习有关植物的知识,然后尝试

> **成功要诀**
>
> 你可以通过学习和实践来强化你的智力。

表 2.2 拓展你的智力

智力	策略
文字/语言智力	・加入图书俱乐部或上写作课程 ・阅读各种读物 ・每天在你的谈话中运用一个新词
逻辑/数学智力	・解决谜题或益智游戏 ・参观科技中心、天文台或水族馆 ・练习心算
视觉/空间智力	・解决拼图游戏或视觉谜题 ・参观艺术博物馆和画廊 ・上视觉艺术课,比如摄影课
身体/动觉智力	・去健身房或加入运动队 ・学习舞蹈、瑜伽、太极拳或武术 ・参加有氧运动或体重训练班
音乐智力	・聆听音乐会或观看歌舞晚会 ・上音乐欣赏或表演课程 ・探索不熟悉的音乐形式
交际智力	・加入志愿者或服务组织 ・学习肢体语言和沟通 ・经常向新人介绍自己
内在智力	・培养冥想习惯,比如园艺 ・坚持每日记录你的思考和感受 ・拜访咨询师或治疗师
自然智力	・探索你周围的动植物 ・在自然或建筑中寻找模式 ・收集物品

学习 + 实践 = 进步 探索新的活动或与新的人见面有助于你建立智力并发掘新兴趣。选出你最希望拓展的智力,并描述三项你能够为此开展的具体活动。

练习10　技能评估

A. 你也许以为自己并不具有许多可转换的技能，但你可能会惊讶地发现自己有许多为自己所有并且每天都在运用的可转换技能。想想你知道怎样做的任何事情，并记录在下列第1项中。例如，你善于和儿童、友人或一群人交谈吗？你善于修理汽车、机器或工具吗？为了帮助你描述自己的技能，先看一下第2项中动词的例子。再在第3项中寻找可使用的潜在的名词的例子。

1. 我的技能：

   举例：编辑文稿

2. 动词

建议	决定	发现	激发	修理
分析	描述	处理	协商	研究
拼装	设计	帮助	组织	销售
建造	开发	识别	执行	演讲
计算	绘制	发明	说服	讲授
辅导	编辑	学习	计划	设立
咨询	评估	倾听	阅读	运用
创造	表达	管理	记忆	书写

3. 名词

动物	设备	个人	数字	任务
艺术	事件	信息	对象	技术
书本	实验	语言	组织	剧院
汽车	感觉	机械	植物	事情
儿童	文件	会议	问题	时间
电脑	朋友	金钱	项目	工具
概念	人群	音乐	报告	语词
文稿	主意	需求	运动	

B. 浏览你写下的所有技能，并在其中选择三项你最为之感到自豪的技能。分别描述你运用这每一项技能完成某件重要事情的情形。例如，你也许帮助过某人，解决过某个难题，或修理过某件东西。

技能1_____
_____
_____
_____
_____
_____
_____

技能2_____
_____
_____
_____
_____
_____
_____

技能3_____
_____
_____
_____
_____
_____
_____

C. 现在举出三项你希望提升的技能。分别考虑你为了提高它而会做的一些具体事情（请记住技能是知识和经验的结合）。

技能 1 _____

_____

_____

_____

_____

_____

技能 2 _____

_____

_____

_____

_____

_____

技能 3 _____

_____

_____

_____

_____

_____

练习11　发现你的复合智力

A. 在下述你认为准确描述你的陈述旁边打钩。如果你不能认同某条陈述，就留空。

项目1

_____ 我喜欢写作和阅读任何内容。　　　　_____ 我喜爱文字游戏。

_____ 我喜爱公共演讲。　　　　　　　　　_____ 我善于在谈话和写作中表达自己。

_____ 我对外语感兴趣。　　　　　　　　　_____ 我喜欢写日记或给朋友写信。

项目2

_____ 我能迅速地解决问题。　　　　　　　_____ 我善于发现并理解模式。

_____ 我能轻易地记住公式。　　　　　　　_____ 我能跟随复杂的推理思路。

_____ 没有条理的人让我困扰。　　　　　　_____ 我能进行快速心算。

项目3

_____ 我喜欢建造、设计和创造事物。　　　_____ 我通过视觉学习的效果最好。

_____ 我有方向感并且很容易读懂地图。　　_____ 我有丰富的想象力。

_____ 重新布置房间是我的乐趣。　　　　　_____ 我喜欢音乐视频和多媒体艺术。

项目4

_____ 能轻易记住歌曲和韵律。　　　　　　_____ 我对乐器感兴趣。

_____ 我喜欢创作小调和歌曲。　　　　　　_____ 我注意韵律并能轻易辨认声音。

_____ 我喜欢音乐剧而不是戏剧表演。　　　_____ 我很难开着电视或收音机时学习。

项目5

_____ 擅长运动并且身体协调。　　　　　　_____ 我在说话时一般会使用很多肢体语言。

_____ 我喜欢向他人示范怎样做某件事。　　_____ 我喜欢发明东西、组合东西，以及再拆分它们。

_____ 我难以长时间安静地坐着。　　　　　_____ 我采取积极的生活方式。

项目6

_____ 善于倾听和与他人沟通。　　　　　　_____ 我能敏感地体会到他人的心情和感觉。

_____ 我善于团队合作。　　　　　　　　　　_____ 我能领会他人的动机和意图。

_____ 我宁愿与团队合作也不愿意独自工作。　_____ 我喜欢看脱口秀和采访节目。

项目7

_____ 很好奇。　　　　　　　　　　　　　　_____ 我很独立。

_____ 我能表达内心感觉。　　　　　　　　　_____ 我喜欢独自工作并追求自身兴趣。

_____ 我倾向于保持安静和自我反省。　　　　_____ 我总是提出问题。

项目8

_____ 我擅长于通过识别和分类事物来学习。　_____ 我能轻易地识别模式。

_____ 我喜欢从自然中收集物品并研究它们。　_____ 我喜欢待在户外并观察自然。

_____ 我善于辨认微小细节。　　　　　　　　_____ 环保问题对我很重要。

B. 计分：统计每一个项目中你打钩的数量。

项目1合计 _____ 反映你的文字/语言智力。

项目2合计 _____ 反映你的逻辑/数学智力。

项目3合计 _____ 反映你的视觉/空间智力。

项目4合计 _____ 反映你的音乐/韵律智力。

项目5合计 _____ 反映你的身体/动觉智力。

项目6合计 _____ 反映你的交际智力。

项目7合计 _____ 反映你的内在智力。

项目8合计 _____ 反映你的自然智力。

哪一个（一些）是你最强的智力？

C. 在工作或学习中,你如何运用自己最强的智力?请给出例子。
_____
_____
_____
_____
_____
_____

D. 描述你运用自身最强的智力解决问题或实现目标的一种情形。
_____
_____
_____
_____
_____
_____

E. 你最希望进一步发展的是哪一两种智力?为什么?
_____
_____
_____
_____
_____
_____

在庭院中动手劳作。我们将拓展8种智力的策略列于表2.2中。

发现你的兴趣

在前面几页中,你已经勾画出了一幅关于自己技能和智力的图像。现在你将通过观察一个与你紧密相关的领域——你的兴趣——来完成这幅图像。**兴趣**是在特定课题和活动上的个人偏好。越了解你的兴趣,计划你的学术和职业道路就会越轻松。

你喜欢和欣赏什么?如果你不能确定自己的兴趣是什么,那现在开始探索还为时不晚。回答列在个人日志2.3中的问题,就此开始这一步的学习吧!

当你在考虑自己的兴趣时,请思考全部的兴趣——不要因为担心某些兴趣不够重要或不太特别而遗漏它们。有多少人具备同一种特殊的兴趣并没有关系,只要兴趣是真实的就行。如果你遵从自己的兴趣,你就会更加喜欢你的工作和爱好。忽视自己兴趣的人经常最终会进入到自己不喜爱或不太关心的职业中去。例如,琳喜爱戏剧,但她却决定主修商科,因为她认为表演不是一项"真正"的职业。格雷戈认定自己对木工的兴趣"只是个业余爱好",于是他便错过了将它发展成一项愉快而有回报的职业的机会。

技能和兴趣 很有可能的情况是,你的兴趣和技能都在相同的领域中。那是因为人们通常在自己感兴趣的事情上拥有娴熟的技能,并且也对自己有一定技能熟练度的事情感兴趣。这是为什么呢?首先,我们都有动力在自己喜欢做的事情上发展技能。一个学生对音乐感兴趣并喜爱练习。另一个学生对音乐毫不关心并且尽量回避练习。他们中的哪一个人会准备拓展弹奏钢琴的技能呢?

技能跟兴趣趋向一致的另一原因是,有能力做某件事情将会使我们在做此事时获得更多快乐和兴趣。例如,如果你拥有踢足球的技能,你可能会比在这方面缺乏能力的人更对这项运动感兴趣。回顾你在练习11中确认的复合智力。留意一下每项提问,它们不仅询问你擅长什么,还包括你喜欢做什么。例如,如果你具有较高的音乐智力,那么你除了擅长它之外,还可能非常热爱音乐。

当你忙于自己喜爱且擅长的活动时,你更可能会体验到心理学家所称的心流状态。心流状态指的是,当你在专心从事一项能充分发挥你技能的活动时,那种愉悦且高度兴奋的状态。

> **兴趣**
> 对特定课题和活动的个人偏好。

> **成功要诀**
> 技能和兴趣互生共存。

个人日志 2.3

拓展你的兴趣

什么活动使你感觉精力充沛、富有活力？ _____
_____
_____
_____

如果你在图书馆、书店或报摊，你喜爱阅读什么主题（领域）？ _____
_____
_____
_____

你在学校最喜爱什么课程或学科？ _____
_____
_____
_____

你在哪些主题上能滔滔不绝？ _____
_____
_____
_____

你小时候热衷于什么？ _____
_____
_____
_____

现在检查你的回答。是否有出现一次以上的任何科目、主题或关键词？这些很可能是你最感兴趣的部分。

◇ 把自我意识与工作结合起来

我们绝大多数人会花费一生中的 80,000 个小时在工作上。因此,我们所从事的工作对于我们的成功和快乐具有巨大的影响。既然你已经更多地了解了自己,那么就可以运用此信息来探索什么才可能是适合你的职业。虽然朋友、教师和家庭成员经常对你可以从事的职业提出有益的建议,但最终决定权在你。无论你是高中生还是工作已久、久经沙场的人,都是如此。无论你处于职业道路的哪个位置,你将从充分思考能利用你的技能和兴趣的职业当中获得好处。

> **成功要诀**
> 让你的技能和兴趣指导你的职业选择。

工作为什么重要

首先,停下来并思考你对工作的想法是值得的。工作对你意味着什么?是朝九晚五的一份活儿?还是办公桌上的铭牌?工作会带来许多回报,包括:

- **满意**——我们从做得好的工作中获得满足和自我价值感。我们也会赢得他人的尊重和赞赏。
- **关系**——工作是接触并向和我们有共同兴趣的其他人学习的机会。
- **意义**——通过工作,我们能表达自己的价值观,向我们的人生目标努力,并在生活中实现个人目标。

依靠自我意识和计划,工作能够帮助你拓展自己的技能,表达你的价值观和兴趣,并挑战自己,获得进步。

如果你发现自己不适合所从事的职业,那怎么办?不到一代人的时间之前,工人们通常一生都待在一家公司。但在今天,工作流动已成为常事。事实上,平均每个美国人会在 30 岁之前更换 6 次工作。虽然与从前相比,工人们更缺乏就业保障,但他们却拥有更多的自由去探索不同的工作和职业。今天,人们为了探索新的兴趣和技能而改变工作甚至是职业,这已经很常见了。如果你改变了想法,这并不意味着你失败了。你获得了更充分的自我意识,并拓展了宝贵的可转换技能。

对工作的谬见 许多人把工作看做是每天例行的苦差事——仅仅是支付账单的渠道。思考下面对工作和职业的普遍误解,它们听起来符合你的情况吗?

> **成功要诀**
> 工作能够也应当让你获得乐趣。

1. 工作在本质上就不会让人愉快。
2. 如果我做我喜爱的工作,那我将赚不到钱。
3. 如果我不知道余生想做什么,那我一定出了什么问题。

4. 我是唯一一个没有固定职业目标的人。
5. 对于我来说,有且只有一份理想的职业。
6. 某个地方的某位专家或某种测验可精确地告诉我在余生应当做什么。
7. "真正"的工作朝九晚五、一周 5 天、为某个人工作。
8. 我在工作中做什么决定了"我是谁"。
9. 一旦选择了一份职业,我无论如何都应该坚持到底。
10. 你要前进就必须受苦。

这些谬见产生于对工作所持的消极态度。事实上,工作能够、也应当是你感兴趣的事情。你的职业是你身份的一个重要部分,但它并不限制你是一个怎样的人。

还有许多关于什么是追求职业的"正确"方式的谬见。事实上,每个人的职业道路是不同的。一些人在年轻时就已经拥有了很具体的职业目标,而其他人则需要时间去探索职业可能性。并不存在一份完美的职业。你具备广泛的技能和兴趣,这就可能使你在一系列职业中取得成功。关键是了解这些职业,做调查,并找到现在最吸引你的那条道路。

人格类型与工作

我们已经了解到,技能和兴趣既彼此紧密联系,又与职业选择密切联系。

职业发展 职业成就

俗话说:"富而可求也,虽执鞭之士,吾亦为之。如不可求,从吾所好。"找到一份有成就感、满意的职业是人生最大乐事之一。大多数人花费约 25% 的成年时光忙于工作。如果你的工作不符合你的技能和兴趣,那你有可能体验到身心上的双重压力,还有挫折和厌倦。既然找到适当的职业如此重要,那为什么还是有许多人依然待在自己不喜欢的岗位上呢?原因很多,包括经济需要、对改变和失业的担心,以及技能的缺乏。找到一份有成就感并令人满意的职业需要自我意识和自我认识。评估你的个性、价值观、技能和兴趣,寻找一份能给你带去你最佳结果的职业,这两件事从来就不会太早,也不会太晚。许多职业既能够提供给你个人成就感,也能提供给你经济上的稳定性。

你的观点是什么?

怎样才能找到一份在你兴趣范围内的职业?描述五个特殊的策略。若要了解更多关于职业选择的资料,请点击 www.mhhe.com/waitley5e。

个性也是这个混合体中的一个重要部分。人格类型相似的人通常都对相同类型的活动感兴趣，并且擅长它们。正因如此，他们经常很喜爱和擅长相似的职业种类。

你怎样知道哪个职业会适合你？一个方法就是观察你的个性、技能和兴趣有哪些共同点。根据职业指导专家约翰·霍兰德（John Holland）的研究，人的工作个性可归纳为六个基本类型。尽管每个人都具备所有这些类型的一些方面，但每个个体都有一两项自己最强的类型。选择与自己主导类型相符的职业的人，对自己的工作更有热情，在自己的工作环境中感到更加惬意，跟同事相处更加融洽。这六种类型是：

- 现实型（Realistic）——现实的人是实干家，他们更喜欢亲自行动，而不是投身于与文字或关系相关的活动。
- 调查型（Investigative）——调查型的人是思考者，他们喜欢研究并解决问题。
- 艺术型（Artistic）——艺术型的人是创造者，他们看重自我表达，不喜欢秩序。
- 社交型（Social）——社交型的人乐于助人，他们对人际关系的重视远胜于对智力或体力活动的重视。
- 事业型（Enterprising）——事业型的人是说客，他们喜爱运用语言技能。
- 常规型（Conventional）——常规型的人是组织者，他们在有规则和秩序的情况下会发展得很好。

你能说出哪种类型最符合"你"吗？第78~80页的练习12将帮助你评估你的个性特征、技能和兴趣，并把它们与各种职业领域联系起来。

下面的步骤　通过本章，你已经对自己有了许多的了解。你的自我意识将随着经验和知识的增加而在你的生命历程中不断发展。更好地了解你自己的一个方法是直接观察周围的世界。哪些职业类型会激发你的兴趣？对什么职业你希望了解得更多？抓住每一次机会提问并探索向你敞开的多种可能性。

成功要诀

在选择职业时考虑你的个性。

✓ **自我测验**

1 "大五"人格特质是什么？（p. 60）
2 智力的八种类型是什么？（p. 65）
3 一旦你选择了一份职业，你无论如何都应该坚持到底吗？（p. 75）

练习12　兴趣调查

A. 在下列六个类别的每一类中选择适合你的项目并打钩。

现实型

我是：	我能：	我喜爱：
☐ 实际的	☐ 修理损坏的物件	☐ 修补机械
☐ 身强体壮的	☐ 理解事情的动作机理	☐ 户外工作
☐ 坦率的	☐ 搭建帐篷	☐ 开展身体活动
☐ 协调的	☐ 做运动	☐ 运用双手
☐ 行动导向的	☐ 阅读设计图	☐ 建造东西
☐ 诚实的	☐ 修理汽车	☐ 饲养动物

调查型

我是：	我能：	我喜爱：
☐ 好问的	☐ 抽象思考	☐ 探索思想
☐ 机智的	☐ 解决数学问题	☐ 使用电脑
☐ 科学的	☐ 理解科学理论	☐ 独自工作
☐ 循规蹈矩的	☐ 进行复杂计算	☐ 进行实验
☐ 精确的	☐ 使用显微镜	☐ 阅读科技杂志
☐ 有条理的	☐ 分析文字和数字	☐ 检验理论

艺术型

我是：	我能：	我喜爱：
☐ 有创造力的	☐ 素描、绘图、画画	☐ 观赏音乐会、演出或展览
☐ 直觉的	☐ 玩乐器	☐ 阅读小说、剧本或诗歌
☐ 原创的	☐ 撰写故事、诗歌或乐谱	☐ 做工艺品
☐ 情感丰富的	☐ 设计时装或室内装潢	☐ 摄影
☐ 独立的	☐ 唱歌、表演或舞蹈	☐ 表达自己
☐ 个人主义的	☐ 富有创造性地解决问题	☐ 思考观点

社交型

我是：	我能：	我喜爱：
□友善的	□教会或训练他人	□团队工作
□助人为乐的	□清晰地表达自己	□帮助他人解决问题
□理想主义的	□领导小组讨论	□参加会议
□慷慨的	□调解冲突	□参与志愿服务
□值得信赖的	□计划并监督活动	□与年轻人工作
□善解人意的	□与他人良好合作	□护理或急救

事业型

我是：	我能：	我喜爱：
□精力充沛的	□改变人们的看法	□作出影响他人的决定
□果断的	□说服别人按我的方式做事	□被选入办公部门
□坚韧的	□售卖东西	□赢得领导职位或销售奖金
□雄辩的	□作演讲或谈话	□开始自己的政治竞选
□热情的	□组织活动或项目	□会见重要人士
□有抱负的	□领导一个小组	□成为主管

常规型

我是：	我能：	我喜爱：
□负责任的	□在一个系统内良好工作	□遵循明确规定的程序
□准确的	□在短时间内做大量文书工作	□运用电脑或计算器
□谨慎的	□保持准确的记录	□与数字打交道
□沉默寡言的	□使用电脑	□分类、组织或归档
□有组织的	□书写商业信函	□处理细节
□有效率的	□与数字打交道	□获得商业成功

B. 计分：合计你在每一类中选择的项目。

现实型_____ 调查型_____ 艺术型_____
社交型_____ 事业型_____ 常规型_____

C. 下面的职业领域清单分别代表了每一种人格类型的人喜爱和擅长的领域。请阅读符合你人格类型的前三项职业领域。

现实型——建造、工程、运输、执法、农业、采矿、军人
调查型——科学、医学、牙医、信息技术、数学、高等教育
艺术型——音乐、舞蹈、戏剧、设计、美术、建筑、摄影、新闻、创意写作
社交型——教育、宗教、咨询、心理学、治疗、社会工作、儿童护理
事业型——销售、管理、商务、法律、政治、营销、金融、城市规划、电视或电影创作、运动推广
常规型——会计、法庭报告、金融分析、银行业、税单准备、办公室管理

为你的人格类型选择这样一个职业领域：它引发你的兴趣，但你对它了解得还不多。你将如何确定它是不是能很好地适合你？

_____
_____
_____
_____
_____
_____
_____
_____
_____
_____

本章复习和活动

关键词

自我意识（p. 44）	梦想（p. 49）	特质（p. 59）	兴趣（p. 73）
对己诚实（p. 44）	价值观（p. 52）	技能（p. 64）	
自我知觉（p. 46）	伦理（p. 52）	知识（p. 64）	
情感意识（p. 46）	人格（p. 59）	智力（p. 65）	

根据学习目标进行总结

- **定义自我意识并列举它的益处。** 自我意识指的是诚实地对待自己——你的思想、感觉、态度、动机和行为。自我意识帮助你识别内心世界的真实感受和思想；它帮助你遵照自己的个人价值观去行动，而不是随着他人的言行左右摇摆；它帮助你正确评价自己独特的品行、技能和兴趣。一旦拥有自我意识，你就能够作出正确选择。

- **阐明影响人们价值观的要素。** 你的价值观反映的是对你而言最重要的事物。你的价值观受到家庭、宗教信仰、教师、朋友和个人经历的强烈影响，也受到你所处社会的价值观的影响。

- **定义人格并列举"大五"人格特质。** 人格是把一个人与他人区分开来的相对稳定的行为模式。"大五"人格特质有开放性、自觉性、外向性、随和性和情感稳定性。

- **比较并对照技能、知识和兴趣。** 技能构成了做一些特定事情的能力，它们是学习和实践的结果。技能是知识和经验相结合的结果。知识是对特定学科领域中事实和原理的理解。兴趣是对特定主题和活动的个人偏好。人们的技能和兴趣经常是重叠的。

- **解释个性、技能和兴趣怎样与职业选择相联系。** 个性相似的人通常感兴趣并擅长相同类型的活动。因此，他们喜爱并善于从事相似种类的职业。当你在计划自己的职业时，重要的是将你的人格类型、技能和兴趣都纳入考虑。当你在工作中运用自己的技能、遵循自己的兴趣并表达自己的个性时，你会为自己的人生感到更加满意。

本章复习和活动

复习题

1. 私人与公共自我意识之间的区别是什么?
2. 有哪三个问题你可以询问自己来帮助你确定现在正在经历的情感?
3. 什么影响了人们对价值观的选择?
4. 人们如何开发技能?
5. 比较并对照交际智力和内在智力。
6. 约翰·霍兰德职业理论中的六种人格类型是什么?

批判性思考

7. **对己诚实** 你认为大多数人（或你了解的大多数人）对己诚实和拥有自我意识吗? 为什么是或不是? 你认为是什么阻碍了人们变得更加对己诚实和拥有自我意识? 为什么?
8. **价值冲突** 当价值观发生冲突时，你会做什么? 设想你看重慷慨，并花费大量的时间和精力参与志愿者服务，为他人付出。可是，你也看重经济保障，这意味着你需要努力工作并为将来存钱。这两种价值观会怎样发生冲突? 你怎样通过既惠及他人也惠及自己的方式来解决这个冲突?

应用

9. **情感记录** 通过坚持一周的记录来监控你的感觉。每次当你体验到温和或强烈的情感时都记录下来，并立即回答关于它的三个问题：我的身体感觉如何? 在我开始体会到这个情感之前，恰好发生了什么? 我能给这个情感命名一个什么特殊的名称? 在这一周结束后，解释这一记录能否帮助你变得更加富于情感意识，为什么?
10. **个性拼图** 准备一张大纸，在上面创造一幅代表你人格的拼图。这些图片可以来源于任何渠道，也可以代表任何你觉得以某种有意义的方式展示了你人格的人、事物、场景或事件。准备好在课堂上展示你的拼图。

本章复习和活动

网络活动

11. **个性评估**　点击本书的网址 www.mhhe.com/waitley5e，寻找关于迈尔斯·布里格斯性格分类法和人格类型的文章。你的人格类型是什么？它的特征是什么？做个小测验来测定你的人格类型，然后写一页文章来描述你所属的人格类型，并解释该小测验是否给出了准确的结果。

12. **兴趣检查**　点击 www.mhhe.com/waitley5e，找到一个让你评估自身兴趣，然后将它们与职业配对的网站。选择与你兴趣相关的三份职业，更多地了解它们。为每份职业写下一个简要描述，然后把它们按照感兴趣的程度从高到低排列。准备好在课堂上讨论你的职业选择。

真实成功故事："我的真实想法是什么？"

回顾你对第 42 页"真实成功故事"中问题的回答。既然你已完成了本章的学习，现在再思考一下你可能会给出的答案。

完成该故事　写一段文字来延续玛丽亚的故事，阐述她能够提升自我意识并列出她技能和兴趣的特殊方法。

真实成功故事

"我将走向何方？"

新的方向

特琳·洪（Trinh Hong）年仅25岁，在过去7年里一直在旧金山一家小会计事务所从事助理工作。尽管她热爱自己的工作，但看不到任何发展的机会。仿佛过去的7年光阴白白地流逝了，没有很大成就。特琳从未真正思考她未来的目标。但是，她已逐渐认识到自己需要一个方向。

新的目标，新的挑战

特琳决定返回学校去获取一个会计学的学位。可是，在上第一堂课时，她开始质疑自己的决定。她将如何完成如此巨大的目标？她真的能够平衡学习与工作吗？如果完不成学业，她就不得不用现在的薪水偿还学业贷款，那该怎么办？她的心跳开始加速，手掌渗出汗水。她问自己这是否会超出自身的负荷。

你怎么想？

特琳应当怎么做才能使她更可能完成这个长期目标？

第三章

目标和障碍

"希望实现长期目标的人必须一步一步来。"

——小说家 索尔·贝娄（Saul Bellow）

导言

设置目标是达成你对生活的希望的一个重要步骤。目标帮助你把精力集中在对你最重要的事情上。在3.1节中，你将学会如何为自己设置可行的目标，以及如何把它们细分为你可以立即执行的小步骤。你也将学会如何预计和克服妨碍你实现目标的常见障碍。在3.2节中，你将探讨压力和愤怒的起因以及表现。通过发展处理人生失败和挫折的建设性策略，你将能够保持在向人生目标前进的方向上。

本章目标

读完本章后，你将能够：

- 解释设置目标的重要性。
- 列出合理设置的目标的特征。
- 区分短期目标和长期目标。
- 列举妨碍你实现目标的常见障碍。
- 了解压力的起因和表现。
- 描述减轻压力的几个策略。
- 阐明富有成效地处理愤怒的途径。

3.1 设置并实现目标

◇ **你的目标是什么?**

完成第二章后,你应当对你的梦想、价值观、个性特征、技能和兴趣拥有了一个更明确的概念。目标的位置在哪里?目标是把梦想转变成现实的工具。目标代表你想要的结果,也是你努力的方向。**目标**是指向未来的路标,告诉你走哪条路。它把你的梦想转变成计划,并把你的能力引向能最大造福于你期望的方向中。

你致力于哪些类型的目标?由于我们会成为自己最希望成为的人,我们就会无意识地向我们所想成就的方向靠拢。消极思考导致消极目标,积极思考创建积极目标。

你拥有成功的潜力和机会。为不称心的生活耗费的精力和为令人满意的生活付出的一样多。许多人过着不愉快、无目标的生活,他们只是单纯地日复一日、年复一年地过日子。积极地决定你在人生中做的事情以及努力实现目标可以使你免于这样的生活。

我们不必像一艘无舵的船一样四处漂流直到我们触上礁石,我们能够约束自身并决定走向哪里。我们能够绘制行程,径直地远航,抵达一个又一个港口。我们可以在几年内完成比一些人一生做的还要多的事情。我们通过设置和想象我们的目标来做到这一点。想想一个跨越地球一半距离的远洋航程。尽管在大多数的旅程时间里,船长都看不到此次旅程的目的地,但他知道目的地是什么,它在哪里,而且他只要保持正确的航向,就能够抵达。

设置目标

合理设置的目标有五个重要特征,它们是:具体(specific)、可衡量(measurable)、可实现(achievable)、现实(realistic)并有时间限制(time-related)(SMART),如图表 3.1 中所示。让我们看看这些因素。

目标
你期望实现的结果,你引导你努力的方向。

成功要诀
对于你的目标持积极主动的态度——只有你能够实现它们。

- S——具体性 为了实现此目标，你需要采取的行动计划是否清晰？或者目标太模糊，你不知道如何着手？
- M——可衡量性 你将如何知道自己是否实现了你的目标？这个目标是否提供给你一些可测量的具体事情——储存一定量的金钱、阅读书本的数量、步行的里程数？
- A——可实现性 它是可行的吗？你真的能完成这个目标吗，还是你料定自己会失败？
- R——现实性 鉴于你的价值观、技能和兴趣，此目标是可能和可取的吗？你行动的方式？它符合你的日程表和经济状况吗？你的人格？你的其他目标？
- T——时间相关性 该目标是否包含一个可用来评估你是否已经实现了它的时间框架？它是否促使你立刻开始，或者在未来某个时候结束？

每一个设置合理的目标都应该包括 SMART 中的每一个要素。例如，我们假定你的目标是减重。这个目标是可实现的，并且也许是现实的，但它不是具体的、可衡量的和与时间相关的。你希望在多长时间内减多少重量？不如试着把目标写成：我将监督我的饮食和每天步行半小时，以期在今后的 15 周内每周减少 0.5 千克体重。这个目标是具体的、现实的和与时间相关的。它当然是可衡量的（15 周内减少 7.5 千克）；它也是可实现的，因为这里设置的是一个合理的目标。现在，它就成了一个设置得很好的目标。关于设置目标的更多练习，请完成第 88~89 页的练习 13。

图表 3.1　SMART 目标

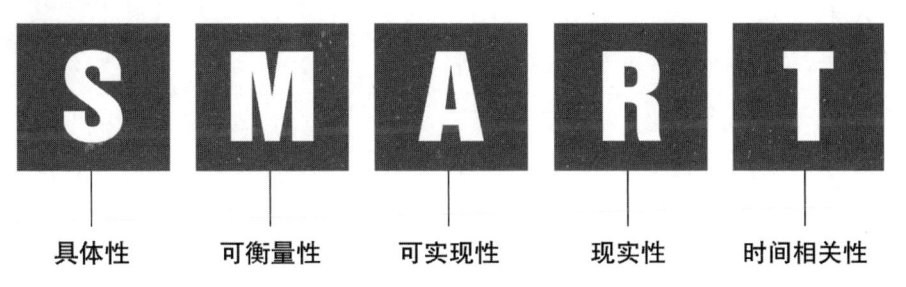

具体性　可衡量性　可实现性　现实性　时间相关性

三思而后行　你投入越多的时间和思考来形成目标，就越有可能实现它们。你觉得为什么许多专家都建议把目标写下来？

练习 13　设置 SMART 目标

A. 下面的都是 SMART 目标吗？如果不是，那遗漏了什么？在中间栏写出每个遗漏的因素，（具体性 S）、（可衡量性 M）、（可实现性 A）、（现实性 R）、（时间相关性 T）。如果具备所有的 SMART 因素，那就写下 OK。

目标	遗失因素？	SMART 目标
举例		
购买一部不超过 4 万元的二手车。	S，T	在 6 个月内购买一部不超过 4 万元的、可靠的二手小轿车。
1. 完成我的学位或取得证书。		
2. 给予慈善事业更多的时间和金钱。		
3. 确定在下面两周内怎样得到经济援助。		
4. 在本月末偿还完我的信用卡债务。		
5. 一天三次健康饮食。		
6. 每周去三次健身房锻炼，每次一小时。		
7. 花费更多时间跟家人或朋友在一起。		
8. 找一些有趣的事来做。		
9. 更多地阅读。		
10. 加入一个志愿者项目。		
11. 到学期末时把绩点提高到 3.8。		
12. 每周在一个储蓄账户中存 60 元。		
13. 进行身体检查。		
14. 更新我的个人简历。		
15. 少看电视。		

B. 在上面右侧边栏改写任何有缺陷的目标，使它们成为 SMART 目标。

C. 回顾你在第二章中制定的梦想。把你的梦想转变成一到两个SMART目标。例如，若你的梦想是旅行，则你的SMART目标也许就是为明年夏天去欧洲旅行两周积攒9500元。

目标	SMART目标
1.	
2.	
3.	
4.	
5.	
6.	

D. 你能够同时为所有这些目标工作吗？如果能，那就解释如何能。如果不能，那你将如何选择先着手的目标?

_____
_____
_____
_____

短期和长期目标

现在,让我们考察目标的两种主要类型:短期目标和长期目标。**短期目标**具有一个完成任务的短期期限。短期目标是你今天、明天、下周在做的事情。它们通常是能够在一年内完成的目标。

长期目标是延伸到未来的目标。长期目标表示你想在一两年或几年内完成的事情。长期目标是你生命中的主要目标。长期目标通常包括这样一些事情:继续你的教育、购买一套住房、养家糊口或改变职业。长期目标可能需要大量的耐心,但最终是值得的。每天结束时问自己已经做了什么,这会使你更接近长期目标。如果你发现自己的日常生活并没有让你靠近你的长期目标,那可能就是作出改变的时候了。

我们容易想当然地认为长期目标比短期目标更重要。但是,短期目标和长期目标其实是同等重要的。事实上,不首先完成一系列短期目标的话,你就不可能完成长期目标。例如,让我们假定你的长期目标是完成美术专业的学位。你这学期的短期目标可能是维持B的平均分,每天至少写生一小时,并提高你使用某种材料的技能,比如丙烯酸或油画。这每一个短期目标的成功会让你进一步接近长期目标的实现。

把你的目标结合起来

你如何确认自己的短期目标将引导你走向长期目标?最简单的办法是按照从后向前的时间顺序执行,首先确定你的长期目标,然后思考完成每个目标的所有必要步骤。每个步骤代表一个短期目标。一直记住你的长期目标,这样你才能确定你每日、每周、每月和每年的计划都会反映你人生计划的大图景。例如,如果你的长期目标是变成并且保持健康和强壮的体魄,并且保证均衡的饮食和健康的体重,那么,你本月的短期目标也许就是计划并开始一个有氧锻炼项目。你每周的计划也许是练习五天,你每天的计划也许是在工作场所周围或校园里步行30分钟。这样,你每日、每周、每月的目标就都直接与你更大的人生目标相关联。尝试练习14中的这一策略,它将帮助你把目标细分为一些切实可行的步骤。

坚守在轨道上

你一旦设置好了目标,就致力于去实现它们吧!写下你的目标,并且日夜细想它们,就仿佛你已经实现了这些目标。收集支持材料——新闻文章、

练习14　产生短期目标

A. 列出三个你希望在今后五年内完成的长期目标。

目标1	目标2	目标3

B. 现在列出你为了实现这些长期目标而需要完成的几个较小的目标。例如，如果你希望购买一幢房屋，那你需要寻访在你目标价格范围内的房子、储存首付款、了解关于抵押贷款资格的相关信息等。以任一顺序写下这些目标。

短期目标	短期目标	短期目标

C. 选择一个你之前列出的长期目标，并检查相关的短期目标列表。按照你需要完成它们的顺序把这些短期目标重新写一遍。例如，你需要在开始看房子之前存钱。然后给每个短期目标指定一个现实的时间期限——今天、明天、本周、本月、本年度等。

1. _____
2. _____
3. _____
4. _____
5. _____
6. _____
7. _____
8. _____
9. _____
10. _____

D. 选择一个你能够立刻采取行动的短期目标，在上面画圈。在随后的24小时内，你能为完成（或开始完成）这个目标做些什么？

为了完成我其中的一个目标，我能_____
_____
_____
_____

E. 现在请许诺：我将朝着自己的目标采取这一行动。

为了完成我其中的一个目标，我将_____
_____
_____
_____

签名（你的名字）_____

书籍、磁带、杂志上剪下的图片——任何能帮助你了解自己目标的东西。考虑用能代表你目标的一些图片来制作一个拼图或公告板。这些也许代表你梦寐以求的职业、令人满意的人际关系或一系列激励你的美好蓝图。向你生活中的人们告知你的目标——这将激励你坚持努力去实现它们。与那些已完成你想实现的目标以及真诚帮助你的人一起，温习你的目标。向你的导师咨询追求目标的建议。

把它写下来 在《为什么积极思考者会获得强有力的成果》（*Why Some Positive Thinkers Get Powerful Results*）一书中，诺曼·文森特·皮尔（Norman Vincent Peale）讲述了怎样设置主要目标并实现它们的内容。他推荐下述策略：

- 思考你在人生中想走向何方。
- 对你的基本目标下定决心。
- 用清晰的陈述记录下你的目标。
- 尽你最大的努力学习和研究你的目标。

个人日志 3.1

目标卡片

写下你希望在今后几个月中完成的四个目标。尽可能频繁地温习它们，以此不断地激励自己，并提醒自己集中精力。复印下来并把它们保存在皮夹中，以供参考（参见 www.mhhe.com/waitley5e 当中一个可打印版本的个人目标卡片）。

目标卡片	目标卡片
我将_____	我将_____
我计划完成这个目标的时间是_____	我计划完成这个目标的时间是_____
目标卡片	目标卡片
我将_____	我将_____
我计划完成这个目标的时间是_____	我计划完成这个目标的时间是_____

> **成功要诀**
> 你一旦实现了一个目标，就继续下一个。

- 为达到你的目标设置一个时限。
- 确认你关于目标的决定是正确的。
- 为你的目标付出所有的努力，绝不停止尝试。
- 成为一个积极思考的人。
- 你一旦实现了一个目标，就继续下一个。

皮尔建议把你的每个目标写在一张小卡片上，并把所有目标装在你的皮夹中。每当你想到另一个目标时，就把它记录到卡片上，并添加到你皮夹中的其他目标卡中。当你实现了一个目标，就移走它的卡片。定期（至少每个星期）取出这些卡片并阅读它们，以提醒自己你正在努力靠拢的成功。

亲自尝试个人日志 3.1 中的这一策略。写下其中四个你在练习 14 中列出的短期目标。为完成每个目标设定一个合理的最后期限。你一旦填写了目标卡片，就尽可能频繁地温习它们，以此不断地激励自己，并提醒自己集中精力。你甚至可以复印它们，把它们保存在皮夹中。

在你行动时调整目标

请记住，你在行动时有调整目标的自由。定期查看你的目标并重新评估它们。如果它们中的哪一个不再能激励你，那就修改它。更改目标是正常的。你的兴趣会改变；你的能力会发展；你的潜能会增长。同样地，技术、文化和社会的改变将为新的可能性打开大门。不要害怕增加你的个人筹码，坚持向未知的事物探索吧！

说唱艺人查克（Chuck D）在他的自传中说到，当他开始在大学电台当音乐节目主持人时，他仅仅想要发行一张唱片。不久，他所在的组合"公敌"在广播和俱乐部舞台上获得了突出的声望，于是他就决定在音乐中加入富有社会意识的歌词和信息。随着职业的发展，他发展了新的目标，包括赢得非嘻哈文化（non-hip hop）的听众。U2 乐队主唱波诺公开支持查克，称尽管一些人批评"公敌"的大胆改变，但这不该阻止他们开拓新的和更为野心勃勃的目标。人们通常会因为作出改变而受到批评。改变，即使是积极的，通常也会充满压力，因为它闯入了未知领域。

如果你在获得经验和自我了解时不调整自己的目标，那么这就会阻碍你的成长。一些人在很年轻时就知道自己想在人生中获得什么，但是，大多数人都需要时间去发展出一个方向。你在 18 岁时对人生的想法经常与你在

30岁时的想法不同，50岁的人极少和20岁的人拥有相同的目标。

◇ 克服障碍

实现目标是有回报的，但它并不总是平稳的航行。障碍到来时经常激起波浪。**障碍**是任何阻止我们实现目标的屏障。障碍主要有两种类型——内部的和外部的。内部障碍来自我们自身或目标自身——比如一个缺少五个SMART要素的目标。外部障碍是一种屏障，包括横在你前进道路上的某种状况或某个人。通常，内部和外部障碍同时出现。例如，一个外部障碍也许会是你周围的人对你的批评或不支持。如果你开始相信自己的目标是错误或愚蠢的，或者你觉得假如其他人不认可你就不应该去实现这个目标，那么这种外部障碍就可能变成内部障碍。

什么障碍横在你实现目标的路上？想想哪些常见障碍可能适用于你，以及你要怎样克服它们。

> **障碍**
> 任何阻止你实现目标的屏障。

试图取悦他人

我们有时容易把对自己的要求与他人对我们的要求混淆起来。然而，重要的是，我们必须选择取悦自己的目标，而不是取悦他人的。询问自己，你正在为之努力的目标是否真正鼓舞了你。你是否在使用本可以把它们应用在另一个更能激励你自己的目标上的宝贵时间和精力？你是否只是因为你"应当"去做，才去做某事的？你是否由于试图取悦其他什么人而建立起了怨恨？如果你试图取悦每个人，那你很可能谁都取悦不了，包括你自己。如果你感到来自生活中的某个重要人物（比如父母或同伴）的压力，要求你朝着一个不能激励你的目标去奋斗，那你就要开启沟通的渠道。告诉这个人，你尊重其观点，但你自己有责任去做最适合自己的事。

> **成功要诀**
> 选择取悦你自己的目标，而不是取悦他人的目标。

并不真正想要它

每个目标都需要努力。实现目标的满足感是否与你需要付出的努力相称？例如，假定你的目标是参加一场运动竞赛或赢得一场音乐比赛。你会为了实现这一目标而投入必要的强化训练吗？你会愿意放弃其他目标或机会而把精力集中在这个目标上吗？更重要的是，你会享受朝着目标努力的整个进程吗？如果不是，那就问自己是否真正想要这个目标。如果你并不想要它，那就舍弃它，并开始集中在你真正想要的目标上。

成为完美主义者

当努力之后不能立刻获得成功时，你就很容易失去信心并选择放弃。如果你经常因为进展不顺而批评自己，那就问自己是不是完美主义的受害者。**完美主义**意味着相信你只有在完美地完成每件事时才有作为人的价值。完美主义者宁愿放弃一个目标也不愿承担尝试它以后失败的风险。尽管有崇高的标准，在生活中，完美主义者却比非完美主义者较少获得成功。你是否给自己设定了不合理的标准？你的精力是否因为害怕失败而被耗尽？你是否把错误解释为你还不够好的证据？如果是这样，那就致力于更加清楚地认识到你自暴自弃的想法。尝试从局外人的视角来观察情况——如果一位好朋友处于你的情况，你会觉得他或她是一个"失败者"吗？为实现那些朝向大目标的小目标而庆祝吧。把挫折看做是教训，而不是失败。

> **完美主义**
> 认为只有你完美时才有价值的信念。

独来独往

你的目标属于你自己，但离开道德和情感上的支持，你就不能完成这些目标。告诉至爱亲朋你的目标，并且在需要时寻求建议和支持。寻找能够提供诀窍和鼓励的导师、教练或角色模范。考虑给你钦佩的某人写信以寻求建议。接受真诚的提议，以帮助你履行自己的责任，从而使你能够集中在你的目标上。招募一位朋友来作为你的练习伙伴，以便督促自己履行练

> **成功要诀**
> 当你需要支持时请不要犹豫。

网络活动

网络让时间溜走

你在朝着目标工作时，很容易被浪费时间的事情（如过度网上冲浪）所耽误。仅仅点击几下鼠标就可以完成一个简单任务，比如查询你的银行账户余额、在线购物、加入聊天室，或研究一些不寻常的主题，比如蹦极。如果你发现自己在网上花费了太多时间，就问你自己：

- 我上网冲浪是为了回避一个较困难或不愉快的任务吗？
- 我上网冲浪是为了回避孤独、压抑或愤怒的情感吗？
- 我上网冲浪时会产生购买冲动吗？
- 如果花费较少的时间上网，我会是一个更有效率的学生吗？

思考 你觉得网络可以是最有用的吗？最无用的吗？在你访问过的网站中，哪些是最好的？哪些是最糟的？为班级讨论准备好你的答案。关于更有效地利用网络资料，请点击 www.mhhe.com/waitley5e。

练习15　预期障碍

A. 列举三个你希望在今后五年中完成的长期目标。使用你在练习14中列出的目标，或选择新的目标。

目标1	目标2	目标3

B. 考虑朝着目标前进时你可能面对的障碍。对于每个目标，考虑尽量多的内部和外部障碍。做完之后，圈出你认为最难克服的两个障碍。

可能阻碍	可能阻碍	可能阻碍

C. 现在，独自或与一名同班同学一起工作，通过头脑风暴想几种你能克服这些障碍或防止它们阻挡你前进的方法。

阻碍1

阻碍2

习的时间表。还要记住，感谢那些在你的工作和生活中提供支持和信任的人。

抵制变化

变化可能是具有破坏性和威胁性的，或令人振奋和充满机会的，这取决于你怎样看待它。变化是人生的事实，抑制变化会耗尽你的精力。人生的许多因素都在你的控制之外，但如果你集中于大的蓝图——你的长期目标——则你就能在行动时微调你的短期目标了。

把意外的变化转变成机遇的关键是学会适应的技能。**适应**意味着以灵活变通和开放的态度来对待改变。即使你一生都待在一个街区，你也需要适应变化——新技术，新的文化现象，新的人和新的个人兴趣、体验和目标。

当你朝着自己的目标行进时，有可能会面对什么障碍？练习15将帮助你预测障碍并在它们牵制你的努力之前找到战胜它们的途径。

机会来临 当你为设置和实现你的目标获得实践经验时，请记住，障碍有时实际上是伪装的机会。如果你保持机动灵活并尝试新的思考和做事方式，你就会经常发现挫折是新思想的源泉。在判定它是不是障碍之前，先考察新情况的每个方面。这会帮助你找到实现你目标的新渠道。

> **成功要诀**
> 你需要适应你一生中的各种变化。

> **适应**
> 灵活地应对变化。

✓ **自我测验**
1 目标是什么？（p.86）
2 SMART代表什么？（p.86）
3 使你的长期目标与短期目标相协调的良好途径是什么？（p.90）

3.2 控制压力和愤怒

◇ 压力和压力源

聚焦于你的目标往往可能是具有挑战性的，特别是当你被阻碍所牵制时。但是，你如何对生活的挫折（无论是大是小）作出回应是实现你目标的关键。

压力是人生必经的一部分。**压力**是一个人在面对自己人生要求时所作出的生理和心理反应。压力可以是积极或消极的。良性压力或美好的压力是你在从事体育运动或约会时可能感觉到的那种愉快的、称心的压力。焦虑或糟糕的压力是你在生病或经历人生巨变时有可能感觉到的那种压力。

> **压力**
> 面对自己人生中的要求时所作出的生理和心理反应。

心理学家阿尔伯特·艾利斯（Albert Ellis）认为，我们自己产生焦虑是因为我们抱有不合理的信念。例如，当我们在聚会上看见人们窃窃私语时可能产生压力，因为我们不合理地猜想他们在取笑我们。艾利斯的 ABC 模型，如图表 3.2 所示，表明焦虑或糟糕的压力如何是我们对事件所持信念的结果，而不是事件本身的结果。一个激发事件（A）激发人们形成对它不合理或消极的信念（B），它将依此产生事件的后果（C）。

压力源
引发压力的任何事情。

压力存在于其持有者的眼中。每个人都有他或她自己的压力源。**压力源**是引发压力的任何事情。你是否留意过不同的人会对相同事情产生不同的反应？你也许会为一次远行感到兴奋，而你的朋友也许会感到不安或紧张。研究压力的先驱者之一汉斯·塞尔叶（Hans Selye）博士把人群划分为两大类别：赛马型和海龟型。赛马喜爱奔跑，如果被圈禁或限制在一个小空间内，它会衰竭而死。如果海龟被迫在转轮上奔跑，违背它迟缓的天性而高速移动，那它也将衰竭而死。我们每个人必须发现自己健康的压力水平，即介于赛马型和海龟型之间的某个位置的压力水平。

成功要诀
面对变化时感到压力是正常的。

不论你是一匹赛马还是一只海龟，面对需要你改变旧的做事或思考方式的情形时，你都可能感到压力。在面对如下情形时感受到压力是正常的：

- 学校或工作中更高的要求
- 家庭关系的变化
- 新的经济责任
- 你社会生活的改变
- 置身于新的人群、观念或环境中

图表 3.2　ABC 模型

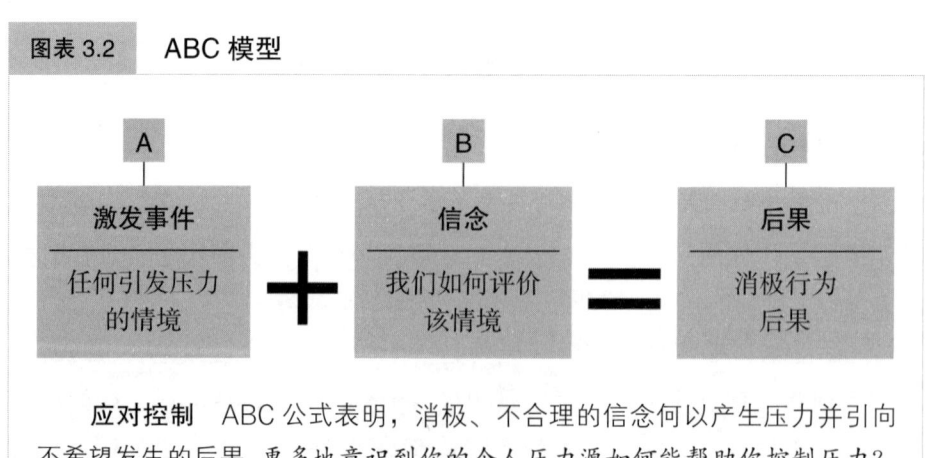

应对控制　ABC 公式表明，消极、不合理的信念何以产生压力并引向不希望发生的后果。更多地意识到你的个人压力源如何能帮助你控制压力？

- 性别认同上的不确定性或羞愧感
- 内心的要求，比如完美主义、消极的自我对话或长期担忧和焦虑

大改变通常会比小改变带来更多的压力，但同一时间发生的许多小改变或挑战也会累积起来。面对麻烦事（每日的小压力源）时，体验到压力是正常的。麻烦事包括丢失了你的汽车钥匙、爆胎和其他的日常烦恼。像大压力源一样，麻烦事会削弱身体的免疫系统。好消息是，小的、积极的事件，即所谓的精神振奋点，会有与此相反的效果，它可提升你的身体防御机能和保护你的健康。

成功要诀

寻找振奋点以抵消生活压力。

压力表现

我们体验到压力时会发生什么？压力源激发**自主神经系统（ANS）**的反应。ANS是神经系统的组成部分，它把刺激发送到心脏、肌肉和腺体。ANS控制一系列身体机能，包括心率、呼吸频率和消化。

自主神经系统中存在两个分支系统，即交感神经系统和副交感神经系统。在危险或紧张的环境中，交感神经系统会加速你的心跳和呼吸频率，并

自主神经系统

神经系统的组成部分，监视和控制大部分非自主机能，包括心跳和出汗。

应用心理学

你有技术压力吗？

技术是我们日常生活的重要部分。然而，它也是压力的主要来源。技术使我们感觉自己应当在同一时间内完成五件事情。它也引向信息过载。你是"技术压力"的受害者吗？如果是这样，那你并不孤独。根据《技术压力应对技巧》（*TechnoStress: Coping With Technology*）的作者米歇尔·威尔（Michelle Weil）和拉里·罗森（Larry Rosen）的说法，85%的美国人经常对技术感到不舒服。许多人也被要求我们适应新技术的步伐所挫伤。最近的调查甚至揭示，每四名电脑使用者中就有一人曾经用身体攻击过他或她的个人电脑。为了降低你的技术压力水平，当你不允许自己使用电脑、检查电子邮件或语音邮件时，就安排技术休息时间。你在上网时，为自己设定时间限制。问问自己是否真正需要无线寻呼、手机或数字助理。想一想你使用技术是为了什么——如果它不符合你的优先级，那就摆脱它。

批判性思考

当你需要应对技术时是否体验到压力？

减缓食物消化。在宽松环境中，副交感神经系统会放慢你的心跳和呼吸频率，并促进食物消化。

ANS 对压力源的反应经历三个生理阶段：警报、抵制和衰竭。在警报阶段，身体遭遇一个压力源并行动起来面对威胁。例如，设想你躺在床上，然后突然想起明天有场测验。你的 ANS 便会发出警报反应。

在抵制阶段，身体忙于抵制压力源，释放肾上腺素以赋予自身能量。这个压力源也许还会持续，但在警报阶段出现的表现会消失。你起床，打开灯，并开始制定行动计划。

> **成功要诀**
> 疲劳和易怒可能是压力负载的征兆。

长时间地负载压力之后就会进入衰竭阶段，身体也许不能再抵制压力源了。如果身体进入衰竭阶段，免疫系统会变得虚弱，身体易受疾病攻击，塞尔叶称它们为适应性疾病。这些有可能包括溃疡、高血压、冠心病和癌症。

你怎样才能知道自己正承受着过大的压力呢？在大量压力之下的人与平常相比会变得急躁、愤怒、更快地疲劳，他们会表现出一些身体表现，比如肌肉紧张、失眠和食欲不振。为了评估你自己的压力水平，请完成练习 16。

逃避反应

面对紧张的环境时，它会诱导人沉湎于逃避反应，而不是勇敢地正视问题。**逃避反应**是这样一种行为，比如一个想法或行动，它帮助你把精力从麻烦中移开。

> **逃避反应**
> 帮助你把精力从麻烦中移开的行为。

有些逃避反应是积极的。积极的逃避反应也许是出去散步或和一位朋友谈话。积极逃避反应以一种富有建设性的方式让你轻松一会儿。你以一种不伤害自己或不给问题雪上加霜的方式行动。

> **否定**
> 拒绝面对痛苦的想法和感觉。

与此对照，消极逃避反应是一种让你感觉轻松一会儿、实际上却增加了你的压力水平的反应。消极逃避反应包括过量饮食、喝酒和逃避责任。极端反应包括酗酒和滥用药物。通常的消极反应是**否定**——一种通过摆脱痛苦想法和感觉来减少焦虑的方式。当你的麻烦看上去太困难而不能控制时，它诱使你忘记每件事。然而，逃避你的感觉不如正视它们来得更健康。以焦虑、悲伤或愤怒的态度来应对不愉快的环境是正常的。如果你可以，就与一位值得信任的家庭成员、朋友、老师或导师分享你的感觉吧。

> **成功要诀**
> 学会识别产生压力的情形。

不那么有压力地生活并不意味着你从未感到过焦虑、担忧或紧张。每个人都不时地有这些感觉。为了成功，你需要平衡生活中的众多紧张情况。关注你的身体和头脑并学会识别你的个人压力源。一旦你了解了是什么情形产生压力，你就更能以积极的思考和行动来控制它们并对其作出反应了。

练习16　你的压力有多大？

A. 对于下面每条陈述，检查它与你的符合程度，在从不、很少、有时或经常之间选择。

	从不	很少	有时	经常
1. 我没有食欲或者在不饿时吃东西。				
2. 我的决定一般是草率的，而不是有计划的；我经常改变主意。				
3. 我的颈部、背部或胃部肌肉紧张。				
4. 与我问题相关的想法和感觉贯穿我的大脑。				
5. 我难以入睡；我会在夜间醒来或在早晨感觉疲乏。				
6. 我想用哭泣来避开我的问题。				
7. 我让愤怒积累然后爆发。				
8. 我有精神紧张的习惯。				
9. 我感到疲劳，甚至在我没有做困难的工作时也是如此。				
10. 我有身体问题，比如头疼、肠紊乱或呕吐。				
11. 我不能做我或其他人期望我做的事情，因为这些期望不现实。				
12. 我对身体的亲昵行为失去了兴趣。				
13. 我容易并且很快就会发怒。				
14. 我会做噩梦。				
15. 我有很多担心。				
16. 我使用咖啡、烟草、酒精或药物。				
17. 我莫名其妙地感到不安。				
18. 当我说话时，我的话语微弱、急促、零碎或紧张。				
19. 我是急性子，对人脾气暴躁、易于生气。				
20. 任何情况的耽搁都使我非常不耐烦。				

B. **打分：** 从不1分、很少2分、有时3分、经常4分。

你的总分？ _____

20~40　　低压力
41~60　　中压力
61~80　　高压力

C. 你的得分是否反映了你感觉到的压力水平？请予以解释。

_____
_____
_____
_____
_____
_____

D. 变化是生活的一部分，也是压力的源头之一。你现在生活中的什么变化会引起压力？

_____
_____
_____
_____
_____
_____
_____

压力控制

在产生压力或触发愤怒的情形中，你比你想象的更能控制自己。你也许没有控制所有的压力源，但你能控制自己对它们的反应。如何控制？通过拓展**应对技能**，即帮助你处理压力和其他不愉快情形的行为。

> **应对技能**
> 帮助你处理压力和其他不愉快情形的行为。

压力研究者发现能有效处理压力的人具有三个核心特征。首先，这些人不把问题视为灾难，而是视为挑战。第二，他们对人生有种使命感或目标，从而帮助他们正视挫败。第三，他们有种完全掌控人生的感觉。

无论你的问题是什么，你都可以用健康、富有建设性的方式去处理它们。你可以选择最适合你个性和生活方式的办法。

放松　处理压力的一个良好方式是简单的放松或沉思。尝试待在一个安静房间中的舒适位置上。把思想集中在某个舒缓的词语上。闭上你的眼睛，缓慢地深呼吸。从胃中"呼吸"，而不是通过胸腔。感觉到你肌肉的放松。将这个平静状态设定为20分钟。每天安排放松时间，你的身心都将感觉更好。

听音乐是另一个放松的良方。舒缓的音乐比快节奏音乐更有镇静作用，器乐比声乐更具安抚作用。如果你的压力非常大，那你开始时也许想以快节奏、大声的音乐来匹配你的情绪，然后逐渐转换到更柔和的音乐。精心挑选你的音乐流派，从古典音乐到爵士乐，再从摇滚乐到电子音乐，或者也可以尝试大自然的录音。一些人在海浪、细雨、雷雨或草原上的鸟类和昆虫的声音中放松。

> **成功要诀**
> 每天安排放松时间。

观察自然要比聆听自然更使人放松。如果你不能去公园、小径、湖泊或海滩，那就尝试坐在壁炉或鱼池前，并沉浸于对动态的观察之中。

另一个减少紧张的方法是练习渐进式肌肉放松法，短暂地绷紧和释放全身肌肉。按摩是另一种有效的放松技巧。

锻炼　锻炼可以是一种减缓压力的有力手段。锻炼包括散步、跑步、有氧训练、瑜伽和其他可帮助你减缓紧张的身体活动。锻炼会增加你的心率，提高你的血液循环。屈伸肌肉会创造出一种按摩的效果并帮助消除紧张感。锻炼也帮助消耗血液中的肾上腺素。理想情况是参加某些心血管保健活动，这些活动需要持续20~30分钟，直到大量流汗为止，每周五次或更多。稳定、有节奏的有氧活动是最好的，比如游泳、走路、慢跑或骑自行车。

> **成功要诀**
> 有规律的锻炼可保持你的身心健康。

营养　维持有规律、高纤维、低饱和脂肪的平衡饮食，每天饮用充足的水。花时间缓慢进食并享受你的美食。尽量减少盐、糖、咖啡因和酒精的摄入。

尊重你的身体，警惕新潮的节食法、高能量食物和其他替代高营养食物的权宜之物。

睡眠 有规律地完整休息至少七小时。形成常规或有规律的睡前准备步骤。阅读、思考平静的想法或有趣的主意，然后把它们带入梦乡。在你入睡前解决争议，从而使你不会因为它们而失眠。

> **成功要诀**
> 练习一种技巧用于清理你的头脑，使之摆脱焦虑和分散的思绪。

精神训练 练习一种发展专心程度的技巧，清理分心或扰人的思绪，集中你的注意力。这些可以通过与冥想、生理反馈和自我催眠等身体上的放松技巧相结合来完成。其他用于发展专心程度的技巧包括武术、高级瑜伽、太极拳、芭蕾、游泳或其他有节律性活动。

自尊 发展你的自尊，从而能够正确对待失败。自我感觉良好有助于你在生活挑战面前保持积极的态度。找到欣赏并奖励你个人品质和努力的方法。对干得好的工作进行自我表扬、积极的自我对话、反思你的成就，这些都能提高你的自尊。你将在第四章中了解到更多关于这些技巧的内容。

> **成功要诀**
> 建立一个支持网。

关系 建立清晰、可信、可靠和值得信赖的人际关系网，以此作为支持网络。这些可以提供直接、诚实和准确的反馈，以及关心、爱护、鼓励、热情、理解和认可。

时间管理 根据你的价值观和目标设置优先排序，并安排你完成希望和需要做的事情的时间表。确保留出用于放松训练和冥想或反省的时间、家庭和社交时间，以及留给意外事件的机动时间。确定并减少浪费时间的人和事。

职业发展

工作压力

不可能达到的截止日期、沉重的工作负担、职场政治和工作环境的变化，这些都可能产生压力。这些情形中的压力通常来源于不确定性——不能确信你能否完成被要求做的事。压力也来源于不希望让你的老板、同事或顾客失望。为了消除工作压力，先看看你能否采取某些行动来改变压力源。你在超负荷时不要害怕明确表达你的要求或大声地说出你的重负。为了防御压力的消极后果，努力平衡你的生活，并正确看待你的工作。培养室外活动和爱好，并提醒自己你是唯一对自身行为负责任的人，不是其他人。

你的观点是什么？

实现工作与生活间平衡的方式是什么？

若想寻找更多关于压力管理的资料，请点击 www.mhhe.com/waitley5e。

找出是什么事件阻碍了你为有效行使压力管理技巧腾出必要的时间。

精神激励 坚持学习！阅读并讨论让你兴奋、最好是取自各个领域的观念。运用你的创造力从不同的视角来观察一个问题，拓展你的直觉，并学会把问题重新定义为机遇。同时也要致力于发展你的环境意识。寻找你周围的美——日出日落、春天发芽的树木和花卉、秋天变色的落叶，或拱门的曲线。请花时间关注你周围的世界。

娱乐 专注于个人爱好、运动和休闲活动，这些会使你改变日常生活的节奏。这些活动本身应当是恢复精力或具有娱乐性的，而不是更多的工作。它们包括摄影、绘画、语言、旅游、园艺、发明、木工、猜谜、音乐或体育。

> **成功要诀**
> 留出用于恢复精力和进行娱乐活动的时间。

精神生活 重申支撑你日常生活的价值观。通过沉思、祈祷、冥想或反省来思考你生活和工作的意义。考虑在每天结束时写日志来记述你的反思。阅读来自不同文化的伟大的精神或哲学文献。庆祝有真正意义的节假日和特殊事件。

实际检查 当压力来临时，停顿一会儿并尝试走出困境。问问自己："我有没有反应过度？"如果它发生在其他人身上，你将会怎样看待这个情形？问自己："将会发生的最糟糕事件是什么？"你往往会了解到，情况并不如你最初想的那样糟。这个全新的、经过调整的观点也许会舒缓你的紧张和压力。

一笑置之 保持你的幽默感。请记住，没有一个人是完美的，你也许会从你的错误中学到比从你的成功中学到的多得多的东西。寻找你环境中轻松的一面。如果该情形看起来没有轻松的一面，那就阅读或观看一些有趣的事情。欢笑像有氧锻炼一样影响身体：它提高血压、增加心跳和收紧肌肉。之后，一种全面的放松就产生了。

> **成功要诀**
> 记住保持你的幽默感。

澄清 定期回顾你的梦想和目标，并提醒自己为什么正在做手头的事情。在学校和工作中寻找承诺、挑战和掌控。设置SMART目标并制定逐步完成它们的计划。

显然，没有一个人能够完美地实践所有的这些技巧。抵制压力的关键在于练习健康、积极的思考模式，选出对你来说行之有效的应对策略。首先运用个人日志3.2来复习刚刚讨论的压力管理技巧。然后转到练习17，开始对你人生中的主要压力源采取行动。

应对愤怒

不受控制的紧张是实现我们目标的主要障碍——失控的愤怒也是如此。

愤怒
强烈的失望感、愤怒感或敌视感。

愤怒是一种强烈的失望感、愤怒感或敌视感，它是由挫败造成的结果。愤怒是人类最基本的情绪之一，是对令人恼怒的情境的正常反应。当然在大多数时间里，愤怒事实上并不能帮助我们。它耗费我们的精力并把我们从实现目标的过程中转移开去。当我们愤怒时，我们感觉无助，甚至更加灰心。

你不能控制引发你愤怒的每个情形。然而，你可以控制你的愤怒并决定怎样对一种情形作出回应。当你开始感到愤怒时，做一个有意识的尝试，运用你的能力对引发愤怒的问题作出解答。

还记得肾上腺素吗？愤怒是一种激发器，激发你的身体释放出肾上腺素和一种被称为皮质醇的压力激素。当这两种激素一起在你身体内起作用时，你的免疫系统会变得脆弱，以及更难以抵御疾病了。杜克大学的内科医生、医学博士雷德福德·威廉姆斯（Redford Williams）说："每次发怒都会损害你的健康。"

成功要诀
愤怒损害你的身心健康。

当你的血压上升、心率加快、肾上腺素释出时，尽力控制你的愤怒。记住，并非每种恼人的情形都是威胁生命的生存斗争。与其对他人发泄愤怒，不如检查你消极感觉的来源，并把它们转变成积极的话语和行动。

个人日志 3.2

压力管理技巧

对你来说，最好的管理技巧是那些你喜爱且能一贯执行的。选择五个你认为最适合你的减缓压力的策略，将其填入下列概念图中。

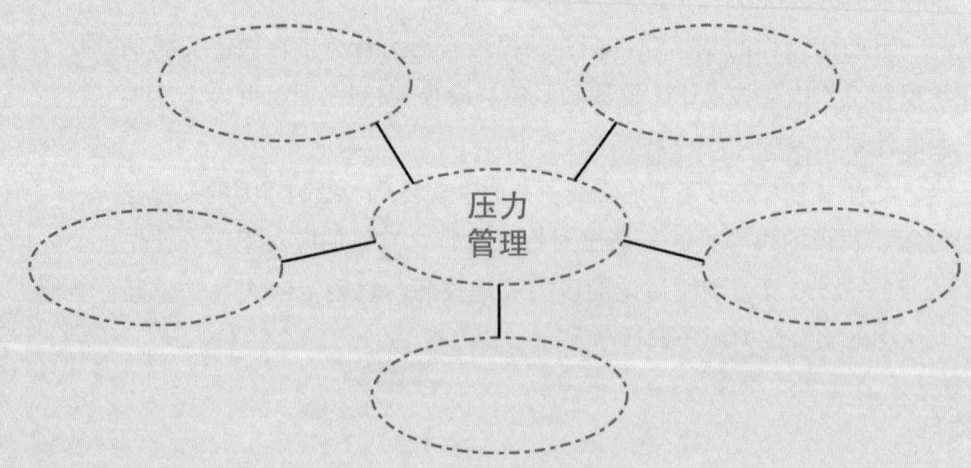

练习 17　个人压力源和减轻术

A. 在左栏中，列出当前生活中使你感到压力的情形。在右栏中，集思广益地寻找几条减轻压力的途径。独自思考或与同学讨论，列出你想到的每一种富有建设性的策略，即使某个策略现在还不切实际。

压力源	压力减轻术
举例　家庭作业太多，时间太少	我能睡得更多，因而精力更充沛。 周末，我能做一些家庭作业。 我可以坐公交车，以便有更多时间看书。 我可以少选一门课。 星期日晚上我能不看电视。 我可以在图书馆做功课，那里安静。

压力源	压力减轻术
_____	我能够 _____
_____	_____
_____	_____
_____	我能够 _____
_____	_____
_____	_____
_____	我能够 _____
_____	_____
_____	_____
_____	我能够 _____
_____	_____
_____	_____

压力源	压力减轻术
_____	我能够 _____
_____	_____
_____	_____
_____	我能够 _____
_____	_____
_____	_____
_____	我能够 _____
_____	_____
_____	_____
_____	我能够 _____
_____	_____
_____	_____

B. 在当前最困扰你的压力源上画个圈。然后看一下你刚为这个压力源写出的"我能够……"陈述句。为自己写下一个承诺：

为了减轻我的压力，到本周末时我将_____

_____

_____

签名（你的名字）_____

C. 在下页的个人日志3.3中填入提醒。同时也提醒自己在几天之内返回本页，并为其他你列出的压力源写下"我将……"的陈述句。

个人日志 3.3

减轻压力提醒

你一旦确定了减轻压力的策略,就提醒自己经常以此采取行动。在下面填入提醒,然后把它们复印或剪下来,并贴到你能经常看到的地方。

让我产生压力的是＿＿＿＿＿＿＿＿＿＿＿＿＿＿＿＿＿＿＿＿＿＿＿＿＿＿＿＿＿

为了减轻这些压力,我将＿＿＿＿＿＿＿＿＿＿＿＿＿＿＿＿＿＿＿＿＿＿＿＿＿＿

＿＿＿＿＿＿＿＿＿＿＿＿＿＿＿＿＿＿＿＿＿＿＿＿＿＿＿＿＿＿＿＿＿＿＿＿＿＿

让我产生压力的是＿＿＿＿＿＿＿＿＿＿＿＿＿＿＿＿＿＿＿＿＿＿＿＿＿＿＿＿＿

为了减轻这些压力,我将＿＿＿＿＿＿＿＿＿＿＿＿＿＿＿＿＿＿＿＿＿＿＿＿＿＿

＿＿＿＿＿＿＿＿＿＿＿＿＿＿＿＿＿＿＿＿＿＿＿＿＿＿＿＿＿＿＿＿＿＿＿＿＿＿

让我产生压力的是＿＿＿＿＿＿＿＿＿＿＿＿＿＿＿＿＿＿＿＿＿＿＿＿＿＿＿＿＿

为了减轻这些压力,我将＿＿＿＿＿＿＿＿＿＿＿＿＿＿＿＿＿＿＿＿＿＿＿＿＿＿

当你感到愤怒或心烦意乱时,你也可以做一些以一种健康的方式来减轻消极感觉的事情,比如围绕街区漫步或听一些舒缓的音乐。自我意识是战胜愤怒的一个重要部分。你的自我意识越强,你就越能辨认引起你愤怒的真正原因,并应对日常生活中的起起落落。

对愤怒的反应

愤怒是一种情感而不是行为。然而,人们经常通过自暴自弃的行为来表达自己的愤怒:他们大声叫嚷、发脾气,甚至打人。可是,经过这样的爆发之后,他们感觉好些了吗?没有。频繁发怒的人通常自我感觉糟糕。他们恐慌并失去控制,在他们发泄完愤怒之后,让他们感到愤怒的问题依然存在。

人们通常以两种方式表达愤怒。有时我们向外泄愤,有时我们向内泄愤。我们向外的愤怒通常被称为"健康"愤怒,因为我们公开地表达它。然而,如果它会造成身体和心理的伤害,那么向外的愤怒也是不健康的。向外的愤怒经常表现为**侵犯**,这指的是倾向于伤害或损害一个人(包括正在发怒的你)或对象的行为。具有侵犯性的人既伤害他们自己,也伤害他人。具有侵犯

侵犯
倾向于伤害或损害一个人或对象的行为。

性的人经常通过以下方式表达愤怒：

- 叫嚷、辱骂或其他的口头伤害
- 身体攻击
- 不合理的要求
- 控制他人的行为
- 对他人的批评和评判
- 对别人怀有敌意的异议
- 报复的幻想

向内表达的愤怒看起来是安全的。但果真如此吗？它经常会对我们的人际关系和我们的身心健康造成长期的伤害。向内的愤怒经常表现为：

- 讽刺或愤世嫉俗
- 回避或退出
- 冷战
- 烦恼
- 对他人普遍的不信任
- 受害感
- 猜忌或嫉妒
- 疲劳和焦虑
- 沮丧

我们保持向内的愤怒会使我们怨恨别人。它也会使我们怨恨自己，并引向愧疚和沮丧。

消极侵犯 反复被压制和向内的愤怒是危险的。被压制的愤怒会引向**消极侵犯**，即一种通过间接、温和地侵犯他人来处理情感冲突或压力源的方式。消极侵犯是侵犯的一种伪装形式。它是一种回避不愉快感觉和事件的方式，比如愤怒和异议。具有消极侵犯性的人往往：

- 告诉人们他们希望听到的东西，即使他们不得不为此而说谎
- 拒绝承认他们的内在感觉
- 害怕显露自己的感觉
- 抱怨自己受到误解或不被人欣赏
- 把失败和挫折归咎于他人

消极侵犯
针对他人间接、伪装的侵犯。

- 通过屈服于他人而不顾一切代价地回避冲突，然后又秘密地操控他人以使自己得逞
- 感到愤怒却害怕表露出来，因而静悄悄地通过打击他人来进行报复
- 以一种看起来幽默的方式贬低他人

消极侵犯建立在不健康的想法之上，这些想法使人们感到害怕和受到迫害，当然也包括愤怒。这些想法包括：

- 我从未赢过，那为什么要尝试？
- 其他每一个人都比我强。
- 发怒是糟糕的。
- 没人在意我的感觉如何。
- 我的问题比其他人的更棘手。
- 我是一个彻头彻尾的失败者。
- 我感觉到的正和其他人希望我感觉到的相反。
- 我必须确信人们喜欢并接受我。
- 人们永远不会知道我是愤怒的，也不知道我并不赞同他们。
- 我宁愿撒谎也不卷入跟某人的争论中去。

我们大多数人偶尔会感觉到这些情况。然而，具有消极侵犯性的人却经常甚或总是以这种方式思考。为了减少这些苦恼和不健康的想法，重要的是鼓起勇气，平静、合理地表达你的情感，并允许其他人做同样的事。不要把每一种情境都看做是只有输赢结果的博弈，而要学会接受和达成妥协，也要努力确信你的话语和行动与你的感觉始终一致。

富有成效地控制愤怒

与其压制愤怒、通过侵犯来表达它或让它以消极侵犯的方式表现出来，倒不如用它来深化你的自我意识，这更加健康。富有成效地处理愤怒意味着了解是什么导致了愤怒、保持镇定、采取积极行动，以及用果断的沟通来改善环境。

我为什么愤怒？ 战胜愤怒的第一步是断定什么使你愤怒——还有为什么。根据《处理愤怒》(*Dealing With Anger*) 的作者桑迪·利文斯通 (Sandy Livingstone) 的说法，愤怒产生于这样一些时候，我们觉察到一些事情有可能会：

> **成功要诀**
> 指出什么使你愤怒——还有为什么。

- 惊吓我们
- 伤害我们
- 威胁我们
- 让我们感觉无助

我们害怕的伤害和无能经常不是身体上的，而是情感上的。以萨拉为例：一个新生儿、一份兼职工作，以及夜间的管理课程，这些使得萨拉难以控制自己的压力水平。在孩子出生之前，她和丈夫查克已经同意共同承担抚养的责任。一天晚上，萨拉回家时发现查克既没有给孩子洗澡也没有准备晚餐。萨拉，这个经常在饥饿和疲劳时容易被激怒的人，突然就爆发了出来。查克同样开始生气，他说萨拉反应过度了。这只能使萨拉更愤怒，因为这使她感到情感上的无助——查克没有认真对待她的感觉。查克对萨拉的愤怒来自于对承认他们之间的关系也许存在问题所感到的担忧。对于他们两人来说，富有成效地解决这个问题的办法是表达他们的感觉，然后一起制定解决方案。

正如了解你的个人压力源是重要的，了解触发你愤怒的源头也同样重要。触发源是激发愤怒的人、境况或事件。你的愤怒触发源是什么？把它们记录到下面的个人日志 3.4。

> **成功要诀**
> 集中精力保持镇定。

保持镇定 当你感觉自己将要发怒时，集中精力保持镇定。例如，假如你正在照看的两岁婴儿在被放到床上后又走出来看你，而你正在学习，你可能会有几种反应。一种也许是开始发怒："这孩子从不安分！"在你发怒的过程中，你也许会对这个孩子大声叫喊，然后一直为此种紊乱的情绪所困扰，从而不能专心学习。另一种反应也许是认为："我们都需要放松。我要休息一下并读一个轻柔的睡前故事，这样我们就能花些时间在一起了。"把孩子放回床上后，你依然保持平静，在自己的掌控之中，从而能够返回到你的功课中去。

你选择思考一种情形的方式往往决定了你对它的感觉。面对令人疲惫的情境时，与其勃然大怒，不如去确认你正感到愤怒的事实，以及弄明白你究竟为了什么而感到愤怒。如果涉及他人，那就努力理解他或她的观点。也要努力以局外中立观察者的身份来考察此情境。是否存在另外一种有可能帮助你减轻愤怒的、看待此情境的方式？许多环境可能成为愤怒或紧张的源泉，因为你以一种不真实或夸张的方式看待它们。当你对一些事反应过度时，你就会在没必要发怒的时候也纵容自己发怒。

采取积极行动 我们很容易认为，都是他人引发了我们所有的问题。但

个人日志 3.4

愤怒触发源

下述情形中的哪些会激发你的愤怒？在引发你强烈烦恼和愤怒的情形前打钩。

我在……时感到愤怒。
☐ 有人批评我。
☐ 有人在某件事上做得比我好。
☐ 有人看起来比我好。
☐ 我的伴侣注视另外的男人／女人。
☐ 事情没有按照我的计划发展。
☐ 有人不听我正在说的话。
☐ 我的父母、朋友或伴侣告诉我去做什么。
☐ 有人质问我的判断。
☐ 我不得不排队等待。
☐ 有人在排队或交通行驶中在我前面插队。
☐ （其他——具体展开）_____
☐ （其他——具体展开）_____

思考你指出的这些情形。你认为它们怎样使你感到惊吓、伤害、威胁或无助？这种惊吓、伤害、威胁或无助是生理的还是心理的？

可能的情形是，我们看待他人的看法本身有问题。不必倾倒出你的全部愤怒并滋长对他人的愤懑之情，你要学习的是表达你的感觉——镇定地表达。尝试在不提及过去争议或冲突的情况下解决现时的情形。同样问自己下述问题：

- 我正在试图改变或控制他人吗？
- 我对这个人存有偏见吗？我是不是太好评价他人了？
- 我对他人抱有过多的期望吗？
- 我希望人们多多向我学习吗？

人们经常因为觉得自己所处境况的不公平而愤怒。事情有时的确是不公平的，然而试图在每种情形中寻求公平有可能无功而返。重要的是我们学会接受我们不能改变的事物。这样我们便能运用自己的能力去改变我们能

> **成功要诀**
> 改变你能够改变的，接受你不能改变的。

够改变的事物。

你怎样才能把这种观念转变为行动？假设你不得不为周一的考试而学习，但是你家里周末总是吵闹喧嚣。以现实和实用的方式来看待此情形。如果不大可能在你的家里寻找安静的角落去学习，那就计划去图书馆学习吧。这比起为你家里活跃、喧闹的氛围而烦恼要容易得多。你可以选择不为自己营造一个紧张的氛围。

努力自我主张　与其采取侵犯或消极侵犯的手段，不如努力发展自我主张。**自我主张**指的是在不侵犯他人权利的前提下表达你自己的想法和感觉。这意味着认识到这样的事实，即你的想法和感觉是正当的，而且你有权表达它们。为了以更坚决的态度来应对他人，尝试下列做法：

- 在小恼怒成为激发愤怒的情境之前处理它们。
- 在你需要时寻求帮助。
- 对不合理的要求说"不"。
- 如果你没有以你希望的方式来被对待，那就大声说出来。
- 努力制定出能惠及每个人的解决方案。
- 敞开心胸地接受积极的、富有建设性的批评和建议。
- 接受赞美时简单地说一句"谢谢"，而不是贬低自己。
- 运用平静的肢体语言并保持良好的眼神交流。
- 练习积极的倾听：表明想听的愿望，关注他人的话语和身体语言，对他们的话语作出回应，以此让他们知道你已听见他们说的话了。

当你学会控制你对愤怒的反应时，你也将学会控制自己愤怒的频率。例如，有时我们感到愤怒是因为人们批评我们或不赞同我们。当我们学会放慢速度并盘点自己的愤怒时，我们就能看到，自己的愤怒不是由他人的话语引起的——它们是由我们自己沉默的恐惧造成的，这种恐惧认为他人说的这些话可能是对的。随着我们建立起健康应对愤怒的技能储备，我们也建立起了自己的达观和自尊。

> **自我主张**
> 在不威胁他人自尊的前提下主张你的权利。

> **成功要诀**
> 你的想法和感觉是正当的，你有权表达出来。

✓ **自我测验**
1 身体在面对压力时会如何反应？（p. 101）
2 什么是逃避反应？（p. 102）
3 定义自我主张。（p. 116）

本章复习和活动

关键词

目标（p. 86）　　　　压力（p. 99）　　　　　应对技能（p. 105）
短期目标（p. 90）　　压力源（p. 100）　　　　愤怒（p. 108）
长期目标（p. 90）　　自主神经系统（p. 101）　侵犯（p. 111）
障碍（p. 95）　　　　逃避反应（p. 102）　　　消极侵犯（p. 112）
完美主义（p. 96）　　否定（p. 102）　　　　　自我主张（p. 116）
适应（p. 99）

根据学习目标进行总结

- **解释设置目标的重要性。**　目标是把梦想转变成现实的工具。目标赋予我们的生活以方向，并引导我们的精力去实现我们自己定义的成功。

- **列出合理设置的目标的特征。**　良好设置的目标具有五项特征，缩写为 SMART：它们分别是具体性、可衡量性、可实现性、现实性和时间相关性。

- **区分短期目标与长期目标。**　短期目标可以在一年之内完成。长期目标可以在较长的时间内完成。短期目标是长期目标的基石。

- **列举妨碍你实现目标的常见障碍。**　实现你目标的常见障碍包括为他人的目标努力、不愿意付出必要的努力、苛刻的完美主义、缺乏支持、抵制改变，以及向压力和愤怒屈服。

- **了解压力的起因和表现。**　压力产生于日常生活对你的要求，也产生于要求你改变旧的做事和思考方式的情形。压力的表现包括加速的心跳和呼吸速度。持续的压力有以下表现，它们包括肌肉疼痛、免疫系统变弱和疾病。

- **描述减轻压力的几个策略。**　应对压力的有力策略包括放松、锻炼、健康的饮食和睡眠安排、关系支持网、心智练习、爱好、精神生活、幽默和关注你人生的宏大图景。

- **解释富有成效地处理愤怒的途径。**　为了富有成效地控制压力，指出什么使你愤怒，以及为什么。当你感到自己将要发怒时，尝试保持镇定并理性地观察情形。表达你的想法和感觉，也要试图理解他人的观点。

本章复习和活动

复习题

1. 解释本陈述:"目标是有时限的梦想。"
2. 为什么目标应当是具体和可衡量的?
3. 列举一个长期目标和与之相关的三个短期目标。
4. 压力何时是积极的?举例说明。
5. 侵犯和消极侵犯之间的区别是什么?
6. 自我主张如何能够帮助你应对愤怒?

批判性思考

7. **愤怒** 思考佛陀的陈述:"持续的愤怒就像抓住一块热炭,并试图把它投向他人;而你才是被灼伤的人。"你认为这条陈述意味着什么?你赞同它吗?为什么?
8. **自我主张** 回顾本章提供的自我主张技巧,然后回忆你曾有过或仍然存在的、在自我主张方面有困难的情形。描述这一情形并检查这一情形带给你什么感觉。为什么你发现提出自我主张是困难的?下次遇到相似的情况时,为了变得更有自我主张,你将做什么?

应 用

9. **目标考察** 向你的五位朋友或家庭成员采访他们的目标。请他们说出长期目标和与之相联系的短期目标。他们为什么选择这些目标?他们完成这个目标的时限是多长?他们面对什么障碍,以及他们会怎样克服它们?结束你的采访之后,写下一页纸的总结。你采访对象的目标是什么?它们是 SMART 目标吗?被采访者对自己的人生方向付出了多少思考?你从中学到了什么可以运用于你人生的东西?
10. **压力日志** 在一周内坚持写"压力日志"。监控你生活中的压力水平并记录压力源(和困难)。然后选择一个平静的时刻评估你的清单。这里面存在任何你有可能对其反应过度的压力源或困难吗?为了把你的压力水平降到最低,你将来如何能够为这些情况做好准备?

本章复习和活动

网络活动

11. **在线目标管理** 为了让你获得在线选择和管理你目标的网址链接,请点击 www.mhhe.com/waitley5e,转到第三章。探索网站上预制的"目标计划",并阅读更多完成你感兴趣目标的方式。记录下该网站上建议的几种方法,这些方法会帮助你克服影响你完成所选目标的常见障碍。这些解决方案中的哪些对你有帮助?你愿意为使用该网站服务而支付所要求的费用吗?为什么或为什么不?为班级讨论准备笔记。

12. **愤怒:医学视角** 搜索有关愤怒的医学研究的网站。有关各种医学网站的链接,请点击 www.mhhe.com/waitley5e。愤怒会对健康产生什么后果?为什么?最近研究揭示的愤怒与健康问题之间的联系是什么?愤怒对男人与女人的影响有区别吗?用一张纸的报告总结你的发现。

真实成功故事:"我将走向何方?"

回顾你对第 84 页"真实成功故事"中问题的回答。你已结束本章,你觉得现在会如何回答这一问题?

完成该故事 续写一段文字来继续特琳的故事,表明她如何能够运用目标设置和压力管理策略来帮助自己实现目标。

真实成功故事

"我具备它所需要的吗?"

前进一步

保罗·杜普雷(Paul DuPre)向来喜爱动物。尽管曾经梦想成为一名兽医,但在上高中时他就放弃了这个梦想。他的家庭不能负担送他上大学的费用,他的成绩也不够获得奖学金。保罗的父母都未能上大学,他们不相信他能够考取。不管怎样,保罗已经能够赚取足够的钱去参加一个兽医技术课程了。

后退一步

保罗担心自己不够聪明,从而无法完成这个课程。他的姐姐莎拉赞同这一点。她经常取笑他,说无论怎么学习都不能使他更聪明。为什么为学习如何清理狗窝付学费呢?保罗对自己缺乏信心并在学习功课时备受打击。在两次测验得了低分后,他开始觉得姐姐也许是对的。他想他也许不够聪明,不该继续浪费时光。

你怎么想?

保罗能够做些什么来提升他的自尊并在学校里做得更好呢?

第四章

自　尊

"允许自己失败，你将更有可能成功。"

——心理学家　爱德华·德西（Edward Deci）

导言

自尊让你发挥最大的潜能。在4.1节中你将学会什么是自尊，它来自哪里，以及它为什么有助于你实现自己的目标。你还将探索一些方法，用以树立你对实现目标能力的信心。在4.2节中你将学会为什么自我接受对自尊来说是重要的，并发现认可自己的策略，看到你已拥有的许多品质。你还将学会如何有效地处理负面的批评，不至于让它侵蚀你的自尊。

本章目标

读完本章后，你将能够：

- 定义自尊并解释其重要性。
- 描述童年体验如何影响自尊。
- 定义自我期望并解释提升它的两条途径。
- 解释为什么自我接纳对于高自尊来说是重要的。
- 解释怎样把消极自我对话转化为积极自我对话。
- 解释怎样妥善地处理批评。

4.1 理解自尊

◇ 自尊的力量

自尊
信任并尊重你自己。

自尊是成功人士拥有的最重要的基本品质之一。**自尊**指的是信任并尊重你自己。尊重某人意味着欣赏他或她的价值观或价值。因此,当你尊重自己时,你就欣赏你作为一个人的价值观或价值。你会对自己应对人生挑战的能力充满自信,你相信你值得成功和获得快乐。这会激励你努力工作和争取成功。拥有健康自尊的人能够诚实地对自己说:"我真的喜欢我自己。我很高兴我就是我。我宁愿做我自己,也不要做现在或历史中另外某个时刻的其他人。"

健康的自尊不等同于自我中心主义、傲慢、自负、自恋或优越感。事实上,表现出这些特征的人有时在试图掩盖他们的低自尊。当你拥有健康的自尊时,你会欣赏自己的价值和重要性,但你也要认清,谁也不比你拥有更高或更低的价值和重要性。

另一方面,低自尊的人害怕承担风险,对成功没有信心,并且容易把问题和挫折看成是失败。这会引向一个减少努力、看到失败、降低自尊的怪圈。

高自尊的效应

成功要诀
自尊促使你努力工作和争取成功。

高自尊的人是自信的。他们知道自己是重要、有价值的个体。他们享受那种发自心底、由内而外的自我价值感,这就能使他们自由地去追求成功与快乐的目标。当你拥有高自尊时,你就愿意承担风险,对成功拥有信心,并能够把挫折当做是对加倍努力的激励。自尊让你为自己的成就感到自豪。这又反过来鼓励你为进一步的成功而奋斗。

高自尊还有其他益处。当你享受高自尊时,你能够:

- 认可你的强项和弱项
- 表达你的真实想法和感觉

- 建立和他人的情感联系
- 给予和接受赞美
- 给予和接受喜爱
- 尝试新观念和体验
- 表现你的创造力
- 捍卫自己
- 镇定地处理压力和愤怒
- 乐观看待未来

研究表明，高自尊的人追求自己的目标。他们不会被他人或境遇所阻挡。他们趋向于寻求更具挑战性的、需要他们艰苦努力的工作。他们也有信心去发展与那些令他们感兴趣的人之间的关系。高自尊的人不会因为害怕拒绝而停止接触他人。

高自尊还能帮助你给自己创造机会。比方说，你对探索一份新职业或专业感兴趣。自我感觉良好能够鼓励你向前推进并接受尝试新事物的挑战。即使你确定这不适合你，你也仍然不会伤害你的自我价值感。你也更了解自己，以及自己真正喜欢什么。

成功要诀
当你自我感觉良好时，你就有信心去尝试新事物。

低自尊的后果

许多人受低自尊之害。低自尊产生"我不能做成任何事情"的感觉。低自尊的人相信自己没有价值，他们的生活没有什么意义，并且自己总是不快乐的。他们对自己的技能缺乏信心，甚至不敢承认自己所获得的最大成就。这种自卑的感觉会导致沮丧、焦虑或社交恐惧。

低自尊的人容易被他人的言语和行动伤害。事实上，低自尊的人更看重他人的看法和评论，而不是自我评价。当这些评论是消极的时候，低自尊的人经常感到极度受伤和心烦。他们感觉自己不配成功，怀疑他们自己的能力，甚至进一步贬低自己的看法。

此外，低自尊的人经常：

- 不信任他人
- 难以发展亲密关系
- 害怕错误，难以作出决定
- 无情地批评自己，但难以处理来自他人的批评
- 预感到问题、危机和失败

- 忽视他们自己的需求
- 屈服于不合理的要求
- 不喜欢成为关注的中心
- 对他人保留自己的真实想法和感觉
- 生活在对拒绝和不赞成的恐惧中
- 担心成为他人的负担
- 感觉自己对生活缺乏控制
- 错失人生的欢乐

低自尊的人预期自己会失败：他们把失败看做自己生活的一个组成部分。这就会引发**焦虑**，一种普遍的、没有特定原因的担忧或不安感。在应对困难情况时产生一些焦虑是正常的。例如，迷失在一个陌生城市中或是有一位家庭成员生病时，人们经常会感到焦虑。这种焦虑感使他们保持警觉并帮助他们应对环境。

但是，在问题解决之后依然持续焦虑，那它就是有害的。为焦虑所困扰时，你将难以完成实现目标的必要工作，不管是为考试而开展的学习，还是为工作面试所做的准备，抑或是预约一次看病。这甚至会进一步降低你的自尊。

现在是测量你自尊水平的良好时机，练习18的设计意图正在于此。这个练习不是测量你作为一个人的价值观，而是显示你对自己的评价有多高。这些题目没有所谓正确或错误的答案，得分的高低也不反映任何与他人的比较。

请记住，没有那么大的规模或清单能够揭示所有事实。把你的结果看做是你可以考虑的可能性，而不是将其视做绝对的事实。如果它们让你觉得有意义并有所帮助，那就利用这些结果。如果不能，那就忽略它们。不要基于你的得分来在生活中作出巨大改变，而是把你所学的内容与适当的专业支持相结合，然后使用它们。

自尊的起源

自尊来源于何处？为什么一些人比其他人拥有更高的自尊？一些人从一开始就拥有很高的自尊。许多儿童从养育他们的父母、优秀的教师、教练和朋友那里得到鼓励，从中获得最初的自尊感。这也许是一名优秀的家长或领导者最重要的品质：给予积极鼓励以帮助他人发展积极的自我价值。

焦虑
普遍的、没有特定原因的担忧或不安感。

练习18　测试你的自尊

A. 对于每个项目，选择最能描述你的陈述，并在其前面的字母（a、b或c）上画圈。

1. a. 我不会介意别人说我坏话。有时，我甚至喜欢别人为我的言行所困扰。
   b. 如果有人不赞同我或我的言行，我的感情会受到伤害。
   c. 有人批评我时，它会增加我对那个人的关心或理解。

2. a. 我觉得我能够控制人们做什么或他们如何感觉。我似乎需要此种控制。
   b. 我过于频繁地感觉到失去控制或无能为力，或我感觉被别人摆布。
   c. 我掌握着自己。没有人能控制我，我也不想控制其他任何人。

3. a. 我觉得自己比其他人更优秀。
   b. 我觉得自己不如其他人重要。
   c. 我不比其他任何人更重要或更不重要。

4. a. 我在别人眼里的形象对我而言非常重要。我总是希望展示我最好的一面，并且是紧跟潮流的。
   b. 只要我自己感觉舒服，我就不太关心别人怎么看我。
   c. 我的形象是重要的，因为它表明我对自己感觉如何。我保持着良好的身材。

5. a. 我不介意好的论辩。它帮助消除误会，并使生活更有趣。
   b. 我厌恶争斗或争论，我会尽我所能地避免它。
   c. 我不会试图回避争论；我对它们没有意见。但我也不会以损害他人为代价来赢得辩论。

6. a. 事实上，我对帮助他人毫不关心。我轻易地拒绝了许多帮助请求。
   b. 拒绝一个帮助请求对我来说几乎不可能。
   c. 我帮助他人，但如果对我有害，我就不做了。我可能会在别人请求帮助时拒绝他们。

7. a. 我觉得，或者其他人也这么说，我是个完美主义者。我在事情圆满完成之前是不会感到满意的。
   b. 我常常不关心每件事情是否已完成或完成得好不好，这对我来说并不重要。
   c. 我几乎能完成好我做的每件事情。如果不能，我也极少被这件事长期困扰。

8. a. 我不喜欢出错，并且尽可能地避免出错。
   b. 我的生活往往显得充满错误。我似乎不能长期逃避错误。
   c. 我不试图制造错误，但当我真的出错时，我不会过多或过长地为此烦恼。

9. a. 我试图不寻求帮助。我觉得没有它我应当也能做好。
   b. 我不介意寻求帮助，但我经常不能得到我真正需要的帮助。
   c. 我通常知道何时需要帮助，我会一直寻求它，直到获得我所需要的。

10. a. 我常常批评他人和境况。这让我释放自己的情感。
    b. 我被教导说，妄加批评是不对的，所以我尽可能地回避批评。
    c. 我极少作出批评。我从来不会那样去考虑问题。

11. a. 如果有人不赞同我，我会认为他或她持有不同的见解。这在我看来没什么。
    b. 如果有人挑战我认为正确的事情，我就有可能断定我是错误的。
    c. 如果有人挑战我认为正确的事情，我通常认为他或她是错误的，并且我希望说服他或她以我的方式去思考。

12. a. 我乐于接受表扬，但事实上，即使没有赞美我也可以对自己和我做的事情感觉良好。
    b. 我需要为我完成的事情获得赞美和认可。
    c. 我并不真正关心自己是否获得赞美。事实上，赞美经常使我感觉不舒服。

13. a. 通常我并不关心谁喜不喜欢我，或者我有多少朋友。
    b. 很少有人喜欢我。真正喜欢我的人并不是我所在乎的人。
    c. 维持友谊对我来说很重要。

14. a. 物质财富或职业成功是我愉快生活的成果。
    b. 我不太关心在生活中取得领先地位。这只意味着有更多需要紧紧追随和担忧的事物。
    c. 在生活中处于领先地位，即获得成功或拥有有价值的事物，这对我很重要，而且我为此而努力工作。

15. a. 我通常都非常沉浸于享受和学习此刻发生的事情，以至于我不太考虑或谈论过去的成就。
    b. 我没有很多值得自豪的事情。即使在有我为之感到自豪的事情时，我也只是把它们埋藏于心，因为人不应当吹嘘。
    c. 我告诉别人自己的成功或发生在我身上的美好事情。我不会因为自我赞美而感到害羞。

16. a. 我对发生在生活中的事情负全部责任。责备其他人或所处的境遇与为过去感到糟糕一样没有意义。
    b. 我生活中许多糟糕的事情都是我的错。我一般为这样的过错感到内疚或悔恨。
    c. 如果某件事出错了，它通常不是我的过失。其他的人或条件要更多地受到谴责。

17. a. 我拥有积极的方向感，它更多地来自于我作为人的价值，而不是来自于我设定和完成的目标。
    b. 我的生活缺少方向。我难以更好地设想我的环境。
    c. 我设定目标并评估实现它们的进程。当生活变得艰难时，我思考它在哪天会变得如何美好。

18. a. 我通常是快乐的。在必要时，我会以不会显得太过严厉的态度说出自己的主张。
    b. 我通常是有所保留的。我一直试图考虑周到，即使这意味着我的需求得不到满足。我不喜欢跟人作对。
    c. 我有话就说，有时在人面前显得咄咄逼人。我的脾气可以描述为生硬或粗鲁。

19. a. 人们会做自己感兴趣的事情，不管公平与否。这没有错，人恰恰就是这样的。
    b. 大多数人关注自己的利益，并做任何能侥幸成功的事情。这是不对的。但人们恰恰是这样的。
    c. 我对什么是公平的有明确的信念。当我或其他人被不公正对待时，我会心烦意乱。

20. a. 我知道别人说的都不会伤害我——只有我说的才能伤害我自己。
    b. 我试图小心地说话，因为我也许会伤害某些人的情感。
    c. 我试图小心地说话，因为别人也许会用它来伤害我。

资料来源：改编自 www.wellnessnet.com 网站，2003 年版。版权©1990–2003 Richard Terry Lovelace，社会工作硕士，博士（www.wellnessnet.com），经作者同意重印。最初发表于 SELF 杂志，然后由 John Wiley & Sons, Inc.，通过《压力管理》(*Stress Master*) 发表。

B. **评分：** 首先，返回第 11 题。从这项开始一直到第 20 题，把你选择的每一项 a 改变成 c；c 改成 a。
现在合计你选出的 a、b 和 c 的数量：
a:_____ b:_____ c:_____

你的 c 数量反映出你的自尊水平。

c 的数量是 11 或更多：表示你真诚地喜欢自己。

c 的数量在 0~10 之间：表示你需要关注你的自尊。

如果你有低自尊（c 的数量为 0~10），你选 a 和 b 的数量反映你处理这个问题的方式。

a 的数量是 8 或更多： 你具有进攻型的行为特征。你倾向于冲动、好评判、傲慢和力求完美。你也许还未意识到你有低自尊。

b 的数量是 7 或更多： 你具有消极型的行为特征。你倾向于自我批评和感到悲哀、伤害或害怕。你极少说出自己的主张。

a 的数量和 b 的数量几乎相等： 你将通过提高自己的自尊而受益，尽管你既不是进攻型的也不是消极型的。

C. 你的得分表明你的自尊水平怎样？它是高还是低？

_____
_____
_____
_____
_____

D. 如果你拥有低自尊，那你会显示出进攻型行为、消极型行为还是两者兼有？请予以解释并给出你的行为实例。

_____
_____
_____
_____
_____

E. 回顾本章描述的高自尊和低自尊所产生的效果。你显示出哪一种行为？请举例说明。

_____
_____
_____
_____
_____

另一方面，低自尊往往来自于辱骂或不受重视的关系、反复拒绝、家庭失调、生理或精神缺陷，或别人的强烈批评。自尊也可能有遗传成分。生长于充满赞美和关爱的理想环境中的人也有可能成长为不可靠的、对自己的生活感到不快的成年人。其他在最差条件下成长起来的人，也有可能变得成熟，并找到强烈的自尊和成功。

常言说得好：成功导向高自尊，而失败导向低自尊。然而，事实并不总是如此。许多有天赋和造诣的人被认为自己毫无价值的感觉所困扰。以琼为例。琼拥有工商管理硕士（MBA）学位，并且是一家大唱片公司的销售总经理。即使备受尊重、极富才干，且有丰厚的收入，琼依然感到微不足道，自尊心低下。无论她实现了什么，她总是达不到她为自己设定的不可能达到的标准。

尽管一些人看起来已"拥有一切"，但他们仍然为低自尊困扰，但许多取得适度成就的人却很有自信。例如，罗恩已经在一家电脑制造厂担任了五年的行政助理。他没有醒目的头衔或挣得大量金钱，但他为自己对公司作出的贡献感到棒极了。他享受友情和家庭，并对未来充满信心。由于具备健康的自尊，他对自己和他的成就都感觉良好，无论它们在别人看来有多大或多小。

有条件和无条件的关心　自尊的基础在于人生的最初三或四年。当我们还是小孩时，我们需要觉得被我们的父母或其他看护人接受和重视。父母的赞同对儿童而言是极其重要的——父母代表着安全和保障，也代表着为一个发展中的心灵所提供的身心安慰。如果我们的父母表现出关爱、培养、认可、鼓励和支持，我们通常就会认可自己并发展出积极的自尊。

父母表现关爱和认可的方式也对我们发展中的自尊有着重要影响。儿童和青少年需要接受**无条件的积极关心**——无论孩子们如何表现都给予关爱和认可。接受无条件积极关心的儿童和青少年通常会发展出健康的自尊，如图表 4.1 所示。

在一些家庭中，孩子们接受不到无条件的积极关心。相反，他们得到的信号是，自己必须以某种方式行动才能赢得认可和关爱。例如，一些父母要求他们的孩子在学校获得优异的成绩或擅长运动。这些父母给予孩子**有条件的积极关心**——只有以某种方式行动才能获得关爱和认可。来自这种家庭的孩子一般会发展出低自尊。他们不是因为自己是谁而认可自己，而仅仅是因为他们做什么以及做得多好才认可自己。他们只有在表现出一定水平时才会对自己满意。作为成年人，这些人认为自己的价值依赖于特定的成就或成果，比如赢得一份特定的薪水、看上去与众不同或拥有特定的财产。

> **成功要诀**
> 无论成就是大是小，拥有健康的自尊都能使你为自己的成就感觉良好。

无条件的积极关心
关爱和认可一个人，尤其是儿童，无论他或她如何表现。

有条件的积极关心
针对一个人，尤其是儿童，只有他们以某种方式行动时才给予关爱和认可。

图表 4.1　自尊的童年起源

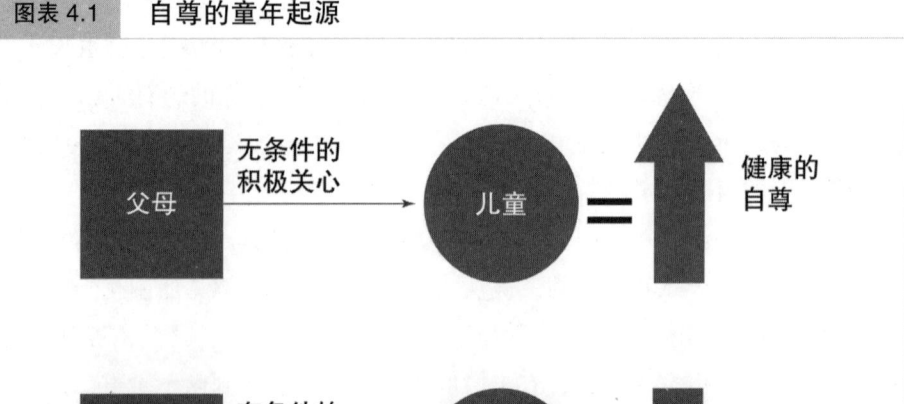

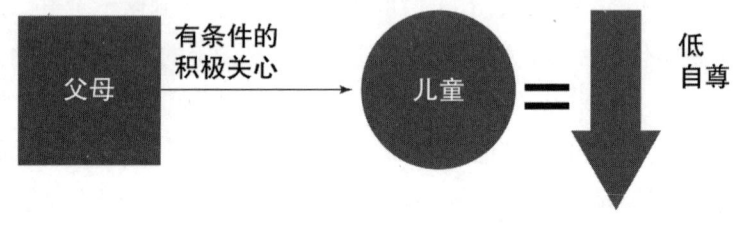

积极关心　你的自尊发展和建立于你的人生早期。研究表明，在 3~4 岁阶段，父母对孩子的培养方式深刻地影响孩子的自尊。除了父母以外，还有其他什么重要的成年人有可能会影响孩子的自尊？

如果他们未能达到自己定的不可能实现的标准，他们就觉得自己很糟糕。

支持和孤独　我们对认可和关爱的需要在我们长大成人后也不会消失。无论我们年龄多大，我们都需要感到自己在社交圈子中得到关注、欣赏和重视。所有来自那些帮助我们感受到被重视、关注和与社区相联系的他人的话语和行为，就是所谓的**社会支持**。社会支持是自尊的驱动力。

社会支持分为两种基本形式：情感支持和工具支持。情感支持指的是给予信任、同情、关心、热爱、关注和无条件的认可。工具支持指的是给予资源，如金钱、劳动、时间、建议和信息。给予你情感支持的人会倾听你的想法和感受，鼓励你，拥抱你，提醒你所拥有的价值。给予你工具支持的人在你需要建议、工作指导、贷款、搭车去看医生或是另一种帮忙时，会帮助你解决问题。

得不到足够社会支持的人饱受低自尊和孤独之苦。孤独与独自一人不是一回事。大多数人喜欢偶然地、甚至经常地独处。真正的**孤独**指的是为独处而感到悲哀。我们所有人都不时地与孤独抗争。许多少年和青年在努力寻找自己在世界中的位置时都面对过孤独。

社会支持
所有来自那些帮助我们感到被重视、关注和与社区相联系的他人的话语和行为。

孤独
为独处而感到悲哀。

害羞与自尊

经常害羞的人会特别频繁地感到孤独。害羞是人处在社会环境中的焦虑，它源于对其他人对我们的看法的担忧。极度害羞有可能引向非常大的焦虑，以致难以向别人问好或做目光接触。低自尊的人通常饱受羞涩心理之苦。在他人周围时，他们不能感到舒适。他们甚至也许会避免或逃避每天的社会情境，从而避开曝光或批评。具有挑战性或棘手的情境会使他们更加感到被误解和孤立。

孤独和害羞会损害自尊。当你因孤独感或社交焦虑而责备自己时，它们的破坏性最大。如果你在社交技能上缺乏信心，那你甚至更难拓展社交。重要的是提醒你自己，有许多人关爱和欣赏你。运用第132~133页的练习19测量你的社会支持度和孤独程度。这将帮助你决定是否需要扩展自己的社交支持网。

战胜孤独　战胜孤独需要建立和巩固你的社交支持网。第一步是向外接触——不是等待别人对你产生兴趣，而是表现出对他们的积极兴趣。例如，更多地了解朋友、熟人或家庭成员的兴趣或娱乐消遣。请求参加让你感兴

> **成功要诀**
>
> 提醒你自己，有许多人关爱和欣赏你。

网络活动

你的社交网络

网络为你与在你的社区和全世界范围内有相同兴趣的人们相联系提供了无限机会。无论你是做木工活、研究你的家族史，还是应对某种病患，网络上均有留言板、聊天室和在线论坛供你与其他人相联系、征求和提出建议、分享想法和心得、辩论话题和论点、学习新的技术和技能，或者只是分享经验、故事和友谊。

在网络上互动显然也存在风险。一个人容易把自己描绘得像另一个人，并且从情感、金钱和性上利用你。你如果把自己的个人信息公开，也可能面临身份被盗用的风险。因此，决不要把你的地址、电话号码、生日、出生地或其他的具体信息贴在网上。

像 MySpace、Facebook 和 Friendster 这样的流行社交网站，它们允许用户创立和分享个人档案，一些特定的成员（或任何人）可以获取这些信息。这些网站为与家庭和朋友保持联系、与你可能永远不会见面的人们联络提供了机会。但是，越来越多的雇主也在利用这些网站搜集职位候选人的信息。因此，决不要上传令人难堪或不恰当的照片或评论——即使是对你选定的成员，因为它们有可能危及你今后的机会。

思考　参与在线聊天室或论坛如何可能帮助你克服孤独并建立起自己的社交网络？

如果想要了解更多关于运用网络来安全地扩大你的社交网络的信息，可参见网址：www.mhhe.com/waitley5e。

练习19　社会支持和自尊

A. 判断每条陈述符合你的程度,在从不、很少、有时、经常或总是中选择,并在表格中打钩。

	从不	很少	有时	经常	总是
1. 如果我需要去看医生的话,会有人带我去。					
2. 有人会倾听我的话语。					
3. 有人会分担我最私人的忧虑。					
4. 有人会理解我的感受。					
5. 有人会关爱我并让我感觉自己被需要。					
6. 我生病的时候会有人帮忙料理家务。					
7. 有人会拥抱我。					
8. 我有可以吐露秘密的对象。					
9. 有人可以和我一起放松。					
10. 有人可以和我一起娱乐。					
11. 有人会对我的问题提出好的建议。					
12. 有人理解和欣赏我。					

B. **评分:** 从不1分,很少2分,有时3分,经常4分,总是5分。

你的总分是? _____

48~60　　你享有健康的社交支持水平。

31~47　　你仅仅具备中等的社交支持水平,有时也会受孤独之苦。

12~30　　你缺乏足够的社交支持,可能会受孤独之苦。

C. 描述你多久会感到孤独,以及什么情况导致了这种感觉。

_____

_____

D. 建立一个你的社交支持网络。在左边一栏中写下你总是或一直能够依仗其支持的某人的名字。在第二栏中写下你有时能依仗其支持的某人的名字。

我总能依仗	我有时能依仗

E. 你是否觉得，只要你有需要，你就能拥有情感和工具支持？如果不，那你能为建立你的社交支持网络做些什么？

_____
_____
_____
_____

趣的活动。主动为他人提供社会支持。例如，如果一位同学某天生病在家，那就给他或她一份你笔记的副本。

也要考虑运用你独处的时间拓展你的个人兴趣，也许是加入一个学生组织、邻里俱乐部或志愿者项目，你能在这些地方建立起一种团队意识。也要继续发展你的沟通和人际关系技能，诸如同情和积极的倾听，这会让你对自己与他人相互交流的能力有更大的信心。如果你拥有一个大的社交网络但仍然经常感到孤独，那就审视一下你人际关系的质量。你是否维持着那些感受不到营养的友谊或浪漫关系？你和朋友在一起时是否仍然感到孤独？如果是这样，那你也许需要探索新的友谊。

> **成功要诀**
> 支持、有营养的关系有助于防止孤独和低自尊。

◇ 提高你的自尊

我们已经了解到积极的童年经历对健康的自尊来说有多重要，但如果你是低自尊的成年人，那该怎么办——你能为此作些什么吗？能！自尊的优势在于我们能从中获得更多。无论我们来自什么样的环境或具有怎样的遗传特性，我们都能够学会重视自己的价值。不是每个人都能从他们的父母那里获得自尊的天赋。为了实现成功，许多人都必须赢得自己的自尊。作为成年人，无论我们的童年经历如何，我们都有机会创造我们期望拥有的积极自尊。

> **成功要诀**
> 无论你的年龄如何，你都能学会尊重自己。

并非所有的成功人士在自己的成长历程中都自我感觉良好。他们往往不得不通过练习来学会爱自己。例如，作家戴尔·迪娜·舒瓦兹（Daylle Deanna Schwartz），从童年到成年一直在与低自尊做斗争。当她刚创建起一个独立唱片品牌时，她经常遭到男同事的抵制，他们不相信一个女人会适应唱片行业的竞争环境。舒瓦兹也怀疑她自己。可是，由于她冲破产业陈规的果敢，她的厂牌获得了巨大的成功。她开始在音乐产业研讨会上发表演讲，并开始了作为作家的又一份成功事业，帮助人们提高他们的自尊。她通过追随梦想和战胜挑战来学会喜爱自己。

自我期望和自尊

你的家人、朋友和熟人对待你的方式对你的自尊有着巨大的影响。但是，一个更重要的人——你自己——对待你的方式甚至具有更大的影响。我们对自己说的话对我们的自尊有巨大的影响。低自尊的人对自己说："我是小人物，我不能做任何事。"高自尊的人告诉自己："我是个人物，我只要

> **成功要诀**
> 让你退却的不是你不能做的事——而是你认为自己不能做的事。

有心就能做成任何事情。"

这种自信来源于自我期望感。**自我期望**是相信你能够实现自己人生需求的信念。它是对你将会实现自己目标的期待。从长远来看，每个人都想要获得他或她期望得到的东西。你也许会、也许不会得到你该得的事物，但你几乎总是能得到你所期盼的。你花费最多精力思考的就是总有一天会实现的事物，无论它是你所担忧的还是你所希望发生的。低自尊的人预感失败，无论是陷入财务危机、身体不佳还是紧张的人际关系；而这通常也正是发生在他们身上的情况。高自尊的人期望成功，拥有经济保障、享受身体健康和拥有快乐的人际关系；而这些也往往是真的发生在他们身上的事情。

这就是自我期望的力量。如果你相信你将会在某件事上成功，那你就可能成功。如果你相信你将要失败，你的意识就有可能引诱你进入失败。

自我期望并不是一项技能或能力。它是你对自己能够运用已具备的技能

自我期望
相信你能实现自己人生需求的信念。

个人日志 4.1

考察你的自我期望

选择你赞同的陈述，并在其旁边的方框里打钩。

- ☐ 我知道我能实现自己的目标。
- ☐ 当一些没有预料到的事出现在我面前时，我能随机应变。
- ☐ 如果做出充分的努力，我能解决几乎所有的问题。
- ☐ 压力和愤怒对我来说不成问题，因为我有良好的应对技能。
- ☐ 我能处理出现在我面前的一切情况。
- ☐ 如果别人能做某事，那我大概也能做。
- ☐ 如果第一次不能成功，那我就会再度尝试。
- ☐ 我为自己能做成的事感到自豪。
- ☐ 我能够成功。

你打钩的陈述越多，你的自我期望就越高。回顾你在第三章中为自己设置的长期目标。你有多大的信心能完成这些具体的目标？请予以解释。

做什么事的信念。换句话说，它不是关于你真正能做到什么的，而是关于你认为自己能做成什么的。我们的自我期望感会影响我们对目标的选择、我们为实现这些目标而付出的努力，以及我们应对障碍的手段和途径。如果我们相信自己能够实现这些目标，那么，我们就能在面对苦难时仍能被激励并坚持不懈。然而，如果我们相信自己的目标超出了我们的能力，那么，一旦进展不顺利我们就可能放弃。运用个人日志4.1来考察你是否具有健康的自我期望感。

确立你的自我期望

自我期望来源于你对获得成功和实现目标的能力的信心。建立这种信心的一个极好途径是仔细观察你过去的目标和成功。这有助于提醒自己已经拥有了多少的技能和成就。

你是否担心自己没有多少值得自豪的事情？这是你低自尊的一种习惯。如果你有低自尊，那你很可能难以认识到自己的成就。**成就**是你通过努力、技能和坚持去完成的任何事情。成就不一定就是证书和奖品的回报，甚至任何其他人都不知道你最大的成就。这些成就也许只对你一个人有意义。例如，学会使用电脑、病后痊愈、返回学校，或者从一次个人失败中再度振作，这些都是成就。关键在于你付出了努力，表现出技能，并且坚持完成对你来说是重要的事情。

创造成功经验 提升你自我期望的另一种极好的方式是设置并完成一系列越来越有挑战性的目标。这给你的感觉是，你能做成任何你打算做的事情。当你设置目标时，最好专注在一个你可以获得可衡量结果的特定领域中。例如，假设你害怕在人群前演讲。对此你不要设置一个模糊的目标，如"开发公共演讲技能"，而可以为自己设置一系列越来越有挑战性的SMART目标，诸如：

1. 每周参加一次心理学课堂讨论。
2. 每周参加三次心理学课堂讨论。
3. 每天参加心理学课堂讨论。
4. 参与心理学课堂的期末小组展示。
5. 下学期在俱乐部聚会时作单独报告。
6. 学年结束时在学校聚会上作演讲。

随着你从一个目标前进到另一个目标，你对自身能力的信心将会提升。

成就
通过努力、技能和坚持去完成的任何事情。

成功要诀
为了提升你的自我期望，努力完成一系列越来越有难度的目标。

练习20　成就清单

A. 回忆在你的生活中，无论是近期还是很久以前，你充满满足感和成就感的那些时候。这也许是你帮助某个人、学会某种技能、完成一个项目或实现一个重要目标的时候。选择四个成就。在下面的方框中简洁地描述每一个成就，并解释它为什么对你有意义。

成就 1	成就 2

成就 3	成就 4

B. 现在写下这些成就所显示出来的技能（比如使用电脑或唱歌）和个人品质（比如果敢或慷慨）。如果你不能确定写什么，那就设想你所喜爱和钦佩的某个人也完成了相同的事情。在那个人身上你将会看到什么技能和个人品质？

技能	个人品质

C. 现在让我们关注未来。在今后几年内，你希望拓展什么技能？例如，你希望学会演奏一种乐器或从事一项运动、设计一个网站、说另一种语言、写诗歌？列举至少五项你希望获得的技能。
_____
_____
_____
_____
_____
_____

你对自己获取这些技能的能力有多大信心？请予以解释。
_____
_____
_____

D. 从上面列出的技能中挑出一个。制定出由五或六个越来越有挑战性的、可帮助你获得这些技能的SMART目标。

目标1_____
目标2_____
目标3_____
目标4_____
目标5_____
目标6_____

E. 你对自己实现该列表中的第一项目标有多大信心？最后一个目标呢？请予以解释。
_____
_____
_____

一旦你在人生的这个领域中建立起了自我期望，你就能进展到另一个领域，然后下一个。运用练习 20 获得一份你的成就清单，并为自己设置一系列导向新成功的目标。

应对和逃避　随着你对自己和自己的技能建立起信心，你将获得应对越来越艰难的挑战的勇气。人生中最大的一个挑战就是应对痛苦的问题。**应对**意味着勇敢地面对充满威胁或令人不适的情形。充满威胁的情形也许是人际关系中存在的问题、坏习惯、工作或学习中的困难或是其他任何不愉快或痛苦的事情。每当我们应对了某事后（无论其结果如何），自己的自尊就会提高。

应对的对立面是逃避。**逃避**是不愿面对令人不适的情形或心理现实。每当我们逃避自己需要面对的事情时，我们的自尊都会降低。我们逃避的时间越长，它对我们自尊的伤害就越大。常见的逃避行为包括：

- 自我批判
- 嘲笑境况
- 沉湎于工作以逃避思考该问题
- 通过购物、看电视或睡觉来逃避问题
- 不采取行动来发泄不愉快的感觉
- 滥用酒精或其他药物

逃避可减轻短期的不愉快，却会留给你自己没有能力处理该情形的感觉。你曾经为解决一个困难情形而感到无能为力吗？在个人日志 4.2 中看看你可能在逃避什么。

逃避不仅降低自尊，也会把小问题转变成大问题。以玛雅为例。每当收到信用卡账单时，玛雅就会产生恐惧心理。她立刻把它塞入抽屉并告诉自己不要去想它。当收账员打电话来时，玛雅就不接电话，并关掉电话答录机。然而，玛雅越是逃避支付她的账单，她对自己的感觉就越糟。为什么玛雅如此坚决地逃避这个问题？这是常有的事，这是在逃避一个更大的根本问题：她不想面对自己正在负债和疯狂消费的事实。当她最终找到勇气去承认这是个问题时，她的自尊就上升了。这又反过来给予她信心去着手解决促使她花钱的孤独感。

正如本事例所表明的，应对问题的第一步就是承认它的存在。一旦你这样做了，你就能一步步地致力于改善境况，建立起你的自我期望。

应对
面对威胁性的情形。

逃避
不愿面对令人不适的情形或心理现实。

成功要诀
当你迎头面对问题时，你的自尊就会上升。

个人日志 4.2

学会应对

在下面的中心位置，简要地描述一个特定的、持续存在的、你在生活中经常逃避的问题。闭上眼睛，再现你逃避问题的情形。在下图左边的方框中写下三个你用来描述对自己的感觉的形容词。现在闭上你的眼睛，设想你自己充满信心地、无畏地、熟练地处理该问题的情景。在下图右边的方框中写下三个你现在用来描述对自己的感觉的形容词。

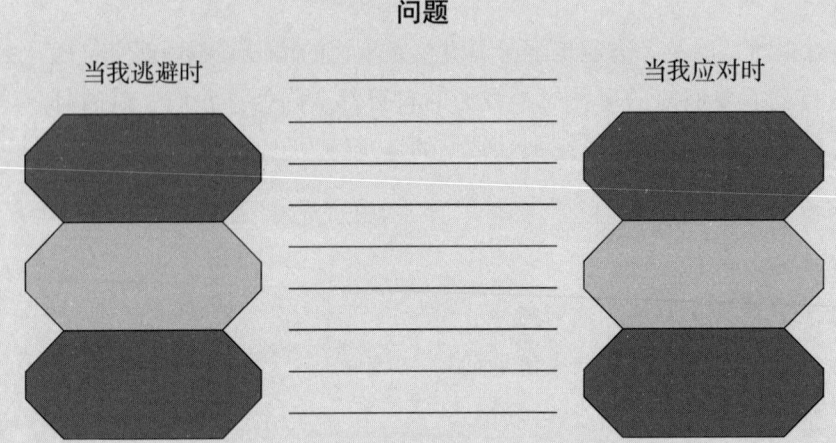

比较这两边的形容词。解决问题的感觉是否让你对自己感觉更好？你今天能够为着手解决该问题采取什么行动？

✓ 自我测验

1. 为什么自尊对成功来说很重要？（p. 122~123）
2. 定义无条件的积极关心？（p. 129）
3. 逃避会对自尊产生什么影响？（p. 139）

4.2 学会喜欢自己

◇ 自我接纳和自尊

在上一节中，我们看到了自尊的起源和自我期望在提升或降低你自尊中的作用。现在我们要关注的是自我接纳。**自我接纳**意味着认清并接受你自

自我接纳
认清并接受你自己的真实情况。

己的真实情况。自我认可让你不再因为达不到自己或他人所定的不可能的标准而批评自己。它让你发现并表达真正内在的你是谁。当你享受自我接纳时，你就认清了这样一个情况，即以你现在的状况来说，自己就已经足够好了。因此，即使你还有能够改善的方面，那又怎样？即使你有时拖延、发脾气或开车太快，那又怎样？你依然是值得尊敬、爱戴和成功的杰出人物。这就是为什么极具影响力的心理学家阿尔弗雷德·阿德勒（Alfred Adler）把自我接纳称做是"承认不完美的勇气"。

你、缺陷和全部

你的自我形象反映了你的自我接纳水平。当我们拥有健康的自我形象时，我们就看到并一并接受自己的强项和弱项。当我们拥有不健康的自我形象时，我们就会过多地关注我们的弱项，最终否定自己。

接纳自己和否定自己的人之间的区别不是他们拥有弱项的数量，而是他们看待自己的方式。具备积极自我形象的人会认清这样的事实，自己拥有的强项比弱项更多。他们接受自己的确拥有的弱项，但选择不被这些所困扰。他们知道他们是独一无二的创造物，拥有的技能和个人品质的组合是其他人所不具备的。

你自我形象的健康程度如何？回顾在第 26 页个人日志 1.3 中你的回答（如果你还未完成这项活动，那么现在就是完成它们的最佳时间）。你给自己的打分是积极的居多还是消极的居多？如果你在三个或更多的领域中给自己打出 5 分或更低的分数，那你也许拥有消极的自我形象和低自尊。再看看你给自己打的分数范围有多广。你明白自己的强项和弱项，或你是否为分数的分布圈定了广泛的范围？如果你选择了一个广泛的范围，那你也许需要改善你的自我意识。

你对自己"缺陷"的感觉也影响你的自尊。如果你为你的弱项感到害羞或愧疚——即使你为自己在其他领域中的强项感到自豪——你的自尊也将受到伤害。以盖瑞为例。盖瑞知道自己是一名优秀的学生和工作者，而且深受同学的欢迎。但是，他为自己过高的体重而感到羞愧。这种羞愧感破坏了他整体的自我形象。当他想到自己时，他只会关注过高的体重。相形之下，他的成功对他而言毫无意义。

阿什莉有着同样的问题。她对自己的外表、运动能力和社交技能充满自信，但质疑自己的智力。事实上，她经常觉得自己十分愚蠢。由于权威人士评论她是"不动脑筋"和"不符期待"的，这甚至更加削弱了她的自我接纳。

成功要诀

你的技能和个人品质与其他任何人都不一样。

盖瑞和阿什莉很难把自己的感觉与现实区分开来。因为自己感到不足，他们就猜想其他人必定也以这种方式看待他们。

修复消极的自我形象

如果你心存消极的自我形象，那你怎样改变它？首先，你需要承认它是扭曲的。这并非总是易事。一旦我们的自我形象深入自己的大脑，我们就会把它看做是完全真实的。我们不会质疑它的对错。不幸的是，如果你有消极的自我形象，则你觉察到的关于自己的事实其实是你的想象力虚构出来的。你把自己看得远没有真实的自己那么有价值。你也许还相信，其他人像你一样看待你自己。但事实上，没有一个人以你这样残酷的方式看待你。

> **成功要诀**
> 为了自我认可，你需要准确地看待自己的强项和弱项。

如果消极的自我形象正在阻挡你前进，那么，现在正是重新——客观地——审视你自己的时候了，并且重新评估你的强项和弱项。准确地把握你的强项有助于你设置具有挑战性的目标、克服障碍和利用机会。了解你的弱项有助于你看清它们并非如你所想的那样糟糕。客观地看待它们：你真的长得"难看"吗，或者你希望自己的鼻子更小一些吗？你真的"懒惰"吗，或者你只是厌恶做家务？

了解你弱项的另一个好处是，它有助于你选择你自身弱项不会在其中造成问题的那些活动和情形。例如，如果你知道自己的数学不是特别优秀，

职业发展

形象咨询

第一印象对于职业成功而言有多重要？极其重要，形象顾问如是说。形象顾问建议，为了竞争合作的氛围，个人和团体应该做到穿着得体、仪容整洁、举止端庄。许多形象顾问公司也提供相关的课程来提升自尊、增强演讲技能和更有效地使用肢体语言。一些大公司通过形象训练项目来保证他们的雇员会给顾客留下良好印象。学习的课题从商业礼仪（礼节）、职业着装到为出镜和视频会议装扮的诀窍等服务。一位受欢迎的顾问甚至为全球旅游者提供了得体用餐的礼仪课程。了解在国外用餐时使用哪一种刀叉符合或者破坏礼仪规范。

你的观点是什么？

第一印象的作用有多大？讲述一个你自己的第一印象对你的生活和工作产生影响的故事。要了解更多关于形象咨询和商业礼仪的事项，请点击 www.mhhe.com/waitley5e。

那你也许决定以一个数学不好不会成为障碍的学科作为自己的专业。如果你是夜猫子，似乎不能准时去上早课，那你可以选择较晚开始的那些课程。当你了解自己的弱项时，你可以寻找富有创造性的方式来回避它们。

列出个人清单 通过创建一份个人清单来了解你的强项和弱项。个人清单是你在生活的关键领域中优点和缺点的列表，诸如外表、亲密关系、社交技能、学校表现、工作表现和思维技巧。把你所有的强项和弱项记录到纸上，你可以更好地了解你的强项，并对你的缺陷也有一个更准确和富有同情心的看法。运用第144~146页的练习21来创建你自己的个人清单。在完成清单之后，你应该对自己有一个更加公正和准确的评价。随身携带你的清单，在一个月内坚持每天从头至尾重温一遍，或者如果你感到情绪低落，那就可以更频繁地温习它。有时，大声朗读能增加它的有效性。有时候克服消极的自我思考模式是困难的，但运用这个新的清单将帮助你的意识去接纳你的缺点，肯定你的积极品质，然后继续前进。

接受你的外表 你在上面的练习中怎样描述你的外表？如果你像大多数人一样，那你会极端地批评自己的许多身体特征。遗憾的是，当我们感觉自己的外表缺乏吸引力时，那就几乎不可能拥有高自尊。事实上，研究表明，我们对自己外貌的感受是我们全部自尊的首要指示。这并不让人惊讶，因为我们大多数人经常被媒体形象所刻画的"完美"外表所轰炸。试图达到这些不现实的形象有可能导致**身体意象**问题，即你如何看待和感觉自己的身体和外表。拥有糟糕身体意象的人会用扭曲的方式看待自己的身体。他们尽管看起来很好，但仍然相信自己不漂亮。

身体意象
如何看待和感受你的身体和外貌。

研究表明了外表在生活中的重要性。当人们打扮得体和穿干净的衣服时，他们就会受到同学和老师更好的对待。他们感觉有吸引力，从而投射出较好的形象。不管你是否喜欢，我们用自己的外表留下一个持久的印象。

显然，我们不能选择自己从父母那里继承来的外表。然而，我们可以选择怎样照料自己的健康和外表。我们根据我们认为自己看起来如何的方式、而不是我们实际上看起来的方式去行动。如果我们觉得自己看起来不错，那么其他人就会持有相同的看法。认可自己的人对其他人而言就有吸引力。他们健康的自尊会从内到外表现出来。

不论你是男人还是女人，认可你自己就意味着了解广告形象的本来面目：这是被精选出来的少数人在最佳条件下拍摄出来的照片。不要成为你身体的敌人，而是学会把你自己当做是身体的支持者。不仅欣赏你身体的实际外表，还要思考它能做什么。提醒你自己，你不只是一个身躯，而是

成功要诀
把你自己看做是你身体的朋友，而不是敌人。

练习21　个人清单

A. 在下面每个方框中，写下你认为自己在该领域中的优点和缺点。包括对于你的外表、行动、思维或感觉，自己喜欢和不喜欢的东西。示例如下。

外表	浪漫关系/性关系	社会技能/受欢迎度
我皮肤黑一些好看。 我的鼻子太大了。	我有一个尊重我想法的好伴侣。 我过多地谈论了自己以前的女朋友。	我总是被最先要求担任委员会的负责人。 我在遇到陌生人时总是不知道说什么。

思考技能/智力	学习	工作
我每天都列出一个任务清单，并且坚持去完成它。 我老是不能平衡收支。	我的历史课教授认为我提了很好的问题。 我从来不能读懂我的笔记。	总是要求我培训新雇员。 我上班总是迟到5分钟。

B. 检查你写下的关于自己的语句，圈出所有的消极项。根据下列准则改写每个消极项：

- **客观**。删除所有消极的、批判性的语言。像"难看的脚"这样的条目可以改成"比我想要的更大些的脚"。

- **准确**。不要夸张——坚持事实。你可以不写"糟糕的学生"，但是你可以写"GPA 2.3"。

- **具体**。避免用"一直"、"从不"、"完全"一类的极端词语。如"总是迟到"这样的条目可以改成"早晨的约会经常迟到"。

- **寻找强项**。寻找弥补你弱项的强项。像"健忘"这样的词语可以改成"经常忘事，然而我能很好地记住人脸"。

    根据上面这些规则，在下列方框中改写你的消极项。

外表	浪漫关系/性关系	社交技能/受欢迎度

思考技能/智力	学习	工作

C. 现在用你的积极项和修改过的消极项写一封介绍和描述你自己的信函，把这封信传给一个从未谋面的人。你不能附上照片，因而你只能用词语来勾画你外表和精神上的图像。诚实地描述你自己，但请强调你的强项，并现实且具体地展现你的弱项。

亲爱的_____，

_____
_____
_____
_____
_____
_____
_____
_____
_____
_____

谨致问候

_____

应用心理学: 文化与身体意象

我们会在杂志封面、路边招牌和电视广告中看到他们：苗条、美丽的人们正享受着他们的美好人生。这些是真实的人吗？不一定。在北美，模特比平常人更高更瘦。例如，女模特的平均水平是身高 1.78 米和体重 50 千克，而一般女性的平均水平是身高 1.63 米和体重 64 千克。在其他文化中又会怎样呢？高而瘦在西方可能是最理想的，但是众多非西方文化对美丽有着不同的见解。例如，许多传统的亚太地区和非洲文化把丰满的体格等同于美丽。然而今天，这些正在改变。通过大量接触西方媒体，世界上越来越多来自不同文化的人们正在节食，成为饮食失调的受害者，并努力实现几乎不可能的美丽理想。身体意象问题对自尊有着巨大影响，尤其对女性而言。在一项研究中，一群女性只用三分钟浏览了流行杂志上的模特照片，她们便为自己的身体感到沮丧、内疚和羞愧。

批判性思考

看见媒体宣传的"完美"人物形象时，你感觉如何？

一个完整的人——你的身躯中还包含了精神、灵魂和思想。问自己，你要怎样花费自己的精力——追求完美的身体还是享受家庭、朋友、学习、工作和生活？

你是好样的　我们越是能够接受我们作为人的不完美，就越能接受和重视我们自己。那么自我改善呢？我们不应当寻找克服弱点的方式吗？但这只限于合理的范围。希望改善自己、成为特殊的你想要成为的人，这是了不起的。然而，自尊的真正关键是热爱并注重现在的你。真实的你是宝贵的——而不是你拥有什么、看起来怎样或者你做了什么。你不可能改变你的遗传基因或者返回到过去、在一个不同的环境中成长起来。为什么为你不可能改变的事情而烦恼？认可此时此刻的自己，不论你有什么缺陷。请记住，完美的人至今还没有找到。接受并赞美现在的你自己，包括缺陷和所有一切。

戒除比较的习惯

另一个培养自我接纳的方法是意识到把你自己与其他人作比较的方式。

社会比较
把你的特质和成就同其他人的进行比较的做法。

我们许多人沉湎于**社会比较**，把我们的特质和成就同其他人的进行比较。

社会比较有两种形式：向下比较和向上比较。当我们使用向下比较时，我们把自己与"低于"我们的人进行比较，比如一个成绩更差的同学或者获得更少提升的同事。当我们使用向上比较时，我们把自己与"高于"我们的人比较，比如一个成绩更好的同学或者已被提到我前面的同事。为低自尊所困扰的人经常使用向下比较，试图使他们自己感觉更好些。他们告诉自己："瞧，我还不至于做得这么差。看看他们。"不幸的是，向下比较仅仅在短时间内让我们感觉好些。自尊来自内在，而不是来自对其他人在挣扎的知晓。

成功要诀
根据你的而不是其他人的目标来衡量你的进展。

低自尊的人有时使用向上比较来使他们自己感觉更糟——这强化了对他们自己的消极看法。例如，如果我们看着某个处于我们领域最高端的人，我们也许会告诉自己，我们是失败的，我们的成就微不足道。"看她干得多漂亮！我将永远也不可能达到这种水平。"这同样不健康，因为它意味着你在根据其他某人的标准来衡量你自己的进展。

每个人都对与他人比较感兴趣，而且每个人都时常使用社会比较。可是，过于频繁地把自己跟他人作比较，有可能会伤害我们的自尊。你使用社会比较来评估你自己吗？如果你有比较的习惯，请通过完成个人日志 4.3 来找出答案。

真实的还是理想的

理想自我
我们希望或觉得应当成为的那种人。

把我们自己与其他人、媒体形象作比较，这会对我们的自尊造成巨大伤害。把我们自己与心中的理想型比较，也会产生相同的后果。我们每个人都有**理想自我**，即关于我们希望或应当成为的那种人的想象或理念。你的理想自我是没有缺陷的你——完美的你。当然，每个人的理想自我都是幻想。米奇是一位不懈奋斗的演员，梦想在好莱坞一炮而红。他的理想自我是一位荣获奥斯卡奖的电影明星，并且每部电影都能获得 20,000,000 美元的片酬。戴安娜是一名大学生，梦想赢得诺贝尔化学奖。

我们所有人都拥有关于自己完美人生和完美自我的幻想。我们真实自我与理想自我之间的差异激励我们不断改善自身。但是，如果我们的真实自我与理想自我差距太大，那就可能侵蚀我们的自尊，如图表 4.2 所示。我们也许开始为我们是谁而感到内疚或羞愧，因为我们不是我们认为应当成为的那种人。

可能自我　与其沉湎于对没有人能够实现的理想自我的幻想中，不如思

个人日志 4.3

社会比较日志

在一整天的进程中,留意你与其他人作比较的次数。每当它发生的时候,在下面的日志中做个记录。描述你所作的比较以及它怎样影响你的自尊。

我作出的比较	它使我对自己感觉如何

现在看一下你所作的所有比较。这些比较的大部分都在特定的领域中(比如学术成就、外表或穿着)吗?你的比较使你对自己的感觉更好还是更差?

图表 4.2 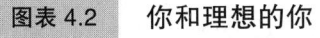你和理想的你

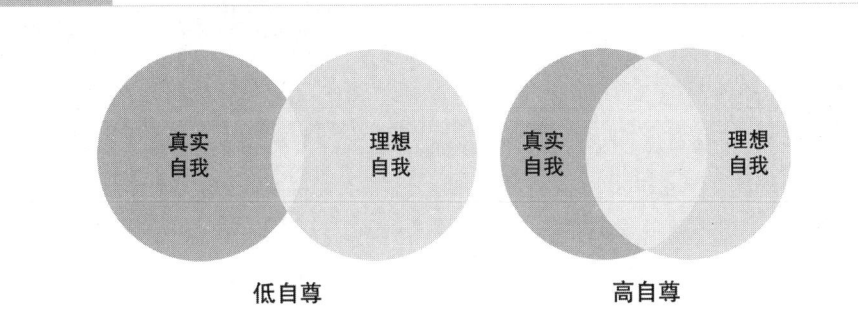

为完美奋斗 我们的理想自我离我们的真实自我越远,我们的自尊就会受到越多的伤害。你怎样才能控制真实自我与理想自我之间的差距呢?

可能自我
你在未来也许可真实成为的人。

考你真正想要成为和实现的人来得更加健康。思考你的**可能自我**，即你认为在未来你也许可真实成为的人。

我们的可能自我通过我们的积极形象来帮助指引我们的行为，进而激励我们。那位不懈奋斗的演员米奇，设想自己成为一名在本地演出中深受尊重的舞台演员，或者也许是电影中的性格演员。他自己的这些图景也许不如他成为电影明星的梦想那样光彩夺目，但这有助于他设置具体目标。那位大学生戴安娜，设想自己成为一名高中或大学的化学教师。与其为赢得诺贝尔奖而焦虑，她更关注于每天能做什么，以便向自己的现实目标更进一步。

成功要诀
记住幻想与现实之间的区别。

为了把你的理想自我转变成一个或更多的可能自我，思考你理想自我的哪些方面对你来说是重要的。例如，你也许幻想变得富有，但你需要变得富有才能快乐吗？你愿意为实现成功而投入时间和努力吗？你真正为了自己才想这样，还是因为它是其他某人的梦想（也许是社会的、父母的或朋友的）？与其希望自己变得无比富有，你可以集中精力朝着一个能够实现的目标努力，比如获得经济保障。

个人日志 4.4

你的理想自我

在一个理想世界中，你会希望怎样观察、活动和感觉，以及你希望成为、实现和拥有什么？请在下面的方框中写下你的想法。不要删改你所写的——写下当你思考完美的你时所会想到的每件事。

完美的我

现在划去每一条表现为不现实的幻想或并非你真正想要的事物的条目，剩下的各项就构成了你的可能自我——你可以在未来选择成为的不同的自我。

运用个人日志 4.4 思考理想自我和你的可能自我。然后作出决定：你将不再因为未拥有某些你并不真正想要的事情而批评自己。

◇ 运用积极的自我对话

至此都还不错：你已经密切地考察了你自己，并对接纳自己作出了承诺。这个有意识的承诺是重要的，但它不是旅程的终结。你现在需要在潜意识中让自己相信你是重要和有价值的。

你经常谈话——不论是对其他人还是对你自己。无论是沉默地还是大声地说出来，你对自己所说的关于自己的事情，这叫做**自我对话**。当你对自己持有消极想法和感觉时，这些就会经常以消极自我对话的形式出现。你也许会使用消极的，甚至自己都未意识到它的自我对话。

你的消极自我对话可以伤害你的自尊，但是你也可以通过积极自我对话——给予自己赞美和鼓励——来树立你的自尊。通过改变你与自己交谈的方式，你也可以改变对自己感觉的方式。

话语对我们的身心有着强烈的影响。思考会提升和降低体温、放松肌肉和神经、加快和减缓脉搏跳动等。自我对话之所以如此有力是因为它会影响我们的潜意识，即我们思维中的一部分，它存储了控制我们行为的众多经验、感觉和想法。许多伤害我们自尊的想法和态度都是潜意识的。积极自我对话起作用的方式是把这些消极想法和态度转变成更为积极的想法和态度。

自我对话
你自己思考或对自己所说的关于自己的内容。

消极自我对话：你的内在批评

不幸的是，我们许多人都把时间花在告诉自己消极的事情上："我是一个失败者"、"我不能相信自己是多么懒惰"、"我又搞砸了"这种以持续的消极自我对话攻击你的批评之声称做**内在批评**。这种内在批评也许出自你自己的声音，或是来自过去某个人的声音，比如挑剔的父母、同胞或老师。为了拓展自尊，你必须通过积极自我对话来击退你的内在批评。这意味着一次又一次地告诉你自己，你是一个有价值的、重要的人。

内在批评
以持续的消极自我对话攻击你的批评声。

批评的起源 在长大的过程中，我们许多人由于反复的批评而自我感觉糟糕。这种早期的批评有非常大的破坏性影响。当儿童收到消极信息时，他们也许会认定自己从根本上说就是糟糕、懒惰、丑陋或无能的。尤其是当父母传递的信息是在说孩子自身而不是孩子的行为糟糕时，这种情况就特别普遍。家长往往在责骂的同时也暂时地收回了爱护和关心。这传递的信息是：

"我不再爱你，因为你不值得我爱你。"

当我们长大后，这些内在化了的信息成了我们的内在批评之声。当我们因为一个错误而责备自己时，这些信息就会从过去向我们驶来："我是个笨蛋。我不能处理好任何事情。"这种自我批评之声会践踏我们的自尊。

批评的角色 即使我们知道这些想法并不符合我们的最佳利益，但我们为什么仍允许自己有这些想法呢？讽刺的是，我们运用自己的内在批评之声来使自己免于对被拒绝和失败的恐惧。在其他任何人有机会告诉我们之前，我们先告诉自己我们是失败者，我们感觉自己已经为任何可能到来的打击做好了准备。我们甚至可以用批评之声来为自己不采取任何行动作辩解。通过告诉自己将会失败，我们就有了一个方便的借口来不做任何尝试。

我们也把内在批评作为一种针对不确定性的心理保护措施。当事情出现问题，我们感觉到一种寻求舒适和安全的本能需要。高自尊的人对这种需求的反应是直接处理问题，寻找解决方案而不是为此焦虑。他们摆脱正在造成威胁的事情，以此获得一种安全感。然而，正如我们所看到的，低自尊的人对自己的应对能力没有信心。相反，他们依赖内在批评之声。批判的自我对话源自我们的父母，我们曾经在和他们一起的时候也感到同样的舒适和安全感。

标签 标签是自我对话的另一种特殊伤害形式。**标签**是我们用来定义"我是谁"的一句简单陈述。在我们的成长过程中，其他人也许给我们贴上像"漂亮"或"丑陋"、"聪明"或"愚笨"、"受欢迎"或"不受欢迎"之类的标签。这些早期形成的标签经常伴随着我们。标签的问题在于，它们可能具有很大的局限性，通常也不真实。标签一般是消极的。然而，人们如此地依附于这些给予自己（或其他人）的标签，以致不能摆脱它们。如果你不能摆脱标签，你就不能开始改善你的自尊。

我们通过给自己贴上标签和接受他人给我们的标签来损害自己的自尊。你常常会听到自己或其他人这样说：

- "无论我做什么，我都显得很糟糕。"
- "我的厨艺很糟糕，我甚至不会煮鸡蛋。"
- "我不会跳舞。"
- "我笨手笨脚的。"
- "我没有幽默感。"
- "我的记忆力很差。"

成功要诀

你的内在批评之声通过重复来自过去的消极信息伤害你的自尊。

标签

人们用来定义他们是谁的一句简单陈述。

- "我从不准时。"
- "我运气不好。"
- "我没有时尚感。"

我们越经常地告诉自己这些消极事情，我们对自己的感觉就越差。完成第 154~155 页的练习 22，以便监控你的消极自我对话，并把你的消极自我陈述转变成积极的陈述。

停止这些想法！ 无论什么时候出现消极自我对话，都试图马上停下来。养成一种一感到有消极想法就停止思考的习惯。你甚至可以告诉你的内在批评之声："停止！"或"安静！"一些人在他们的脑海中看见一个具体形象，比如一个巨大的红色停止标志。暂停，真正地思考你对自己的态度。你是否过分地自责？你是否对过去念念不忘？你是否为了某些并非出于你的过失的事情而责备你自己？

你也许不能控制发生在你身上的每件事情，但你能控制你对自己所说的话语。改变消极自我对话是不容易的——它需要在几天、几周甚至几年的时间内付出有意识的努力。我们需要约束和付出才能从内而外地提高自尊，但这是值得的。

使用积极主张

积极主张是积极的自我陈述，有助于你用积极、关爱和认可的方式来为自己考虑。积极主张是有力的工具，它可以用来拒绝我们已经接受的关于自己的标签，并用认为我们是有能力和有价值的新观点来代替这些标签。

书写积极主张的一种方法是挑出你的消极自我陈述，并把它们转化成积极的陈述。不对自己说"我总是迟到"，而是说"我开始变得越来越有条理和守时了"或者"我有能力准时"。不说"我是肥胖的"，而是说"我是有吸引力和健康的"或者"我有一个强壮、健全的身体"。

书写积极主张的另一种方式是把你自己描绘成你想成为的成功人士。使用尽可能具体和积极的语言。

- "我是一个自信的、富有同情心的人。"
- "我能完成任何我开始做的事。"
- "我是一个勇敢、礼貌、有爱心的人。"
- "我是专心和执着的。"
- "我是一个有吸引力的、可爱的人。"

成功要诀

学会阻止内在批评之声。

积极主张

积极的自我陈述，有助于你用积极、关爱和认可的方式来为自己考虑。

练习22　消极自我对话日志

A. 在一整天里都监控你的自我对话。试图阻止至少10条消极自我陈述。每当你听到自己在思考一些关于你的消极事情时，就注意以下几点：
  1. 发生的时间
  2. 你对自己所作的陈述
  3. 这个陈述有多少是真实的，有多少是错误的

1. 时间	2. 自我陈述	3. 真实或错误
举例 上午6:45	"像往常一样，我又迟到了。我为什么这么懒？"	"我有时上班会迟到，但这不意味着我是懒惰的。"

B. 你是否看出你某些消极自我对话的模式？例如，你是不是在一个方面反复批评自己，比如你的外表或智力？请予以解释。

_____
_____
_____
_____
_____

C. 从你的日志记录中选出三条最痛苦和最具破坏性的自我陈述，分析它们的起因。过去在这些领域中你是否反复受到批评？什么时候？请予以解释。

消极自我陈述：_____

_____

可能的起因：_____

_____

消极自我陈述：_____

_____

可能的起因：_____

_____

消极自我陈述：_____

_____

可能的起因：_____

_____

D. 现在把这些消极自我陈述转变成积极主张（详见第153页的指南）。

积极主张：_____

_____

积极主张：_____

_____

积极主张：_____

_____

- "我是一个聪明和有力量的人，能够实现我所有的目标。"
- "我总是尽最大努力把事情做好。"
- "我诚实地面对自己和他人。"
- "我是一个助人为乐、充满关爱的人。"
- "我为自己和身边的人创造积极的环境。"
- "我的未来愿景是清晰而集中的。"
- "我有力量处理任何情况。"

> **成功要诀**
> 把你的消极自我陈述转变成积极主张。

你也许需要一段时间来适应积极主张的使用。但是，你对自己重复得越多，这些陈述就会显得越正确。你将会用新的积极自我对话的习惯取代消极自我对话的习惯。

集中于积极面　当学习使用积极自我对话时，请记住，在被告知不要想或做某事时，潜意识的反应并不好。我们都曾经看见，孩子在被告知不要做某事时，会突然产生一种非做不可的强烈愿望。你的自我对话也遵循相同的逻辑。不要说"我不感觉累"，而是说"我感觉轻松和清醒"。不要说"我不应该开车做短途旅行"，而是说"我将更多地步行和骑自行车"。确保关注在你将做的事情上，而不是关注你不做的事情。

一次只专心一个好的想法。不要说"我不能"或"我希望"，而是说：

- "我能。"
- "下次我会做好它。"
- "我必须为了得到回报而承担风险。"
- "我能从这个错误中学习。"
- "我将对此保持积极态度。"
- "我期待着……"
- "我对……感觉良好。"
- "当我……时，事情会变得更好。"

这些积极的自我陈述有助于我们形成自己需要坚持并对自己感觉良好的应对技能。

批评与自尊

> **批评**
> 任何包含判断、评价或有关错误陈述的评论。

我们所有人都会收到以消极自我对话形式出现的、来自自身的批评。有时我们也会收到来自他人的批评。**批评**是任何包含判断、评价或有关错误陈述的评论。低自尊的人在面对批评时特别脆弱，尤其是当这种批评附和了他们的内在批评之声时。

为了健康的自尊，我们都需要他人的关爱、支持和帮助。来自朋友、家人、导师、同事和同学的鼓励能有助于增强我们的自尊；但是，如果我们只被批评而不被关爱和支持，那我们将如何继续接受自己呢？我们需要学会忽视那些有可能伤害我们自尊的想法。例如，如果你的同学对你一次考试的低分作出批评，这就会把你变成一个差生吗？不！当你走进教室时，你仍然是过去那个刻苦学习的学生。无论你做什么或说什么，不做什么或不说什么，你都会在一定程度上受到批评。学会有效地回应批评，不让它伤害你的自尊。

掌控批评的关键是认识到每个人都在用他或她独特的方式来看待一个情境。因此，某人批评你的外表、驾驶或工作习惯并不意味着这些人有什么问题。你们有可能只是在处理一个观点时有所不同。还有可能你的批评者是为个人困难所激发的。也许他很难接受自己的外表，也许她也在批评你的那些工作习惯中挣扎。还有，也许你的批评者仅仅是心情不好，只是随便抨击第一个从身边走过的人。无论是什么情况，只需注意，是除你以外的某些事情让此人采取了批判态度。这就让你可以更客观地处理情境，不让它威胁你的自尊。一旦你把自尊从这个等式中去除，你就能更加敞开心胸地接受或拒绝一个批评者的信息。

> **成功要诀**
> 批评经常起源于一个观点上的简单不同。

破坏性和建设性批评

并非所有的批评都有同等的效果。一些批评是建设性的，用来帮助我们改善自身。其他的批评是破坏性的，会削弱我们的自尊。

这两种批评之间的区别是什么？破坏性批评通常是笼统的，它关注的是你的态度或你自己的一些方面，而不是集中于具体行为。它通常也是完全消极的，对如何用不同的方式来做事没有任何有用的建议。考虑下面这些事例：

- "这个报告中写的都是垃圾。"
- "你的体形走样了。"
- "这种颜色一点也不适合你。"
- "你的确破坏了这个项目。"
- "你本学期的学习成绩的确让人失望。"

相反地，建设性批评关注的是具体的行为，并不对你进行人身攻击。它通常还提及你的优点，并且为改进而提供有帮助的建议。把下面这些建设性批评与上面的破坏性批评进行对比：

> **成功要诀**
> 建设性批评帮助你改善自己。

- "你很好地研究了这份报告。我认为，如果你采用更简明的写作风格，那它就会更好。"
- "我关心你的健康。我们每周一起快走几次怎么样？"
- "这件衬衫看起来不错。我打赌蓝色的会更漂亮。"
- "让我们讨论一下，我们能做什么来使我们双方都可以接受下个项目。"
- "让我们考虑你可以怎样提高下学期的成绩。"

哪一种批评是你愿意接受的？破坏性批评的表达不含同情或怜悯。它假定此人已经做错了某件事。建设性批评传达爱护和关心，它不仅提供建议，也表现出帮助纠正问题的意愿。

处理建设性批评

> **成功要诀**
>
> 倾听建设性批评，重述它，然后征询建议。

处理建设性、有帮助的批评有三大步骤。第一，倾听。确定你准确地理解正在说的是什么。如果你没理解，那就提问。敞开心胸地听取批评——即使是建设性批评——也非易事。但是，通过练习就会变得更容易。第二，重述这个批评。通过总结批评者的信息，你表明你是有兴趣的，也不是采取防备状态。第三也是最后，如果批评者没有提供建议，那就追问改善的建议。将此信息记录下来，这样你就能够用它来改进你自己。我们将处理建设性批评的这三个步骤总结在图表4.3中。

处理破坏性批评

处理破坏性批评更加困难些。破坏性批评有可能使我们感觉受伤害、攻击和处于防卫状态。有许多不同的应对破坏性批评的方式。然而，有一些是非常无效的，因为它们会引起进一步的批评。这些有缺点的反应模式有：

- **激进模式**——激进的反应者直接面对批评者，经常采取与他们所接受到的那种愤怒攻击类似的方式。

  批评者："那是你画的？看起来像三岁小孩画的。"
  你："闭嘴行吗？"

- **被动模式**——被动的反应者承认批评内容是真实的，然后道歉。尽管被动反应通常阻止了进一步的批评，但被动地应对会极大地损害你的自尊。

  批评者："这份报告你做得太差劲了。"
  你："你是对的。我很抱歉让你失望了。"

- **被动—激进模式**——这种模式结合了被动和激进模式这两种最坏的因素。被动的激进者假装承认批评的内容，但随后会以某种方式有意或无意地向批评者进行报复。

  批评者："你的体重看起来增加了。"

  你："我知道。你可能觉得在公共场合被人看到和我在一起很难堪吧。"

  （"不经意地"把咖啡饮料溅在批评者的衬衫上）

这些反应模式会导致我们产生消极的感觉，并提供给批评者更多的批评内容。一种较好的处理破坏性批评的途径是承认它，然后用理性、成熟的方式阻止它。第一，在批评中寻找一些内容予以承认，它们可以是激怒批评者的事实或感觉。第二，纠正批评中你认为是错误、不公平或带有侮辱性的部分，以此来提出你自己的主张。第 161 页的图表 4.4 以一种有用的、提升自尊的方式显示了处理批评的过程。

成功要诀
承认破坏性批评，然后纠正任何错误。

- **承认事实**。同意批评中的特定部分，这些部分是你真的认为正确的。这种做法阻止了批评并挽救了你的自尊

  批评者："你太懒了。你整个周末都在看电视。"

  你："你是对的，本周末我花了许多时间看电视，但这并不意味着我懒惰。"

图表 4.3　回应建设性批评

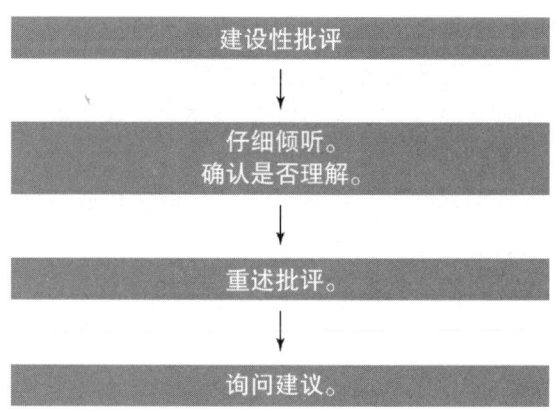

对你有利　建设性批评是有价值信息的一个源泉。询问建议有助于你找到富有创造力的解决问题的方案，而这些问题正是涵盖在批评中的。如果你是一名经理，你会愿意给员工们提出建设性建议吗？为什么？

- **承认感觉**。如果你的确在批评中找不出任何可以同意的内容，那可以向批评者表明，你能理解激发批评者批评的感觉。这将安抚批评者并结束批评。

  批评者："你这个懒汉。看看这满水池的碟子。"

  你："我知道你厌恶把脏盘子留在水池中。但是，我喜欢把它们叠起来，然后一次性清洗它们。"

通过在一段批评中找到一些事情——任何事情——予以承认，你让你的批评者知道他或她的话已经被你听到了。通过为自己辩护和拒绝成为人身攻击的受害者，你提升了自己的自尊。

探究 假如破坏性批评是模糊和笼统的，那我们该怎么办？如果有人说你懒惰或傲慢，那该怎样做？对于笼统的批评，一种叫做探究的技巧通常可以告诉你最好该怎么做。**探究**包括要求批评者提供细节。探究具有双重效果：把争议还原成更合理的具体细节，通过表示你对批评的兴趣来缓和批评者的情绪。包含探究的谈话可以如下述所示：

> **探究**
> 向提出笼统、模糊批评的人要求提供具体细节。

批评者："我不知道你这么懒到底是如何过日子的。"

你："你能举一个我懒惰的例子吗？"

批评者："首先，你整个周末都在看电视。"

批评者："你整理办公室时搞乱了所有文件。"

你："我怎么搞乱了所有的文件？"

批评者："现在没有一样是按字母顺序排列的。"

批评者："你是条懒虫。"

> **成功要诀**
> 在你对一个模糊的批评作出回应之前，先探究细节。

你："是什么让你觉得我是条懒虫。"

批评者："只要看看堆满盘子的水池就知道了。"

继续探究，直到你把该项批评从人身攻击转化成具体事例。然后你就能评估该批评者是否说出了任何有用的事情。

在练习23中练习回应建设性和破坏性批评。

积极主张与自尊

良好地处理批评需要自信，即在不威胁他人自尊的前提下维护你的权利。低自尊的人经常消极或消极激进地对批评作出回应。他们希望，如果不暴露自己的想法，他们就能避开对抗。他们不捍卫自己的立场，因为他们害

图表 4.4 回应破坏性批评

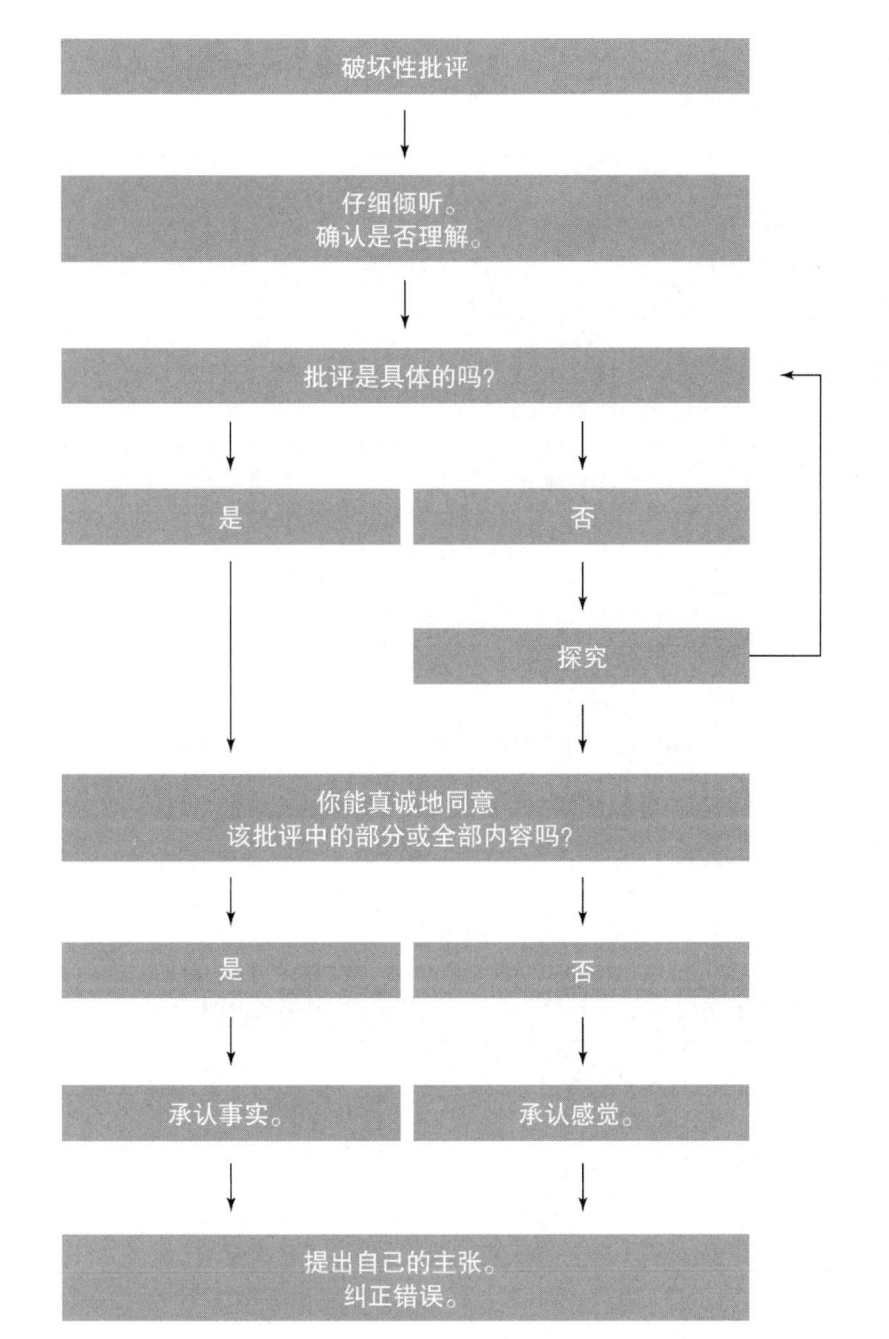

提出观点 我们有可能难以面对批评。但是，通过关注信息的内容和使用有效的反应技巧，你可以在它伤害你的自尊之前化解它。你认为有一些批评根本不值得对其作出任何反应吗？请予以解释。

练习 23　处理批评

A. 练习回应建设性批评。设想下述的人们给予了你准确的反馈,给每一条建设性批评写下回应,回应需包含:(1)重申批评;(2)要求具体的改善建议。

举例
"你的写作不错,但你在此使用了一些不正确的措辞。"

重申:是的,词汇是我的弱点。

要求建议:我能通过什么方式改变它呢?

教师:"你总是在家庭作业中记录下很多饶有趣味的事情。很遗憾你的课堂发言没有这么积极。"

重申:＿＿＿＿＿＿＿＿＿＿＿＿＿＿＿＿＿＿＿＿＿＿＿＿＿＿＿＿

要求建议:＿＿＿＿＿＿＿＿＿＿＿＿＿＿＿＿＿＿＿＿＿＿＿＿＿

室友:"我喜欢你为客厅墙面选择的颜色。如果你粉刷得更均匀,那也许会更好。"

重申:＿＿＿＿＿＿＿＿＿＿＿＿＿＿＿＿＿＿＿＿＿＿＿＿＿＿＿＿

要求建议:＿＿＿＿＿＿＿＿＿＿＿＿＿＿＿＿＿＿＿＿＿＿＿＿＿

老板:"我知道你为这份电子表格付出了许多努力,但其中的小字让我难以阅读。"

重申:＿＿＿＿＿＿＿＿＿＿＿＿＿＿＿＿＿＿＿＿＿＿＿＿＿＿＿＿

要求建议:＿＿＿＿＿＿＿＿＿＿＿＿＿＿＿＿＿＿＿＿＿＿＿＿＿

父母:"上星期你忘记了迈克尔的生日,他感觉很受伤。记住家庭大事很重要。"

重申:＿＿＿＿＿＿＿＿＿＿＿＿＿＿＿＿＿＿＿＿＿＿＿＿＿＿＿＿

要求建议:＿＿＿＿＿＿＿＿＿＿＿＿＿＿＿＿＿＿＿＿＿＿＿＿＿

B. 现在，通过承认事实和感觉来练习如何回应破坏性批评。假定你受到与本题前面A部分相似的批评，但它们是以破坏性的话语来呈现的。写下对每一条破坏性批评的反应，这里需要包括：（1）承认事实；（2）通过纠正该批评中错误、不公正或侮辱性的部分来提出你自己的主张。

举例

"因为你错误地使用了所有这些术语，所以你的整篇文章都毁了。"

承认：我知道我误用了几个专业术语。

提出自己的主张：但是，在这篇文章中我提供了许多好的信息。

教师："你从来没有为班级作出过任何贡献。"

承认：＿＿＿＿＿＿＿＿＿＿＿＿＿＿＿＿＿＿＿＿＿＿＿＿＿＿＿＿＿＿＿＿

提出自己的主张：＿＿＿＿＿＿＿＿＿＿＿＿＿＿＿＿＿＿＿＿＿＿＿＿＿＿

室友："你给客厅墙面的粉刷做得糟透了。"

承认：＿＿＿＿＿＿＿＿＿＿＿＿＿＿＿＿＿＿＿＿＿＿＿＿＿＿＿＿＿＿＿＿

提出自己的主张：＿＿＿＿＿＿＿＿＿＿＿＿＿＿＿＿＿＿＿＿＿＿＿＿＿＿

老板："我实际上需要一个显微镜来阅读这些电子表格。请你更专业一些。"

承认：＿＿＿＿＿＿＿＿＿＿＿＿＿＿＿＿＿＿＿＿＿＿＿＿＿＿＿＿＿＿＿＿

提出自己的主张：＿＿＿＿＿＿＿＿＿＿＿＿＿＿＿＿＿＿＿＿＿＿＿＿＿＿

父母："你又忘记了迈克尔的生日。你很为自己感到骄傲吧。"

承认：＿＿＿＿＿＿＿＿＿＿＿＿＿＿＿＿＿＿＿＿＿＿＿＿＿＿＿＿＿＿＿＿

提出自己的主张：＿＿＿＿＿＿＿＿＿＿＿＿＿＿＿＿＿＿＿＿＿＿＿＿＿＿

C. 回顾你最近一次收到的建设性批评。你是怎样应对的？你能利用这些建设性批评吗？为什么能或为什么不能？

_____
_____
_____
_____
_____
_____

D. 现在回头思考你最近一次收到的破坏性批评。描述你感觉如何，以及你是怎样应对的。

_____
_____
_____
_____
_____

E. 下一次受到批评时，为了保持你的自尊不受伤害，你能对自己说什么？

_____
_____
_____
_____
_____
_____
_____
_____

怕被否定和进一步地批评。的确，他人也许不喜欢你说的话，甚至不喜欢你。但是，试图通过抑制你的真实想法和感觉来获得认可，这会伤害你的自尊。冒着被否定的风险来表明你的真实自我，这比通过隐藏你的想法和感觉来蔑视自己要好。

在日常情境中，低自尊的人经常让对批评和否定的恐惧阻止他们提出自己的主张。上一次有人在你前面插队时发生了什么？你坚持自己的立场并礼貌地指向队伍的尾部，还是保持沉默以避免争吵？当餐馆给你上错了菜时你又会怎么做呢？你会心平气和地要求他们注意弄错的菜单，还是假装一切都好并把菜吃下去？

自信可能是困难的，因为它需要你表明真实的自我。它要求自我意识、自我期望和自我接纳。你不该沉默地忍受伤害你的话语或行动，你要维护你作为人类的价值。你说："我有权存在并被尊重地对待。我的想法和感觉跟其他每个人的一样重要，我理应让别人听到我的声音。"养成自信的习惯时，你就增强了他人对你的尊重以及你对自己的尊重。

成功要诀

你有权被尊重地对待。

✓ 自我测验

1 给自我接纳下定义？（p. 140）

2 运用积极自我对话的好处是什么？（p. 151）

3 举一个建设性批评的例子和一个破坏性批评的例子。（p. 157）

本章复习和活动

关键词

自尊（p. 122）
焦虑（p. 124）
无条件的积极关心（p. 129）
有条件的积极关心（p. 129）
社会支持（p. 130）
孤独（p. 130）
社会比较（p. 148）
理想自我（p. 148）

自我期望（p. 135）
成就（p. 136）
应对（p. 139）
逃避（p. 139）
自我接纳（p. 140）
身体意象（p. 143）
探究（p. 160）

可能自我（p. 150）
自我对话（p. 151）
内在批评（p. 151）
标签（p. 152）
积极主张（p. 153）
批评（p. 156）

根据学习目标进行总结

- **定义自尊并解释其重要性。** 自尊是指对你自己有信心和尊重自己。当你尊重自己时，你对自己处理人生挑战的能力就有了信心，并且相信你是值得获得成功和快乐的。这激励你努力工作、成功、尝试新事物、抓住机会和建立积极的人际关系。

- **描述童年经验如何影响自尊。** 自尊的基础是在人生最初的三到四年中打下的。如果你的父母或其他监护人表现出热爱、养育、认可、鼓励和支持，那我们通常会接受我们自己并发展出积极的自尊。

- **定义自我期望并解释提升它的两条途径。** 自我期望是相信你有能力从人生中获取你想要的东西。建立这种自信的一种方式是为你过去的成功感到自豪。另一种方式是设置并完成一系列越来越有挑战性的目标。

- **解释为什么自我接纳对于高自尊来说是重要的。** 自我认可意味着认清并接受你自己的真实状况。它阻止你因为达不到你自己或其他人设置的不可能的标准而批评自己。它让你发现并表达你的真实内在。当你享受自我接纳时，你就认识到，现在的你就足够好。

- **解释怎样把消极自我对话转化为积极自我对话。** 为了把消极自我对话转变成积极自我对话，停止你在任何时候产生的消极想法，并把它们替换成积极主张。

- **解释怎样妥善地处理批评。** 处理建设性批评的一个有效方式是重申批评并询问建议。处理破坏性批评的一个有效方式是承认批评中的事实（如果有的话），并积极地提出自己的主张。

本章复习和活动

复习题

1. 说出高自尊的五种影响和低自尊的五种影响。
2. 童年的经历怎样影响自尊?
3. 解释这条陈述:"你也许会、也许不会得到你所该得的,但你几乎总能得到你所期盼的。"
4. 有哪些把消极自我形象改变成积极自我形象的方法?
5. 各举出向上比较和向下比较的一个例子。
6. 阐明处理建设性批评的三个步骤。

批判性思考

7. **自我接纳与回避** 为了健康的自尊,重要的是了解你的弱项,这样你就能找到富有创造性的、绕开这些弱项进行工作的方式。然而,同样重要的是处理你的问题而不是回避它们。这是矛盾的吗?为什么?
8. **批评** 常听人说,当某人对他人采取强烈的批评态度时,这表明此人具有低自尊。想一想你所知道的经常批评或取笑他人的某人。你认为此人的自尊心低下吗?你认为是什么促使他或她批评别人?你认为自我接纳与他人接纳之间存在什么关系?

应 用

9. **自尊日志** 在一周时间里,坚持写考察你自尊水平的日志。留意你经历低自尊和高自尊的次数。什么情境使你对自己感觉良好?为什么?你怎样才能创造更多这样的情境?什么情况会伤害你的自尊?为什么?你怎样才能改变它?
10. **成就和自我期望** 采访三位不同年龄的人士。要求他们描述五项自己最为之感到自豪的成就,解释他们为什么最为这些感到自豪,说明他们事先对达成这些成就的信心如何。记录下你的发现,比较和对比采访者的反应与你在练习20中给出的反应。这个经历教会了你哪些关于成就和自我期望的道理?

本章复习和活动

网络活动

11. **积极主张**　www.mhhe.com/waitley5e 上有一篇有关积极主张的文章，阅读该文章。拥有消极的"自我版本"或对你自己有消极信念会带来哪些主要的影响？你在生活中是否经历过这些影响？解释积极主张怎样帮助战胜消极的自我版本，然后运用该文中提供的指南，写出三句以"我是"开头的积极主张，三句以"我能"开头的主张，以及三句"我将要"开头的积极主张。

12. **害羞和自尊**　害羞的人比不害羞的人更容易体会到孤独。在网上搜索害羞的主题。有不同类型的害羞吗？害羞跟自尊之间的关系是什么？害羞有积极的方面吗？进入 www.mhhe.com/waitley5e 的第四章，寻找和这一主题相关的有用链接。

真实成功故事："我具备它所需要的吗？"

回顾你对第 120 页"真实成功故事"中问题的回答。现在思考，你在完成本章后会如何回答。

完成该故事　续写一段关于保罗的故事，描述他用来克服自己消极自我对话和回应姐姐破坏性批评的具体技巧。

真实成功故事

"事情会如我所料吗？"

希望和担忧

杰西卡·齐梅内斯（Jessica Jimenez）梦想着谋得一份酒店管理的职业。但是，在准备到一家豪华酒店为应聘文员工作面试的那天，她一觉醒来就开始感到精神紧张、缺乏心理准备。杰西卡精通两种语言，具备良好的沟通技能，而且在接待专业课程中获得了优秀的成绩。可是，在应聘面试中好好地发挥却是另外一回事。杰西卡提醒自己，她在被置于这样的处境时从未有过很好的表现，为什么今天会例外？

自暴自弃的态度

当杰西卡到达酒店面试时，她注意到她的衬衫上有一块咖啡污渍，她开始惊慌起来。她想："这次面试将是个灾难。"看见酒店职员正在忙碌时，她甚至感觉更加消极。"这份工作有什么意义？我将无法追上这种快节奏。薪水也低得可怜，就我的运气来说，我将永远得不到升职的机会。"轮到杰西卡面试时，她告诉自己，她甚至不想要这份工作了。

你怎么想？

杰西卡的这种消极态度可能怎样妨碍她谋得这份工作？

第五章

积极思考

"希望不是梦想,而是使梦想成真的途径。"

——宗教领袖 利奥·休恩斯(Leo Suenens)

导言

在本章中,你将发现怎样才能成为更积极的思考者。在5.1节中,你将探索与积极思考相关的习惯,并了解你的态度会怎样影响你的身心健康。在5.2节中,你将了解到,为何对自己拥有积极期望会对你在生活中的需求产生巨大的影响。你还将考察消极思考的几种类型,并且学会把不愉快想法转化成积极想法的技巧。

本章目标

读完本章后,你将能够:

- 定义积极思考,并说出它的好处。
- 列举六个能帮助你成为更积极思考者的习惯。
- 说明积极思考与健康之间的联系。
- 描述自暴自弃的态度如何导致恶性循环。
- 定义认知扭曲和非理性信念,并分别举例。
- 总结克服非理性信念的ABCDE方法。

5.1 成为积极思考者

◇ 积极思考与乐观主义

积极思考
关注有益于我们自己、其他人和我们周围世界的事物。

我们都听说过积极思考,但它究竟是什么,它有什么意义?**积极思考**意味着关注那些有益于我们自己、其他人和我们周围世界的事物。当我们为自己积极思考时,我们就有信心朝着自己的目标努力并克服障碍。当我们为其他人积极思考时,我们就有信心信任他人,并追问我们需要和想要什么。

乐观主义
倾向于预期最好的可能结果。

积极思考与乐观主义紧密相连。**乐观主义**倾向于预期最好的可能结果。乐观主义者集中精力实现自己的目标,而不是准备接受最坏的结果。乐观主义者不会自欺欺人地认为世界是完美无缺的,或每件事都会进行得很完美。乐观主义者只是选择关注正常运转的事情。

积极思考为什么重要?

积极思考有助于你享受工作、学习、友情、家庭和自由时光。积极思考赋予你动力去努力工作,以便让好事成真。积极思考不许诺成功,但是没有它,成功就实现不了。为了取得成功,你应当在人生的各个方面都积极地期待成功。

成功要诀
积极思考赋予你动力,从而使好事成真。

感到积极或乐观是大多数成功人士的一个特质。例如,最优秀的领导者能够在所领导的人群中激发积极的情感。他们拥有精力和对未来的愿景,这激励他们对周围事物拥有积极的观感。想想马丁·路德·金如何用他的"我有一个梦想"的演说动员了上百万人,而该演讲正是为更好的未来描绘了一幅鼓舞人心的图景。他的乐观愿景使他成为了一位伟大的领导者。

成功人士把问题看成是挑战自身能力和决心的机遇。他们运用乐观主义来实现自己的未来,创造良好的自我实现的预言,从而让好事成真。成功人士是靠自我奋斗而成功的,因为他们的乐观主义和积极期望成就了现在的他们。

漫画家凯西·朱塞威特(Cathy Guisewite)感谢她的母亲教会了她积极

思考的重要性。朱塞威特说:"当母亲第一次建议我给多家报刊提供一些草图时,我告诉她,我对连环漫画一无所知。妈妈说,'那又怎样?你能学会的。'当我指出我不知道怎样画时,她又说,'那又怎样?你能学会的。'"没有这样的鼓励和信心,朱塞威特也许永远不会把这些草图变成畅销的连环漫画《凯西的故事》(Cathy)。

就像朱塞威特一样,当我们担心自己不知道怎么做或有可能失败时,我们可以告诉自己,"那又怎样?其他人以前尝试过,并且表现得更愚蠢。其他人起步时一无所有,却一点一滴地积累他们的成就。别人战胜过更大的障碍,他们依然幸存了下来。其他人也失败过,跌倒了又站起来,并且重新开始。我能做同样的事。"

思考与态度

积极思考的确是对人生的一种态度。**态度**是一种预先替我们安排好以某种方式行动的信念或观点。态度对我们看待世界的方式有着强烈的影响。

态度
预先安排你以某种方式行动的信念或观点。

应用心理学

面对衰老的态度

一百年前,大部分北美人活到 48 岁就去世了。今天,我们大多数人预计可以活到 75 岁。然而,越来越多的人不期待更长的寿命,而是担心衰老。衰老是一个自然进程,那我们为什么害怕它呢?在我们迷恋青春的文化中,与衰老相联系的是社会孤立和身心衰退,而不是成长、智慧和自由。古典家具和老式汽车也许会风靡一时,但 60 岁、70 岁和更高龄的人通常被看成是依赖他人、行动不便和没有吸引力的。为了试图保持青春,消费者每年在防衰老措施上花费数十亿美元,比如整形外科手术和昂贵的化妆品。但是,成功抗衰老的真正秘诀是积极的态度。科研人员发现了这样的证据,那就是对衰老持积极观念的人比担心它的人保养得更好、活得更长。根据他们的发现,面对衰老的健康态度要比锻炼身体、降低胆固醇甚至戒烟有着更积极的影响。积极思考减轻心脏和动脉的压力,并促使人们保持身心适宜。在一项研究中,对衰老持积极态度的人比持消极态度的人平均多活七年半。

批判性思考

制作一份清单,列举十件你对衰老感到恐惧的事情,并说明为什么。

尽管你也许尚未认识到，但你实际上对任何事情都持有态度。你对特定的个体（包括你自己），以及对某个年龄层或做某种特定工作的人都持有态度。你也对特定的对象，比如电脑、汽车、冰淇淋，甚至对某些观念，比如心理学或教育，都持有某种态度。

积极和消极的态度 态度可以是积极的、消极的，或者两者兼而有之，即结合了积极和消极的因素。例如，依据你的经历，你也许相信医生是聪明和高尚的，或者他们不受个人情感影响，而且很谦虚，或者他们表现出所有的这些特征。你也许相信福利是一项良好的制度，因为它帮助有需要的人；或者认为它是不公平的，因为它使用纳税人的钱；或者它有好有坏。

> **成功要诀**
> 积极思考会带来积极感觉和积极行动。

对一些事情持消极态度并没有关系。但是，持有较多消极态度的人难以感觉到美好或采取积极行动。而拥有积极态度的人会拥抱人生。他们有意识地努力，以此来进行积极的思考并采取积极的行动。

我们已经看到，我们的思考方式会影响我们的感觉和行动方式。积极思考是积极感觉和积极行动的基础。如图 5.1 所示，通过积极的思考，我们激励自己拥有积极感觉并采取积极行动。

> **消极思考**
> 关注你自己、他人和周围世界的缺点和问题。

消极思考与悲观主义 现在让我们用消极思考来对比积极思考。消极思考意味着关注你自己、他人和周围世界的缺点和问题。消极思考压抑我们的情绪，阻止我们承担风险、作出改变和表达真实的自我。消极思考也能

图 5.1　积极思考的力量

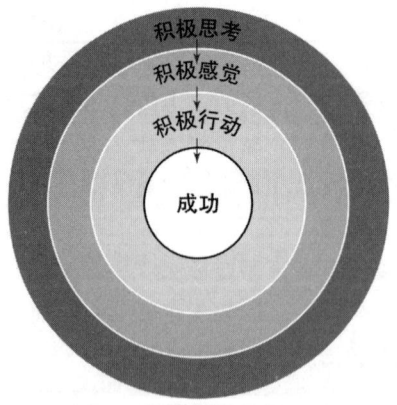

明确目标 思考、感觉和行动密不可分。当你拥有积极的想法时，你就会体验到积极的感觉，并且拥有精力和动力去采取积极行动。你相信你的思考方式会随着你选择从事的事情而改变吗？为什么？

使我们陷入不愉快的气氛之中。当我们消极地思考时，经常花费更多的时间去抱怨和责备他人，而不是采取行动来解决我们的问题。

消极思考与悲观主义如影随行。**悲观主义**指倾向于预期最坏的可能结果。悲观主义者在自己前往的任何地方都看到失败和灾难的征兆。悲观主义者经常被对失败、损失或拒绝的恐惧所驱使。他们希望通过不断地为最坏的情况做好准备来避免使自己失望。小说家托马斯·哈代（Thomas Hardy）曾写道："悲观主义是唯一让你永远不会失望的人生观。"悲观主义者对他们自己和其他人不抱有任何希望，这就是他们通常持有的观点。

悲观主义
预期最坏的可能结果的倾向。

花几分钟考察一下你的思维。你是一个积极的还是消极的思考者？第177~178页的练习24被设计来帮助你评估自己的思考类型，并着手进行积极的改进。像往常一样，做此练习时要努力保持诚实。跟随你的第一直觉；不要为了找到所谓的"正确"答案而欺骗自己。成为一个消极思考者没有把你变成一个坏人。消极思考是一种消耗你的精力，并让你对自己感觉很差的习惯，但是，就像其他习惯一样，它也能被改变。

◇ 采纳积极的习惯

无论你现在的想法有多积极或消极，你都能够成为一名更积极的思考者。这好得令人难以置信？不是的。经过几十年的研究，心理学家发现，人们通过有意识地选择积极思考能够有效地改善自己的生活。每个人都能够培养帮助他们积极思考的思维和行为习惯。下面描述的是六个重要的思考和行为习惯。

寻找美好

人们容易把好事当做理所当然，而对坏事则念念不忘。重要的是付出积极的努力去寻找事件、情境和人物（包括你自己）中美好的东西。如果事情看起来百分之百的坏，那你肯定忽略了其中的一些东西。有时你也许需要努力观察，不过你的搜索总是有回报的。你正在参加一个让你感觉厌烦的课程吗？寻找它的一个积极面。不久你就会找出一个又一个的积极面。

培养感激你拥有和正在努力争取的每件事物的习惯。每天晚上给自己一些时间来寻找当天发生的事件中美好的部分。你完成了工作中的一个目标吗？有人亲切地与你交谈吗？你享受跟猫咪一起玩耍吗？

成功要诀
寻找让人愉快的事物。

个人日志 5.1

关注美好

通过积累每天的积极事项来养成寻找美好的习惯。今天你对什么感觉良好?

今天令我深感愉快的是:

1. _____
2. _____
3. _____

今天发生在我身上的三件好事是:

1. _____
2. _____
3. _____

我期盼在未来发生的三件好事是:

1. _____
2. _____
3. _____

独自工作,或者朋友或家人一起工作,彼此提供鼓励和建议。确保使用积极语言,并且关注正常运作的事情,而不是关注纠错。例如,不说"我没有出车祸",而是说"我很健康和安全"。在上面的个人日志 5.1 中的空白处写下你人生中让你感激的事,一天当中发生在你身上的三件好事,以及你期盼在未来发生的三件好事。

选择你的词语

分析一下你的语言。你经常使用消极词语,比如"不能"、"不会"、"不可能"或"可怕"吗?你经常会夸大事情的可怕后果吗?我们的词语影响我们的思维和情绪。把你可能过度使用的消极词语记录下来,并训练自己用积极词语替代消极词语。你还要养成与他人积极谈话的习惯。感谢、

> **成功要诀**
>
> 使用积极的词语,选择积极的朋友。

练习24 你是一名积极思考者吗?

A. 阅读下列每条陈述。逐一判断你是完全赞成、部分赞成、部分不赞成还是完全不赞成。

	完全赞成	部分赞成	部分不赞成	完全不赞成
1. 拥有积极态度的人是在给自己开玩笑。				
2. 你可以尝试改变你的思考方式,但这不会有效。				
3. 我经常一次又一次地担心同一个问题。				
4. 我的许多问题实际上是他人的过失。				
5. 批评别人有助于使他们更加小心谨慎。				
6. 让我们面对它:每个机遇都至少有一个隐患。				
7. 我经常抱怨使我沮丧的人或境遇。				
8. 在帮助他人之前,我会先确定他们不是在利用我。				
9. 我的朋友大多是积极思考者。				
10. 我经常称赞他人,并向他们表达我的赞赏。				
11. 我对别人的大多数评论都是积极的。				
12. 我很少批评我自己。				
13. 当我与自己交谈时,我会使用鼓励的、有帮助的话语。				
14. 美好的事情经常发生在我身上。				
15. 我总是在人群和环境中寻找美好。				
16. 我对他人真的感兴趣。				

B. **评分**:对于第1~8条陈述,完全赞成3分、部分赞成2分、部分不赞成1分、完全不赞成0分。

这部分的总分:_____

对于第9~16条陈述,完全赞成0分、部分赞成1分、部分不赞成2分、完全不赞成3分。

这部分的总分:_____

两部分总计:_____

41~48   你几乎一直都在消极思考。你需要采纳新的思考习惯。

31~40   你同时拥有消极和积极态度,但你需要关注你的消极思考,并且努力把它们置换成积极思考。

17~30   你大多数时间都在积极思考,但如果付出更持续的努力来积极思考,那你将受益匪浅。

0~16   你几乎一直都在积极思考;你处于正确的轨道上。

C. 你是积极思考者还是消极思考者？请予以解释。

D. 我们所有人都会更加积极地思考一些事情而非其他。哪些事件、情境、人物或你自己的哪些方面是你积极思考的？哪些是消极思考的？为什么？

欣赏和赞扬给予你友善的人。给予赞美或友好地交谈可形成良好的意愿，也使你对自己感觉良好。

和积极人士在一起

乐观人士的热情是富于感染力的；你可以通过和乐观人士在一起而"把握"一种健康的态度。我们所交往的人对我们的态度有着巨大的影响。在工作场所和学校里，寻找那些乐于分享想法、帮助他人和采取建设性行动的积极人士，和他们交往。不要选择把时间浪费在那些习惯抱怨、闲聊、哀怨、批评或责备他人的人身上。

接受而不是批评

请注意一种最常见的消极习惯：批评主义。**批评主义**是那种因为违背了你期待的方式而谴责那些人或事物的习惯。我们容易给出批评，但它们具有伤害性。你是否遇到过在与人分享你的感受时仅仅被对方告知"你反应过激了"或"这是你自找"的境遇？你受过毫无缘由的苛刻批评吗？如果是这样，那你就能理解批评主义多么让人痛苦了。

当你发现自己将要提出批评性的评论时，应当停下来并检查你此时内心的想法。你是否不顾所有事实的依据而草率地提出负面的结论？你正在耗费更多时间来寻找缺点而不是优点吗？你是否借批评他人之由来使自己（错误地）感觉高人一等？挑他人缺点的人通常也会挑他们自己的缺点。被批评是痛苦的，尝试不要批评他人和自己。相反，要努力接受世界和他人的现实状况，而不是将之与一种不公正的理想作比较。

批评主义
因为违背了你认为应当遵循的方式，从而谴责这些人或事的习惯。

限制抱怨

偶尔抱怨一下并没有什么问题。**抱怨**只是向别人诉说苦恼、不快或担忧。分享感觉和挫折能帮助你加深友谊和处理日常生活的压力。然而，抱怨能轻易地成为习惯。一些人使用抱怨习惯去获得同情和注意，或者加深一种"可怜的我"的形象。

抱怨和责备之间存在一条鲜明的界限。你为自己的境遇承担责任，还是把你自己的感受归咎于他人？当你说别人的坏话时，你自己的感觉也会很差。

也请记住，每抱怨一分钟，你在寻找解决方案上做的尝试就会少一分钟。考虑坚持写"抱怨日志"，记录你抱怨的时间和时段。为你的抱怨设定一个时间限制——大概三或四分钟。时限到了的时候，就决心停止抱怨并且开始行动。

抱怨
向别人诉说苦恼、不快或担忧。

> **成功要诀**
> 采取建设性行动比抱怨的感觉更好。

我们在第四章中看到，积极地处理你的问题可极大地提升你的自尊。同样的道理，针对问题采取积极行动也能提升你对人生的积极看法。例如，不是为没有一个人在做事而发牢骚，而是问你自己："我能做什么？"甚至像为难题写下可能解决方案这样的活动，也能减轻一些最初由抱怨引发的苦恼。

不必担忧

> **担忧**
> 由于设想最坏的情况而引发的苦恼和焦虑。

担忧是积极思考的主要障碍。**担忧**是由于设想最坏的情况而引发的苦恼和焦虑。当你总是准备接受最坏的情况时，你又怎么能够关注积极的方面呢？

担忧严重的问题是自然的，这些严重的问题包括犯罪、患病或支付账单等。担忧的常见主题包括：

- 金钱
- 健康
- 学习
- 职业选择和工作保障
- 关系和子女

职业发展

在工作中思考积极面

拥有积极的工作环境可使任何工作变得值得享受。谁负责创造工作中的积极氛围？每个人，包括你。你越是积极，你周围的那些人也就感觉越积极。做一些简单到只是给予赞扬或鼓励的事情，就能帮助提升一名同事的情绪，以及你自己的心情。组织像节日聚会或是奖励午餐给努力工作的雇员这样的活动，也能培养积极的氛围。还可尝试下述策略：

- 选择把工作看做是愉快的、值得享受的和令人满意的。
- 尽可能多地了解你的工作，征得有关如何把它做得更好的反馈。
- 阅读与你领域相关的书籍和文章，从而保持被激励。
- 设置你自己的品质标准并努力达到这些标准。
- 短暂地休息，并且利用午餐时间恢复精力。
- 做重要的工作——切勿淹没在琐碎的事务中。
- 避开闲聊。

你的观点是什么？

头脑扫描你能采取的行动清单，以帮助你在工作或学习中创造更积极的环境。如果想进一步探索工作环境主题，可点击 www.mhhe.com/waitley5e。

- 犯罪、恐怖主义和战争

然而，无论你必须关心什么，频繁的担忧会由于让你集中于人生的消极面而损害你的健康。

思考下述有关担忧的谬见和现实：

谬见："担忧有助于我为行动做好准备。"
现实：担忧耗费你的精力。
谬见："担忧有助于我处理自己的问题。"
现实：担忧会成为你解决问题的替代。
谬见："我越是担心某些事情，它就越不可能发生。"
现实：这就是所谓的一厢情愿。思想并不影响实际发生什么——行动才能影响。
谬见："担忧意味着我在乎。"
现实：在乎与担忧不是一回事。

造成人们担忧的原因往往是他们认为需要为某个问题做些什么，但不能确定到底是什么。你总是可以为某个问题做些事情、获悉真相、征求建议和帮助、与一个朋友一起讨论各种想法。面对担忧，尝试下述策略：

> **成功要诀**
> 集中精力寻找解答，而不是对最坏的情况耿耿于怀。

- **关注解答，而不是最坏的情况。** 这有助于你感觉你能处理任何发生的事情。
- **应对，不要逃避。采取行动！** 迎头面对情况不仅可帮助你把事情办好，还可提升你的自尊。
- **分享你的担忧。** 换一种视角。研究表明，独自一人应对会加深担忧。
- **如果你确实对现状无能为力，那就努力放下担忧。** 有意识地决定不要再担忧了。这在开始时很困难，但随着练习的开展，它会变得更容易。
- **用积极主张压倒担忧。** 告诉你自己："我有能力处理出现在我道路上的任何问题"或者"我承认有一些事情在我的控制之外"。
- **通过体育运动来发泄你的紧张情绪。** 尝试锻炼、园艺、舞蹈、瑜伽、清扫房间和运动。

一些专家建议，把你担忧的每一条都记录在一张小纸条上，并且把它储藏在一个担忧罐子或盒子里。这个过程帮助你把自己与担忧隔离开来（在第182~183页练习25的结尾制作你自己的担忧纸条）。每周一次，把纸条从罐子中取出来并阅读它们，你很可能发现你的担忧并不像最初那样糟糕。

练习25　消除担忧

A. 描述你当前最大的担忧。

B. 描述最坏的情况。如果在这个情况中你所有最坏的担忧都变成了现实,那将会发生什么?

C. 最坏的情况有多大的可能变成现实?

D. 最可能的现实结果是什么?

E. 写下六件你当前担忧的事情。完成以后，复印或剪切这些担忧纸条，并把它们放进你自己的担忧罐子或盒子里。

担忧1

担忧2

担忧3

担忧4

担忧5

担忧6

你可以不再把担忧纸条放进罐子或盒子中，而是撕碎、回收它们，这就表明你把它们放下了。

回到现实 最重要的是，消除担忧的关键是停止考虑最坏的情况，并学会根据现实的结果来思考。设想你想和某人约会，却又担心这个人会说不。设想最坏的可能结果甚至会加深你的担忧：此人会在众人面前拒绝并羞辱你。尽管这个最坏的情况不大可能发生，但它发生的可能性却不能阻止你为其担忧。不幸的是，担忧也许会发生的事情会阻止你承担重要的风险，使你在机遇悄悄溜走时陷入痛苦。

> **成功要诀**
> 担忧阻止你承担风险。

不要被担忧所压倒，学会把最坏的情况与现实的、一定概率的结果区别开来。让我们假定你已经与某人相约外出，并且正在计划你们共同的出游。你立即发现自己正在准备迎接可能的最坏结果——约会对象不能忍受你，每件事都有问题，你们俩度过了一段可怕的时光。让自己停下来，自问这种情景有多现实。当然，它也许会发生，但是它的可能性有多大？不是很大！相反，应当考虑一个现实的结果。如果你选择了有趣的活动，你大概会拥有一段美好的时光，并且乐于了解彼此，即使你认定这不意味着你们会在一起。

◇ 思考的类型与健康

由于我们的思想如此强大有力，它们对我们的健康和幸福就有着巨大的影响。消极思考使我们容易受到压力和疾病的打击，而且会缩短我们的寿命。积极思考帮助我们应对压力、避免疾病，从而活得更长久。有研究甚至表明，采纳一种积极的态度比戒烟或进行有规律的身体锻炼更加可以延长寿命。

好态度，好健康

积极思考如何发挥它的好作用呢？有关大脑的发现也许能解释想法如何影响我们的身体。与传染和疾病抗争的身体免疫系统，可被消极的想法和感觉所削弱。这些想法和感觉导致我们的身体产生较少抵御疾病的抗体。另一方面，积极的想法和感觉会刺激内啡肽的产生，从而减轻疼痛感，并且使我们感觉更好。

> **成功要诀**
> 积极思考能够促进你的健康。

由于身心之间的相互影响是如此的强烈，越来越多的内科医生开始鼓励他们的病人采取积极的态度。日益增加的证据表明，良好的思考能促进你的身体健康。数以千计经历过心脏外科手术的患者就生动地证明了对痊愈的积极期盼能使一切都大不相同。

一个恰当的事例是安慰剂的使用。安慰剂是无害的糖片,但患者被告知它们是真的药物。在许多事例中,患者对安慰剂的反应像对真实药物的反应一样。这些病人相信药片是真的,而这一信念对于心理和生理有着很强烈的影响。

积极思考者比消极思考者健康的另一原因是他们更有可能实践积极健康的行为。由于他们看见自己光明的未来,他们就希望确保自己身体健康,从而更好地去实现自己未来的人生。他们还将为自己的健康承担责任。当你身体健康并感到舒适时,你对自己的感觉会更好,这又反过来产生更强的乐观感。

消极思考与精神健康

积极思考能够促进我们的身心健康,而消极思考可能延迟愈合,并导致我们忽视自身的健康。不仅如此,消极思考还有更多后果——它通过引发抑郁症来破坏我们的健康。**抑郁症**是一种使人感到极度悲伤、无望和无助的疾病。在美国和加拿大,每年有两千万人受到抑郁症的影响。

尽管抑郁症的起因是复杂的,而且尚未被彻底了解,但心理学家相信,消极思考使人们更容易受到疾病的侵害。例如,研究人员在对大学生考试前后表现的研究中发现,拥有悲观态度和得过不及格的学生会产生沮丧感。在一项对监狱囚犯的调查中,拥有最消极态度的人对监禁感到最沮丧。当然,没有一个人希望考试失败或进入监狱。区别在于,乐观的人能够从负面经验中振作起来。他们拥有正常的失败、悲伤和挫折感,但他们会寻找能充分利用环境的方式,并且制定改善自己生活的计划。另一方面,当悲观的人遭遇挫折时,他们会觉得自己是失败者,失去了对未来的希望,并且简单地就放弃了。为了核查你自己的抑郁表现,请完成个人日志5.2。

变得健康

积极思考和自尊的一个重要部分就是充分关心你自己,作出健康的选择。我们的身体是机器,其运作取决于良好的健康。我们每个人必须把自己的身体当做生命的一个,也是唯一的传输媒介。我们必须用良好的营养、活动和健康料理来呵护它。我们的身体不能以旧换新。

你对健康的态度会造成不同的影响:你越对自身健康负责任,你就越有动力去正确地对待你自己。不要一天到晚让你自己进行改变;你会怨恨内在的批评之声并且进行反抗。相反,把健康的生活方式当做你能为自己做

抑郁症
一种让人感到极度悲伤、无望和无助的疾病。

成功要诀
遵循健康的生活方式是你能为自己做的最积极的事情之一。

个人日志 5.2

抑郁症自我测验

消极思考不仅是抑郁症的一个起因,还是它的一个表现。你消极地思考吗?你是否担心这也许是抑郁的表现?在下面选择符合你大部分时间或全部时间状态的陈述,在其前面打钩。

- ☐ 我感觉精力不足,或者正在放慢节奏。
- ☐ 我为了某些事情而责备自己。
- ☐ 我食欲不振或饮食过量。
- ☐ 我睡眠不足或过多。
- ☐ 我对未来感到无望。
- ☐ 我感觉消沉或沮丧。
- ☐ 我对任何事情都没有什么兴趣。
- ☐ 我觉得自己是一个无用的人。
- ☐ 我有自杀的念头。
- ☐ 我难以集中精力、记忆事情或作出决定。

如果你有五条或更多的表现,且这些表现都已持续了两周或更长的时间,那你也许正在遭受抑郁症的困扰;你应当立刻联系医生或心理健康专家。要了解更多关于抑郁症的情况,请点击 www.mhhe.com/waitley5e。

的积极事情。练习 26 将帮助你检查你的健康态度。

正确饮食 健康饮食是健康之根本。遵循健康的饮食不仅意味着吃富含营养的食物,还要限制具有负面影响的食物,尤其是富含脂肪、糖和盐的食物。最健康的食物是所有的谷类、水果、蔬菜、脱脂乳制品和富含精益蛋白的食品,比如白肉、鱼和豆腐。避免会耗干你的精力并使人成瘾的东西,比如咖啡因、酒精和某些药物。还要考虑下面的劝诫:

> **成功要诀**
> 为了健康和能量而食。

- 不要出于情感原因进食。当你感到饥饿时进食,缓慢进食,然后当你感觉饱了时就停止。
- 抽出时间吃饭——不要一边吃饭一边做其他事情。
- 带着清单购物——你将购买更有营养的食品。
- 尝试各种食物,让健康饮食变得更容易。
- 学会阅读和理解营养标签。

总之，培养对食物的积极态度。享受膳食，为了健康和能量而选择食物。

身体活动　对于健康的生活方式，锻炼身体和良好的膳食一样重要。即使是适量的运动量，锻炼也能给予你更多的能量，并提高你的情绪。规律的锻炼也能降低重大疾病的危险，比如心脏病和糖尿病。

确定采用两种锻炼类型——有氧锻炼和无氧锻炼。有氧锻炼是持续的、有节奏的身体活动，可强化心肺功能、降低胆固醇和血压、释放压力。它包括篮球、快步走和游泳之类的活动。无氧锻炼是更高强度的锻炼，可强壮肌肉，包含剧烈活动中的短暂爆发。无氧锻炼包括：俯卧撑、仰卧起坐、引体向上和举重训练。锻炼是为了培养健康的态度。尝试下述策略：

- 争取至少每天锻炼身体 20 分钟。
- 采取多种锻炼方式，这样你就不会感到厌烦。
- 不要过度锻炼。花些时间做热身、舒缓和伸展运动。
- 为你自己设置 SMART 锻炼目标。如果你偏离了轨道，就立刻重新开始。

（成功要诀）把锻炼看做是自己的快乐时光，而不是日常琐事。

网络活动

构建你的食物金字塔

美国农业部的膳食指南金字塔随着时间推移而变化。其最初是为了从视觉上为每个人提供膳食建议，后来人们清楚地了解到，一个金字塔不适合所有的人。在设计你理想的膳食时，必须考虑你的年龄、性别、运动水平和其他因素。例如，为一名每天锻炼时间少于 30 分钟的 25 岁女性提供的膳食建议将不同于 45 岁的女性，即使她们的身高和体重相同。

因此，利用在线技术，"我的金字塔计划"（MyPyramid Plan）已发展到可以用其来帮助你确定理想的膳食计划的地步了。在 www.mypyramid.gov 这个网站上，你可以输入你的个人指标并创建"我的金字塔计划"，它会显示你理想的热量摄入量，然后在此基础上的食物组合可以根据你现在的运动生活方式来维持你现在的体重。如果你高于现有指标下的健康体重，那"我的金字塔计划"就将为你标上这样的选项，即设计一个有助于你达到更健康体重的膳食和锻炼计划。你还能通过注册来使用"菜单计划者"（Menu Planner），它帮助你确定理想的膳食，以及"我的金字塔追踪器"（MyPyramid Tracker），它通过从你的食物摄入量中扣除身体运动时消耗的能量来计算你的能量平衡。当然，这仍然取决于你自己吃恰当的食物，并且保持积极的锻炼！

思考　进入"我的金字塔"（MyPyramid）网站，打印出你的个人食物金字塔，并考虑与同学和朋友们分享。他们的金字塔与你的有何不同？造成最大差别的因素是什么？有关此网站和其他网站的链接，参见 www.mhhe.com/waitley5e。

练习26 你的健康态度是什么？

A. 阅读下面每条陈述。对于每一条，判断你是完全赞成、部分赞成、部分不赞成还是完全不赞成。

	完全赞成	部分赞成	部分不赞成	完全不赞成
第一部分				
1. 健康和良好的生活习惯（即有规律的身体锻炼、健康的饮食、压力管理）是相互关联的。				
2. 努力地改变我的生活习惯，这是我从疾病中康复起来的诀窍。				
3. 如果我生病了，那通常是因为我没有保持健康的饮食。				
4. 从疾病中康复是出自我自己的努力，而非医生的努力。				
5. 对我自己的健康负责，这对防止疾病来说至关重要。				
第二部分				
6. 拥有一名高明的医生是提升我的健康，并使我从疾病中康复起来的关键。				
7. 我相信医生关于我健康的一切陈述都是正确的。				
8. 我依靠我的医生来照顾我自己，因此我不会生病。				
9. 正确的药物治疗对于改进并保持我的健康至关重要。				
10. 空气中含有毒素，我们对此不能做任何事情。				
第三部分				
11. 我生活中发生的一切都是由于命运和运气。				
12. 如果我没有生病，那一定是因为我太幸运了。				
13. 我生病一定是命中注定的。				
14. 如果我得了流感，那一定是那天别人传染给我的。				
15. 因疾病而死亡乃是命中注定的，因为谁都不能真正地控制疾病的发生。				

资料来源：改编自 Phillip C. McGraw, *Self Matters Companion*（New York: The Free Press, 2002）。

B. **评分**：每一部分分开计分。在每一部分，完全赞成的陈述8分，部分赞成的陈述4分，部分不赞成的陈述2分，完全不赞成的陈述1分。

第一部分合计：_____

第二部分合计：_____

第三部分合计：_____

第一部分衡量的是你在多大程度上认为你的健康依赖于你自己的行为。你的得分越高，你对自身健康就越负责任。如果你得到33分或更高的分数，那你理解并且依据下述事实来行动，那就是最主要的健康问题有可能受到你做或不做什么的影响。你有权利作出自己的健康选择。

第二部分衡量的是你在多大程度上认为你的健康依赖于外部来源，比如药品和医生的行为。你的得分越高，你在管理自身健康上的积极性就越小。在这部分中，如果你得到22分或更高的分数，那么就意味着你高度依赖自身之外的力量，不论是人还是事物。你很可能对健康管理感到十分消极。

第三部分衡量的是你在多大程度上认为健康是个关于运气的问题。你的得分越高，你就越觉得自己很少掌控自己的健康。在这部分中，如果你得到26分或更高的分数，那你就把自己交给了随机因素，这很可能使你对自己的健康管理感到十分消极。

C. 你对照料自己的健康抱有主动、积极的态度还是被动、消极的态度？请予以解释并举例。

_____
_____
_____
_____
_____
_____
_____
_____

D. 为什么相信你有能力获得并保持健康比相信医生和药物显得更积极？

_____
_____

E. 回顾你上一次生病的情况。你为恢复健康而努力了吗？请予以解释。

F. 列举五件你能为拥有更健康的生活方式和改善你身体健康所做的事。

举例
我能留出时间在家吃早餐，而不是从自动售货机上随便买点东西吃。

1. _____

2. _____

3. _____

4. _____

5. _____

- 通过学习有关健康和健身的知识来激励你自己。
- 为了力量和能量而锻炼，而不是为了外表。

学会把锻炼身体看做是快乐时光，而不是日常琐事。做你喜欢做的事——比如，如果你讨厌去健身房运动，那就尝试舞蹈、瑜伽、远足或者园艺。要有创造性——甚至家务活也能使你的心脏得到运动。你的身体感觉越好，你在情绪上也就感觉越好。

✓ **自我测验**
1 定义积极思考和消极思考。（p. 172，174）
2 为什么避免评头论足是个好主意？（p. 179）
3 描述两种主要的锻炼类型？（p. 187）

5.2　战胜消极思考

◇ 克服自暴自弃的态度

行进在人生旅程中，我们所有人都会经历沉浮。在兴盛时积极思考并不难——但在低潮时会怎样呢？当我们面对艰难挑战和痛苦失望时，有可能很难进行积极思考。然而，恰恰在这些时候我们最需要积极思考的力量。

消极思考的人通常对自身持消极态度。那种认为我们自己注定要失败的态度就是**自暴自弃的态度**。拥有消极自我形象的人在他们认为会失败的时候就会形成一种自暴自弃的态度，甚至是在出任何尝试之前。他们通过消极自我对话来加强这种自暴自弃的态度："我这次考试很可能不及格"或者"我知道下班后不会有人邀请我出去"。

自暴自弃的态度
一种认为你自己注定要失败的消极态度。

态度的力量

自暴自弃的态度使得人们难以获得成功。一名把自己看做 D 等生的学生往往会得 D。她为什么不努力改进？她认为自己将永远不会得到好成绩。自暴自弃的态度使得人们也难以在社交上获得成功。一个觉得自己不受欢迎的新雇员也许会发现自己难以结交到朋友。他为什么应当努力呢？他不认为自己能做些什么来改变现状。不幸的是，这种消极思考有可能使人遭到拒绝。我们都在联谊上见识过看起来令人不快、自我意识强、也许有点敌意的人。

人们为何要接近这些人呢？尽管他们也许想要引起人们的注意，但事实上他们正在驱赶每一个人。消极思考者需要鼓励自己露出友善的笑容，并向其他人介绍自己。

> **成功要诀**
> 自暴自弃的态度诱使你相信你不能成功。

就像所有类型的消极思考一样，自暴自弃的态度表面上看起来很合乎逻辑。思考下列事例。曾经有一位老师在征得学生家长同意的情况下，在教室里指导学生们做一个试验。这位教师告诉全班同学，科学家已经发现，蓝眼睛的人比棕眼睛的人拥有更强的天生学习能力。然后，她把全班按照蓝眼睛和棕眼睛划分为两组。她让他们佩戴上"蓝眼睛"和"棕眼睛"的标记。一周后，"棕眼睛"学生的成绩明显下降，与此同时，"蓝眼睛"学生的成绩显著上升。之后，这位教师对全班作出了一个惊人的通告，称她自己犯了一个错误：棕眼睛的学生实际上比蓝眼睛的学生聪明。随后，"棕眼睛"学生的成绩逐步提升，"蓝眼睛"学生的成绩逐步下降。学生的成绩更多地依赖于他们对自己的态度，而不是他们的能力。自暴自弃的态度表面上合乎逻辑，但它们建立在对我们自己和世界的消极、扭曲的认知基础上。

> **成功要诀**
> 消极态度产生消极后果。

恶性循环

自暴自弃的态度如何造成损害？假定你相信自己不擅长运动。这种想法让你因为害怕显得无能而逃避体育活动。然而，你越少运动锻炼，你就越少有机会来提升自己的体育技能。当你真的参加运动时，你非常担心自己的动作，以致不能全神贯注在这项运动上，并且因做错了关键动作而磕磕绊绊。最后，你放弃了，比以前更加确信你不擅长体育运动。像这样自暴自弃的态度会导致**恶性循环**，即一个消极事件引发另一个消极事件的事件链。自暴自弃态度导向自暴自弃的行为。自暴自弃行为导向消极后果。消极后果强化自暴自弃的态度。这个循环展现在图 5.2 中。

> **恶性循环**
> 一个消极事件引发另一个消极事件的事件链。

举个例子，假定你被指派去协调工作上的一个大项目。你立刻采取了自暴自弃的态度，告诉你自己，"在这个项目上没人会帮助我。"这种自暴自弃的态度导致自暴自弃的行为：你不向任何人请求帮助，你甚至回绝了给予帮助的提议。后果是什么？没有人会来帮助你。这个消极后果强化了你自暴自弃的态度："瞧，我知道我不能指望任何人。"再举一个例子，假定你想邀请一位朋友共赴约会。然而，你自暴自弃的态度致使你对自己说："像他那种人是永远不会跟我出去的。"紧接着就是自暴自弃的行为：你从不邀请你的朋友跟你一起出去。可预见的后果？你的朋友也不会再与你一起出去了。

图 5.2　自暴自弃的态度：一个恶性循环

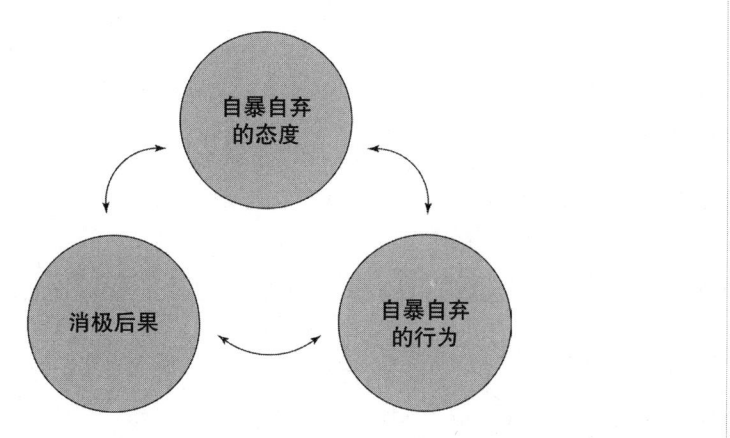

停止此循环　持消极态度时，我们一般会以实现我们消极预言的方式来行动。你怎样才能打破这种恶性循环？

改变你的态度

我们既然能够克服那毁坏了我们自尊的内在批评之声，那我们也就能够克服自暴自弃的态度——其途径是自我意识和积极的自我对话。第一步，认清自己自暴自弃的态度对我们做了些什么。第二步，把我们的消极态度替换成积极态度。

思考下述事例：你应允去参加期末派对。你并没有积极地期盼它，而是告诉自己："我将度过一段糟糕的时光。"你有似乎相当合理的理由来采取这种自暴自弃的态度——因为你对自己的社交能力缺乏信心，所以你过去在派对上经历过糟糕的时光。可是，你需要认清，正是你的态度使你不可能玩得快乐和交到新朋友。如果你让这种自暴自弃的态度不受挑战地继续下去，那你将会真的在派对上度过糟糕的时光。

现在你应当做什么？你需要努力以积极的自我对话来代替你消极的自我对话。每当你听见自己在想"我将度过一段糟糕的时光"时，你立刻对自己说："在这次派对上，我将度过一段美好的时光。"努力不对每件有可能出错的事情念念不忘，并且开始关注你能度过美好时光的方式。

我们所有人都不时地产生过自暴自弃的态度，特别是面对我们担心自己无法很好地对其进行处理的情形时。关键在于辨认出这种自暴自弃的态度，并且在其未变成恶性循环之前就在中途把它扼杀掉。在练习 27 中近距离地审视你自暴自弃的态度。

> **成功要诀**
>
> 学会识别你的自暴自弃的态度，并以积极的自我对话转变它。

练习27　挑战自暴自弃的态度

A. 在下面的第1~3题中，想象一下以上所描述的自暴自弃的态度可能会产生怎样的自暴自弃行为，以及这种自暴自弃的行为会产生什么负面结果。在第4~6题中，用你自己生活中经历过的自暴自弃的态度来建构类似的情景。

1. **自暴自弃的态度：**"我不擅长交朋友。"

   自暴自弃的行为："我在班上不跟任何人打招呼，因为我不知道打招呼以后说什么。"

   负面结果："我没有在班上结交到任何新朋友。"

2. **自暴自弃的态度：**"我将在这个舞蹈班上出丑。"

   自暴自弃的行为：_____

   负面结果：_____

3. **自暴自弃的态度：**"此次约会将是一场灾难。"

   自暴自弃的行为：_____

   负面结果：_____

4. **自暴自弃的态度：**_____

   自暴自弃的行为：_____

   负面结果：_____

5. **自暴自弃的态度：**_____

   自暴自弃的行为：_____

   负面结果：_____

6. **自暴自弃的态度：**_____

   自暴自弃的行为：_____

   _____

   负面结果：_____

B. 现在，运用积极的自我对话来改变这些自暴自弃的态度。想出三句积极的自我陈述，你可以以此来改变这些自暴自弃的态度，并且用更加积极的态度来取代它。然后考虑，这些新的积极态度会产生什么积极行为和结果（在第4~6题中，使用你在前面A题中描述的自暴自弃的态度）。

1. **自暴自弃的态度：**"我不擅长交朋友。"

   积极自我对话："我可能会感到害羞，但老师说我会提出聪明的问题。我将考虑四或五个有助于继续交谈的问题。"

   积极行为："下课后，我问旁边的同学她是否也像我一样做着一份兼职，以及她觉得哪些课程主题是难的。"

   积极结果："我发觉我们星期一都有空，我们就约个时间一边喝咖啡一边一起核对笔记吧。"

   _____

2. **自暴自弃的态度：**"我将在这个舞蹈班上出丑。"

   积极自我对话：_____

   _____

   _____

   _____

   _____

   积极行为：_____

   _____

   _____

   积极结果：_____

   _____

3. **自暴自弃的态度:**"此次约会将是一场灾难。"

   积极自我对话: _____
   _____
   _____
   _____

   积极行为: _____
   _____

   积极结果: _____
   _____

4. **自暴自弃的态度:** _____

   积极自我对话: _____
   _____
   _____
   _____

   积极行为: _____
   _____

   积极结果: _____
   _____

5. **自暴自弃的态度:** _____

   积极自我对话: _____
   _____
   _____
   _____
   _____

积极行为：_____
_____

积极结果：_____
_____

6. **自暴自弃的态度：**_____

积极自我对话：_____
_____
_____
_____

积极行为：_____
_____

积极结果：_____
_____

C. 回顾你在上面B题中写下的积极自我陈述。选出3条你最喜欢的陈述，并抄录于下。

1. _____
_____

2. _____
_____

3. _____
_____

大声阅读这些陈述。每当你发现自己在进行消极思考时，就回到本页，并且再度大声朗读这些陈述。你也许甚至需要把它们复印或者剪下来带在身上。

◇ 认清扭曲的想法

我们已经看到，自暴自弃的态度会破坏我们的预期，诱使我们进入失败之境，并对自己感觉糟糕。现在让我们来考察一系列扭曲的思维方式，即那些会阻碍积极思考的认知扭曲。**认知扭曲**是自我批判和毫无逻辑性的思维。认知扭曲经常被描述为自发产生的想法，因为在我们透彻地思考一种情形之前，它们已在我们的头脑中自动地产生了。考虑下面包含了认知扭曲的陈述：

- "我没有在那次考试中得到 A。我真失败。"
- "在我邀请参加我聚会的人中有四人未到。我觉得自己简直是个失败者！"
- "我的女朋友跟我决裂了。好吧，我最后的幸福机会也没了。"

这些陈述显然是扭曲和夸大的。什么地方写着，如果得不到 A 你就失败了？为什么由于四人未到你的聚会你就是个失败者？谁说你的幸福掌握在一个人的手里？

我们看待自己生活中问题和障碍的方式对我们的幸福和成功潜力具有强大的影响。面对生活中的挫折和失望时，你如何反应？你会责备自己、责备其他人，还是觉得生活对你不公？或者你把这归因于环境，并且希望下次运气要好些？

认知诊疗的奠基者之一、心理学家亚伦·贝克（Aaron Beck）指出了几种认知扭曲的类型，人们因为这些扭曲而过得十分悲惨。当你阅读下面几种认知扭曲时，考虑你身上是否也存在这些认知扭曲。

全有全无思维 全有全无思维导致你看问题非黑即白，中间没有灰色地带。例如，伊蕾莎认为人们要么是守法者，要么是骗子。发现一名同事把自己的汽车登记在其母亲名下以节省保险费时，她就认为这名同事是罪犯。

过度概括 过度概括指的是以有限的证据为基础得出宽泛的消极结论。如果一件坏事发生了，你就得出结论说，在你今后的人生中，只有坏事会发生在你身上。过度概括的人很喜欢用"总是"和"绝不"。贾森的女朋友跟他分手，去和其他人约会了。以这一事件为基础，贾森就断定，和他约会的每个女人都会离开他。

过滤 过滤指的是阻断积极输入，只集中在消极输入上的思维习惯。过滤时，你如此一心一意地集中在消极面上，以致它占据了你的整个视野。你的良好品质变得不再相关；你的成就也变得毫无意义。贾马尔尽管受到过许多表扬，但他因为一个小小的批评就沮丧地离开了与导师的会面。惠子是一名学生，她在一门很难的科学课上得了 D。她立刻忘记了自己的一系

认知扭曲
自我批判和毫无逻辑性的思维。

成功要诀
生活中的挫折和失意不能击溃你，但消极的态度却可能。

过度概括
以有限的证据为基础得出宽泛的消极结论。

列成功，转而对自己说，自己是一个糟糕的学生。

无助思维 无助思维是这样一种不理性的信念，即你的生活不受你自己的控制——有另外某个人在操纵你。黛安娜不去完成该项目，不去支付账单，并且由于她觉得无论自己做什么都无济于事，所以她也就任由关系破裂了。

自我责备 自我责备指的是在每件事情上都责备你自己的习惯，无论真正的原因是什么。自我责备者一做错事就道歉。行政助理希拉的老板所坐的飞机因为大雾而延迟了，希拉为此一再地道歉。她坚信，她自己多少都应该为差劲的天气而受到责备。

个人化 个人化假定每件事情都多少与你有关。有时，人们把个人化称为自我中心式思维。莱斯莉听到有一群学生在笑，她认定他们正在嘲笑自己的样子。事实上，他们在因为一个无伤大雅的笑话而大笑。贾西接到一封来自老板的群发电子邮件，内容是限制雇员们打私人电话。他立刻断定，老板是在对他个人生气，这条信息也是针对他的。

测心术 测心术假定别人像你一样思考：当你觉得自己很糟糕时，你断定其他每个人也持有同样的想法。德怀特断定，他的女朋友总是在生他的气，因为她下班回到家时心情总是很不好。事实上，他的女朋友只是对她自己的工作不满意。

情感推理 情感推理指的是你断定自己的消极情绪反映了事情的本来面目：你感受到了，所以它一定是真的。约格邀请一位朋友外出约会，但她拒绝了。约格觉得自己被抛弃了，并且没有魅力，因此他断定自己是个没有吸引力的被抛弃者。

小题大做 小题大做意味着戏剧性地夸大任何小事件的负面结果。小题大做者不只为真实的问题而担忧——他们也为虚构的问题担忧。小题大做者总是焦虑："如果……那会怎样？"奥尼达的老师告诉她，她可以通过扩充她的研究论文来提高成绩。奥尼达立刻就小题大做起来，担忧"如果我写得越来越差会怎样？如果我这门课不及格那会怎样？"

上面的这些思考方式是否听起来不陌生？它们紧密地关联着，如果你以其中一种方式思考，那你很可能在此时或彼时会以另外的方式思考。它们有一个重要的相同之处：悲观地展望，从而把日常生活中的挫折和失望转换成天翻地覆的灾祸。

非理性信念

人们为什么以扭曲、消极的方式进行思考？依照理性情感行为治疗（REBT）的创始人阿尔伯特·艾利斯（Albert Ellis）的说法，我们每人都

> **成功要诀**
> 检查你思维中的扭曲和夸大。

> **个人化**
> 假定每件事情多少都与你有关。

> **小题大做**
> 戏剧性地夸大任何小事件的负面结果。

持有各种干涉我们思考的基础观念和假设，艾利斯把这些扭曲的、自我破坏的假设称为**非理性信念**。非理性信念是一些有关世界应该如何运作、我们和他人应该如何行动的严酷规则。像大部分规则一样，这些规则是死板的、绝对的，包含像"总是"、"从不"、"完全地"、"必须"和"不得不"这样的词语。艾利斯指出了一些常见的非理性信念，包括：

- 我必须在每件事上都获得成功。
- 我必须为每个人所喜爱。
- 如果_____不爱我，那我就毫无价值。
- 我绝不应该再犯错。
- 我应该一直都亲切、慷慨、能干和可爱。
- 我应该为每件可能发生的坏事担忧。
- 我应该为别人的问题感到非常烦恼。
- 我应该总是把他人的需要放在第一位。
- 我对我的感觉无能为力。
- 我对我的习惯无能为力——它们比我更牢固。
- 我的过去导致了我所有的问题。
- 我如果得不到我想要的，那就是糟糕的，我不能忍受。
- 如果人们做了我不喜欢的事，那他们必须受到惩罚。
- 我绝不应该感到愤怒、焦虑、不足、嫉妒或易受伤害。
- 如果我孤身一人，那我一定会觉得悲哀和不满足。
- 人们应该符合我对他们的期待。

在艾利斯看来，这些非理性信念都归结于三种错误的假设：

1. 我必须做好。（如果没有做到，那我就毫无价值。）
2. 你必须善待我。（如果你没有做到，那你必须受到惩罚。）
3. 世界一定是容易的。（如果不是，那它就是无法忍受的。）

这些信念是非理性的，因为它们没有事实基础。它们建立在这样一种思考方式的基础上：我们认为应该如何，而非实际如何。为什么我总是必须表现得很好？为什么每个人必须以我喜欢的方式来对待我？为什么生活应该始终一帆风顺？

非理性信念妨碍我们达到自己的目标，它们还制造与他人的冲突。它们导致消极的思考模式和消极的情感反应，比如罪恶感、愤怒和悲哀。以安

非理性信念
干涉你思考的扭曲的、自我破坏的观念或假设。

成功要诀
努力以现实的角度去思考，而非绝对的角度。

妮可为例。她的丈夫杰米已经告诉她，他想离婚。安妮可处于感情的痛苦之中。然而，由于非理性信念，她使情况变得更加让她痛苦："杰米离开了我，所以从此以后再也没有男人会爱我了。""杰米不再爱我，所以将不会有任何男人爱我。""杰米抛弃了我，所以我该被抛弃。""杰米不爱我了，所以我毫无价值。"

为了使这些非理性信念变得更理性，我们需要学会说："我想要"，"如果……那就好了"，或者"我宁愿"；而不是"我必须"或者"我应该"。举例来说，考虑下述非理性信念："我必须为每个人所喜爱。"这一信念是让你跌入失败和情感痛苦的陷阱。比较健康的做法是告诉你自己："的确，如能为每个人所喜爱，那当然很美好，但这显然不可能或不现实。我不能真正地期待每个人都爱我。毕竟，谁都不能在所有时候讨好所有人。"尝试用类似个人日记 5.3 的方式改写你的非理性信念。

> **成功要诀**
>
> 消极的思考导致不愉快的情感和自我破坏的行动。

个人日志 5.3

从非理性到理性

重读第 199 页的非理性信念。选择引起你共鸣的四条非理性信念，然后把它们改写成更加现实的句子。记住去除所有极端的词语，如必须、应该、不能、不得不和总是。

非理性信念：
___

理性信念：
___

非理性信念：
___

理性信念：
___

非理性信念：
___

理性信念：
___

◇ 改变你的消极想法

正如我们在第三章中看到的，我们的许多苦恼乃由我们看待事情的方式、而不是由事件本身所引起。艾利斯的理论，即所谓的 ABC 模式，描述了事件和关于该事件信念的组合如何导致了像压力、不快、负罪感和愤怒这样一些消极结果的产生：

- A——激发事件（activating event）
- B——信念（belief）
- C——结果（consequence）

要了解这个 ABC 模式是如何工作的，可想象下列的情形。你花两周时间准备生物学课上一项大的口头报告。可是，在作报告那一天，没有一件事是顺利的。你很紧张，忘记了自己的一些笔记，而且整个班级都对你没兴趣。在得到评估结果时，你发现自己得到的成绩比你所预期的低了整整一个等级。这是 A，诱发性事件。现在来看 B，你的非理性信念。你深深地坚信，你必须把每件事情都做得非常完美；如果没有做到，那你就失败了。你告诉自己，"我什么都不是。我也许也该放弃我对科学事业的追求。"那么，结果，即 C，是什么呢？你觉得沮丧和毫无价值。也许你甚至会放弃这门课或改换专业。

学习你的 ABCDE

为了使消极结果不阻挡我们的进路，我们需要改变自己的非理性信念。我们可以通过给 ABC 模式增加另外两个步骤，即 D 和 E，来改变自己的信念：

- D——驳斥（dispute）
- E——交换（exchange）

ABCDE 方法
通过驳斥非理性信念来应对消极思考的一种方法。

驳斥
通过相关情形来检验非理性信念。

这个修订的模式即所谓的 **ABCDE 方法**，如图表 5.3 所示，它描述了我们如何能够改变自己的非理性信念，并且为自己创造更好、更积极的情感和行为结果。

D 代表**驳斥**。驳斥我们的非理性信念意味着通过相关情形来检验这些信念。我们必须对消极思考保持警惕，并且当它们出现时，积极地驳斥它们。当你进行消极、非理性、小题大做的思考时，就问问自己：

图表 5.3　ABCDE 方法

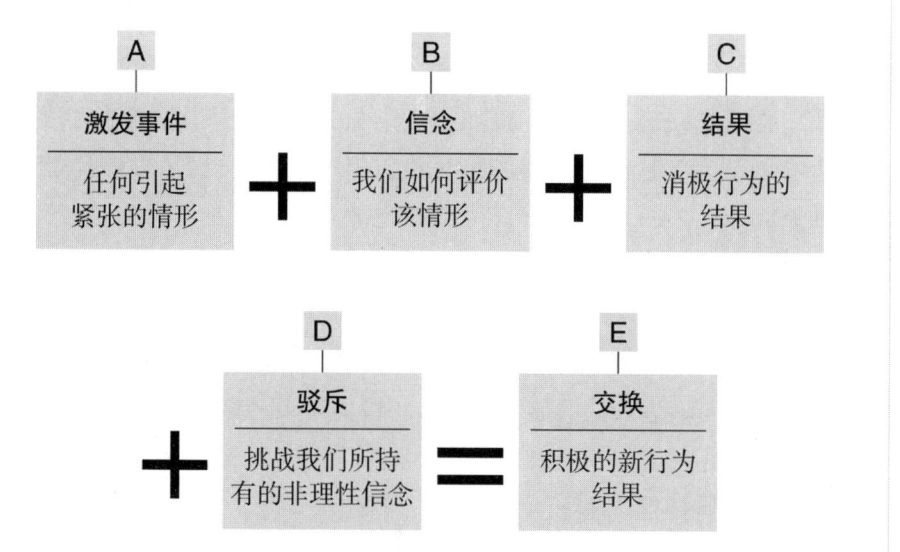

改变信念　一旦认识到扭曲我们的思考并使我们不快的那些非理性信念，我们就能运用有效的驳斥来为自己创造更健康、更积极的结果。为了帮助驳斥一个非理性信念，你能够询问自己哪些问题？

- 为什么？谁这么说的？
- 哪里有书面记载说这是真的？
- 我妄下结论了吗？
- 我过分夸大了吗？
- 我正在要求不可能的事吗？
- 这个想法有什么根据？
- 它真的像它看起来那么坏吗？
- 还有另外一种同样好或更好的解释吗？
- 如果最坏的事情发生了，那会怎样——那又怎样？
- 还有什么其他的解释是可能的？
- 我拥有所有的事实吗？
- 我都是极端地看待事物的吗？
- 我是不是只凭一个例子就断定它是一种模式了？
- 我只关注消极方面而忽略了积极方面吗？
- 我是在过分夸大该情形的负面结果吗？
- 我只是因为害怕某件事的发生就假设这件事将会发生吗？

- 我在使用引起消极感觉的情绪词汇吗?
- 这种想法有没有引起我想要的感觉?

> **成功要诀**
> 把你的情感反应与你情形的现实区别开来。

要成为一名有效的驳斥者,试着把你的情绪反应与该情形的实际情况区分开来。你真的是客观的吗?例如,在第202页的例子中,当你开始对自己的生物学展示产生消极的想法时,你可以停下来并且想下:"好吧,等一等。我正在夸大事实。一次口头报告得到如此平常的评分是否意味着我完全失败了?没有。我也忽视了积极方面。我几乎忘记老师说过,她很高兴我在她的班上。"这一驳斥是以理性思考和证据为基础的。

ABCDE方法的第五个,也是最后一个因素是E,即交换。交换代表你想要代替或交换消极结果的那个新的、积极的结果。在这种情况下,E意味着宽恕你自己并且聚焦于未来。现在你可告诉自己:"谁都不是完美无缺的。下一次我将做得更有条理。"

在日常生活中运用ABCDE方法很容易。你在发现自己妄下了扭曲的消极结论时就停下来,并且考虑怎样的非理性信念有可能促使这些结论的形成。以该情形的事实去驳斥消极的想法和感觉。在练习28中运用ABCDE方法作一尝试。在处理了一些假设的情景之后,你将会准备好将此法运用在你生活中的一个问题上。

熟能生巧 非理性的信念,比如消极的自我对话,有可能通过实践来改变它们。开始运用ABCDE方法时,你也许会再度萌生同样的非理性想法。这是正常的。毕竟消极地思考有可能是强烈的习惯。不要因为产生了非理性的信念而批评自己,平静而理性地去驳斥这些信念。你很快就可以训练自己放弃消极的想法,并集中在积极的可能性上。

✓ 自我测验

1 什么是自暴自弃的态度?(p. 191)
2 按照艾利斯的说法,哪三种错误的假定促成了非理性信念?(p. 200)
3 ABCDE代表什么?(p. 202)

练习28　驳斥消极的想法

A. 考虑下列情形。鉴于所述的诱发事件及由此而来的信念,指出可能的消极结果(想法、感觉和行为)。

1. **诱发事件**:当我询问老板最近怎么样时,他勃然大怒。
   信念:"他肯定对我的工作不满意。"
   结果:"我肯定我下周的评估会很差。也许我应该开始更新我的简历,而不是为这个项目加班。"

   驳斥:"我所有的报告都极为详尽并及时上交,我们的销售额也达到了目标。肯定是我路过他身旁的时机不对。"

   交换:"我将继续把精力集中在我的工作上,并继续致力于我所确立的项目目标。"

2. **诱发事件**:一个朋友举行了一场聚会,但她未邀请你。
   信念:"我猜自己对她来说还不够酷。"
   结果:_____

   驳斥:_____

   交换:_____

3. **诱发事件**:你和你最好的朋友约好在午餐时见面,但她未到场。
   信念:"她放我鸽子是完全不公平的。"
   结果:_____

   驳斥:_____

   交换:_____

4. **诱发事件**：你未得到你所希望得到的新工作。
   信念："我失败了。"
   结果：_____
   _____
   驳斥：_____
   _____
   交换：_____
   _____

5. **诱发事件**：你期盼着一个可以放松的周末，而一个朋友却请求你在接下去的两天中帮助他搬到新公寓去。
   信念："我应当总是把他人的需要放在第一位。"
   结果：_____
   _____
   驳斥：_____
   _____
   交换：_____
   _____

B. 利用下面的空间，记录你自己在运用ABCDE方法时的经验。怎样的恼人事件A，让你产生了消极、扭曲的想法B，其结果C又是什么？写下你对消极信念所作的驳斥D，并描述你准备与旧信念交换的积极结果E。如果你在该事件发生时未想到一个有效的驳斥，那现在想一个吧，并且描述你如果在当时就运用了这一驳斥，那事情有可能会有什么不同的发展。

A: _____
_____
B: _____
_____
C: _____
_____
D: _____
_____
E: _____
_____

本章复习和活动

关键词

积极思考（p. 172）　　抱怨（p. 179）　　　　过度概括（p. 198）
乐观主义（p. 172）　　担忧（p. 180）　　　　个人化（p. 199）
态度（p. 173）　　　　抑郁症（p. 185）　　　小题大做（p. 199）
消极思考（p. 174）　　自暴自弃的态度（p. 191）　非理性信念（p. 200）
悲观主义（p. 175）　　恶性循环（p. 192）　　ABCDE 方法（p. 202）
批评主义（p. 179）　　认知扭曲（p.198）　　驳斥（p. 202）

根据学习目标进行总结

- **定义积极思考，并说出它的好处。** 积极思考意味着把注意力集中在有关我们自己、其他人和周围世界的好的方面上。积极思考能帮助你实现自己的目标、克服障碍、提升心情、改善人际关系并保持健康的生活方式。

- **列举六个能帮助你成为更加积极思考者的习惯。** 六个能帮助提高你对待生活的积极态度的积极习惯：1. 期待美好的结果；2. 选择积极的词语；3. 和积极的人相处；4. 接受人和事物的现状；5. 限制抱怨；6. 关注现实的结果。

- **说明积极思考与健康之间的联系。** 积极的思考加速康复并鼓励你吃得更加合理、锻炼身体和采取健康的生活方式。反过来，感觉舒适和身体健康也有助于你积极地思考。

- **描述自暴自弃的态度如何导致恶性循环。** 自暴自弃的态度导致自暴自弃的行为，这又会导致消极结果的产生，从而造成恶性循环。这些消极的结果"证明"自暴自弃的态度是正确的，从而又使得恶性循环不断重复。

- **定义认知扭曲和非理性信念，并分别举例。** 认知扭曲是人们用来使自己痛苦的自我批判和毫无逻辑的思维。一种常见的认知扭曲是灾难化，即过分夸大任何小事件的负面结果。非理性的信念是扭曲、自暴自弃的假设，比如"我绝不应该犯错误"。

- **总结克服非理性信念的 ABCDE 方法。** 在 ABCDE 方法中，A 代表诱发事件，它激发了 B，即非理性信念。C 代表该信念的消极结果。D 代表驳斥，这意味着分析非理性信念的逻辑。D 导向 E，即一种更可取的结果。

本章复习和活动

复习题

1. 为什么对成功抱有积极的期待有助于你实现它？
2. 消极思考与抑郁之间的关系是什么？
3. 指出三种健康的饮食习惯和三种健康的锻炼习惯。
4. 举一个有关自暴自弃态度与它造成的恶性循环的例子。
5. 哪种认知扭曲包含了你认为自己不能控制自己生活的错误信念？
6. 解释如何驳斥非理性信念。

批判性思考

7. **担忧** 威廉·詹姆斯（William James）是19世纪的一位心理学先驱，他曾经说："如果你相信，感觉糟糕或担忧足够长的时间将会改变过去或者未来事件，那你就正住在另一个带有不同现实体系的行星上。"解释这一陈述意味着什么，以及你是否赞同它。担忧能够改变一个未来事件吗？为什么？

8. **乐观主义与学业成功** 有过一项在宾夕法尼亚州大一新生间开展的调查，研究乐观主义与学业成功间的关系。结果如何呢？乐观的学生的表现大大胜过悲观的学生。他们的表现甚至胜过了那些获得更高标准测验分数和高中GPA的悲观的学生。这一项研究的结果说明了什么？为什么你认为乐观主义与大学的成功会如此紧密相关？

应 用

9. **消极和积极的消息** 许多新闻广播节目都从播报当天最负面、震惊的消息开始。观看30分钟当天的本地新闻。注意每个消息所涵盖的内容（比如犯罪、政治新闻等）。其中有多少故事是消极的？多少是积极的？为什么负面消息有可能引起观众的注意？

10. **帮助他人** 帮助他人，尤其是较不幸的那些人，能促使你为自己的生活感觉更积极些。花两小时去帮助别人，无论是你独自做，或者是通过一个志愿者组织。描述你所做的，并且看它是否提高了你的积极态度。下次你还会这样做吗？为什么？

本章复习和活动

网络活动

11. **乐观主义者的信条**　阅读 www.mhhe.com/waitley5e 中的"乐观主义者的信条"(*The Optimist's Creed*)。对于这十条中的每一条,写下一种你可以将其纳入自己生活的行动。然后写下你自己选择可以加到这十条中去的第十一个信条。

12. **我的座右铭**　你可以经常在人们电子邮件的底部看到他们引用的鼓舞人心的话语。有些是幽默的,有些是转告个人日程的,还有一些只是智慧或和平的箴言。无论准确的意图是什么,这些引用经常用来鼓舞我们积极地思考或行动。与此类似,本书每章的开头都有帮我们理解本章信息的格言。你遇到过对你来说特别有意义的一段引用或格言吗?或者你自己是否创作了让你集中注意力、脚踏实地或坚守目标的格言?如果没有,那就考虑创作能简明表达你个人信息的座右铭。点击网站 www.mhhe.com/waitley5e,查找那些提供具有智慧并可能给予你某些激励的语言。

真实成功故事:"事情会如我所料吗?"

回顾你对第170页"真实成功故事"的问题所作的回答。考虑一下你现在在读完本章后会怎样回答。

完成该故事　假设你是杰西卡的一个朋友,正在和她一起等候面试官的到来。写下一段你与她之间的对话,向其解释为何她自暴自弃的态度会导致恶性循环的产生。同时告诉她运用积极的自我对话来转变自身态度的窍门。

真实成功故事

"我应该作出改变吗？"

大梦想，大恐惧

珍妮特·斯劳森（Jeannette Slawson）是一名司法秘书，她正在翻阅本地大学的法律预备班课程表。她多次考虑成为一名律师，但这总显得是一个不可能的梦想。在去法学院的三年项目之前（如果是上夜校的话，那得花四年时间），她甚至必须完成几门法律预备课程。她怀疑自己是否真的能够自我约束以便让此计划得以实现。她设想自己会花一两年时间来处理这个艰难的日程安排，然后便放弃了。

大改变

珍妮特的内心深处知道，除了她自己之外，没有人在阻止她作出改变。对于每一个她能想象到的障碍，她都能想出一个可行的解决办法；但是，每当她考虑采取行动时，她就变得紧张。她并不厌恶自己的工作，而且还有一个舒适的工作日程。接受她目前的工作要比强迫自己作出改变更容易些。

你怎么想？

珍妮特应该按照成为律师的目标一步步地执行计划吗？为什么？

第六章

自我约束

"我们并非要去改变所面对的每样事物,但如不面对,就什么都改变不了。"

——作家　詹姆斯·鲍德温（James Baldwin）

导言

本章介绍自我约束——它是什么,它为何重要,以及如何实践它。在 6.1 节中,你将探索自我约束的好处,并了解自我决定和坚持的关键概念。你还将通过考虑自己行为的长期结果来学习如何控制自己的冲动。然后你将看到,自我约束如何能帮助你作出艰难的改变,包括将坏习惯转变成好习惯。在 6.2 节中,你将通过探索批判性思考的要素和学习如何作出符合逻辑、分步执行的决定来掌握自我约束。

本章目标

读完本章后,你将能够:

- 定义自我约束并指出其好处。
- 解释如何控制冲动。
- 描述以好习惯代替坏习惯的过程。
- 定义批判性思考并列出其七个标准。
- 列举决策程序的各个步骤。

6.1 掌控你的生活

◇ 什么是自我约束

无论你受到怎样的激励，你有多少技能，以及你有多么自信，你都需要通过**自我约束**来实现自己的目标。自我约束是这样一个过程，它不被坏习惯分心，而是做必要之事以达成自己的目标。自我约束也许是艰难的，但也是值得的。它给你一种自我期望和掌控自己生活的感觉。

在前面章节中，你已经考虑了自己想从生活中得到什么，以及你的目标如何能帮助你实现它。为了达成你的目标，你需要使自己保持在正轨上，并且向前推进。自我约束帮助你做到这一点的方式是加强你的下述能力：

- 控制自己的命运
- 面对挫折时坚持不懈
- 衡量你行动的长期结果
- 作出积极的改变
- 打破坏习惯
- 批判地思考
- 作出有效的决定

自我约束会帮助你生活的方方面面。依靠自我约束，在想去看电影时坚持完成学习计划，在想吃第二块馅饼时离开餐桌，早晨闹钟一响就起来。

所有成功人士都依靠自我约束。得益于自我约束的每日细小收获会积累起来成为非凡的成功，这就是时候了！以摇滚音乐家苏珊娜·薇格（Suzanne Vega）为例。她最开始时在咖啡馆里演唱，发展了小小的一批听众。然后她制作了自己的邮寄名单，寄出传单为自己的表演打广告。她随身带着笔记本，并记录每场表演的细节：她所唱的歌、听众反响如何，甚至还有她做了什么样的头发。每次演出，她都努力超越自己，使她的音乐更完美。她的自我约束帮助她实现了成为一名杰出词作家和表演者的目标。

自我约束
使你不被坏习惯分心，为达成自己的目标而做必须做的事情的过程。

成功要诀
所有成功人士都依靠自我约束。

图表 6.1 自我约束的要素

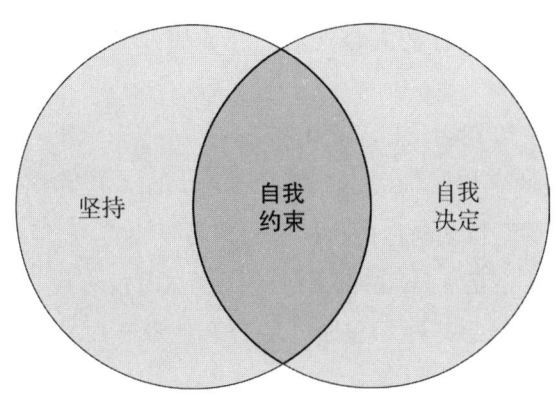

掌控 自我约束让你掌控自己的生活,并使你的计划和梦想变成现实。如何练习自我约束能够提高你的自尊?

自我约束的要素

自我约束(discipline)一词来自拉丁文,意思是"教导"。为了养成强大的自我约束,我们教导自己以积极的方式行动,即使当我们感到疲惫、厌烦、挫败或情绪低落时也是如此。这要求我们拥有两种关键的能力,如图表6.1所示:

- 坚持——坚持使得你能够一次又一次地付出努力,直到你达到自己的目标。你需要坚持到底而不是半途而废。
- 自我决定——有了自我决定,你就成了自己生活的主人。你不是坐在后面等待事情发生,而是自己采取行动。

这两个要素同等重要。没有坚持,你就不能依靠自己去执行你的计划,并且完成达到成功所需要做的事。没有自我决定,你就不能控制自己的决定和行动。

坚持的力量

自我约束的前半部分是**坚持**——不顾反对、挫折和偶尔的怀疑而继续下去的能力。坚持是决不言败的态度——获得成功的决心。

历史充满了通过坚持而克服一切障碍的人。海伦·凯勒(Helen Keller,1880—1968)从婴孩时代起就既失明又失聪,然而,在热情专注的老师的

坚持

不顾反对、挫折和偶尔的怀疑而继续下去的能力。

帮助下,她学会了说话和写作。法国一位意志坚定的老师路易·布莱叶(Louis Braille, 1809—1852)三岁时就失明了,他于1829年发明了一种帮助盲人阅读的系统。数以百万计的人今天仍然在使用他的布莱叶系统(盲人点字系统)。

作家詹姆斯·麦切纳(James Michener)曾说:"个性由你在第三和第四次尝试时所做的事情所构成。"换句话说,即使你在第一或第二次尝试时没有成功,也要坚持朝向你的目标努力,不要放弃。

喜剧演员杰·雷诺(Jay Leno)第一次尝试时没有成功。他早些时候被告知,自己长了一张会"吓坏孩子"的脸,他没有放弃成为一名职业喜剧

个人日志 6.1

克服困难前行

设想你的梦想是写作并出版一本关于你生活的小说。在下面的左栏内列举你有可能面临的障碍。想出你能够通过坚持而克服每个障碍的方法。

障碍	克服这个障碍
没有足够的自由写作时间	
不知道小说怎样开始	
生活不太有趣	
写作障碍	
意外地删除了存在电脑中的头五章内容	
出版社拒绝出版	
再度遭到出版社的拒绝	
其他	

你如何能够通过坚持去克服横在你与你梦想之间的各种障碍?

演员的梦想。当一名大学招生专员告诉雷诺他不是上大学的材料时，他也没有放弃。他在这名招生专员的办公桌旁边坐了 12 个小时，直到此人同意给他一个机会为止。后来，在这一年的每一天中，雷诺都到喜剧团里演出，以提高自己的演技。最后他在《今夜秀》中担任主持，成了电视上最受欢迎的一位人物。他说："我是通过坚持来达到成功的一个例子。"在个人日志 6.1 中设想，你通过坚持可以做什么。

> **成功要诀**
> 并不总是在第一或第二次尝试时就能获得成功。

自我决定

自我约束的后半部分是**自我决定**。自我决定意味着确定你生活所要经历的路径。

一些人相信，命运、运气或其他一些不受他们控制的力量塑造了他们生活的结果。觉得生活由偶然环境决定，或由恰当时间恰当地点所决定的人，要比那些认为自己掌控了命运的人更可能怀疑和惧怕自己的未来。感觉自己不能控制发生在自己身上的事情的人，相信自己是实际处境的受害者。他们随波逐流，任由生活潮流带他们到任何地方。

无论你是谁，你都可以掌控自己目前身处何处，以及你从此地走向何方。问问你自己："我是在掌舵自己的航船，还是命运的受害者？"就你正在生活中做的事情而言，是因为你想要做，还是因为你感觉自己是被强迫去做的？如果你允许自己被迫做你并不情愿做的事情，那你也许正在放弃对自己生活的控制，而把掌控权交给了他人。

> **自我决定**
> 确定你生活所要经历的路径。

承担责任 掌控自己生活的人表现出**责任心**，即作出独立、积极主动的决定并接受这些决定之结果的能力。

我们在出生时已经被赋予了一些特性，但是我们需要作出各项确定我们生活成功的决定。我们必须问自己：我们是谁，我们是如何达到现在的状况的。18 世纪的法国作家伏尔泰把生活比做扑克牌游戏。每个玩家都有一手牌。这手牌就是我们出生时所具有的遗传基因和所处的环境。然而，我们是玩家，所以我们对如何玩手中的牌、留什么牌、出什么牌负有责任。我们作出确定我们生活成功的各种决定。我们决定如何塑造自己的生活。

> **责任心**
> 作出独立、积极主动的决定并接受这些决定之结果的能力。

在《负起责任：自力更生与负责的生活》（*Taking Responsibility: Self-reliance and the Accountable Life*）一书中，纳撒尼尔·布兰登（Nathaniel Branden）把责任心看做是"使自己成就自己想要结果的做法，与此对照的做法是：希望或要求别人做某事，而自己只是袖手旁观地等待和忍受"。你是在等待（也许自己并不意识到此）某人"做某事"吗？让你自己成为

> **成功要诀**
> 不要等待别人做某事——自己行动起来！

做事的这个人！

你觉得掌控住自己的生活了吗？你觉得对自己的成功负责任了吗，还是对自己的生活袖手旁观？为测试你的态度，请完成第 217 页的练习 29。

◇ 控制冲动

> **冲动**
> 有可能导致预料之外或不明智的行动的突发愿望或感觉。

增强你的自我约束力的一个绝妙方法是学会和练习冲动控制。**冲动**是有可能导致预料之外或不明智的行动的突发愿望或感觉。

我们都有过一时冲动的时候。我们也许只是因为突然觉得喜欢，就去买了一本杂志、看了电影或游玩了一天。偶尔凭冲动做事是相对无害的。可是，当冲动过于频繁地指导我们的行动时，我们就失去了为未来作计划的能力。

应用心理学

小小的负疚感可能对你有好处

59% 的美国人都负有信用卡债务，其中很大的可能是冲动消费起了主要的作用。根据美国消费者协会的一项调查，37% 的受访者指出，冲动消费——不按事先计划的购物——是节省开支的主要障碍。想想看，你有多少次在进入沃尔玛或大吉超市时原准备只买几样东西——而出来时却带着一购物车的东西。你就是无法拒绝夏季清仓货品或者发现你想看的新款 DVD 正好到货了。

在你购买必须拥有之物的冲劲过去之后，随之而来的就是用信用卡为计划之外的购物买单，以及常见的关于如何付清全部款项的焦虑。新的研究表明，你如何应对不良的消费经验有可能决定你未来如何购物。根据圭尔夫大学开展的一项研究，冲动购物之后的某种负疚感可能会使你在下次购物时采取积极步骤，比如削减其他消费，克制随便逛商店和在商场里溜达的行为，并在去商店前列出一个购物清单。因此，你已经从自己的错误中学到了经验，并正采取步骤避免其再度发生。

但是，为冲动购物感到羞愧（与自我价值相关的消极感）的人可能会由于向他人隐瞒自己的购物、无视信用卡账单并变得怀有戒心和孤立而给自己挖了一个更深的坑。如果这是你的反应，那你应该寻求帮助，以此来确定你的冲动购物是否来源于深层的情感原因，以及你如何能够通过努力来克服它们。

批判性思考

一个人的自尊如何在冲动购物中起作用，或者一个人如何在冲动购物后作出应对？

练习29　你掌控自己的生活吗？

A. 你是否同意下面每条陈述，在同意或不同意格中打钩。

	同意	不同意
1. 成功来自努力工作。		
2. 我的生活看起来像是一系列随机事件。		
3. 婚姻对大多数人来说很像是一场赌博。		
4. 坚持和努力工作通常使人成功。		
5. 如果我未得到自己想要的东西，这意味着我注定得不到它。		
6. 许多测试都很不公平，学习实际上是无用的。		
7. 成功的领导者是努力工作的人。		
8. 很难知道别人是否真的喜欢你。		
9. 人们要么喜欢你，要么就不喜欢你。		
10. 选民最终要为无能的政府负责。		
11. 工作中的成功实际上是因为认识了合适的人。		
12. 如果未能在某项任务中获得成功，我一般就会放弃。		

B. **打分**：对于上面第2、3、5、6、8、9、11、12题，选择同意1分，对于第1、4、7和10题，选择不同意1分。你得分越高，就越相信是外部力量控制了你的生活。得分越低，你就越相信是你在掌控自己的生活。

你的总分？ _____

1~4　你感觉掌控着自己的生活，愿意为成功而努力工作。

5~8　你觉得某些事情在自己的掌控之下，而其他则不是。发展一种更加积极、不怕困难的生活态度将使你获益匪浅。

9~12　你不觉得自己能掌控自己的生活或成功，你也许就会轻易放弃。你需要分析自己自暴自弃的态度，并以积极的态度取而代之。

C. 为了使你更能感觉在掌控自己的生活，你能够采取哪些具体步骤？

_____

_____

_____

如果我们养成了听从自己冲动的习惯，那就甚至可能做出自我毁灭的事情，事后我们会为此而悔恨。以理查德为例。备受压力加上工作过度，理查德某一天很生他老板的气，所以他一时冲动辞了职。不幸的是，理查德花了几个月时间才找到了一份新工作。他失去了前任雇主的良好推荐，并且不得不变卖了一部分自己的家产来勉强生存。

我们即使不犯如此大的错误，依靠冲动来行动也可能让我们付出惨重的代价。凭冲动办事能导致我们花费太多的金钱、浪费时间、饮食过量、反应过度，以及做其他不利于我们的事情，比如：

- 大喊大叫
- 作出我们会后悔的各种评论
- 喝酒或抽烟
- 忽视义务，让他人失望
- 危险地驾车

糟糕的冲动控制也是赌博、吸毒和强制消费等严重问题的根源。

从长计议

由于可提供即时的满足（奖赏），凭冲动做事就显得很吸引人。买新套装或者在途中抢了一位鲁莽的司机的道，这些要比为读大学而省钱或平稳而有礼貌地驾车更让人满足。这就是为什么我们如此难以抵挡冲动的原因——它们有诱惑力！不幸的是，当信用卡付款到期或者当我们身处一场交通事故时，我们就会希望时光倒流，从而换一种做事方法。我们如何阻止此事发生呢？我们需要的不是过一天是一天，或者过一刻是一刻，而是探究我们的选择将如何影响我们的长期目标。

结果
我们行动的逻辑效果。

为了做到这一点，我们需要考虑**结果**，即我们行动的逻辑效果。结果有可能是消极或积极的、短期或长期的。短期结果即一个行动的直接后果，通常是比较明显和容易预测的。长期结果即行动的长远后果，并非总是明显或容易预测的，但它们有可能事关重大。它们可以对你实现自己的目标产生巨大的影响。

小选择、大结果 你容易诱使自己相信，小的冲动行为不会产生任何长期的结果。但是随着时间的流逝，小事情会积小成大。考试前花些额外的时间来复习课堂笔记，或者不吃第二包薯条，这都有可能在实现与未实现目标之间形成重要差别。

延迟回报并不意味着惩罚你自己。相反，这意味着舍弃比较直接和更小的回报，而选定较迟却更大的回报。集中于更大的回报——你的目标——有助于更好地看待事情。

当你感到某种冲动将要出现时，停下来想一想，作出一个经过衡量的决定：

1. 停下来。认识到你正在准备凭冲动行动。
2. 想一想。凭此冲动行事，我在短期内会得到什么？以长期眼光来看，我凭此冲动行动会失去什么？
3. 作决定。鉴于这些短期和长期的结果，我值得如此行动吗？

让我们假设，你正在准备一场考试，一位朋友来电话，诱人地邀请你去看一场你想看的电影。你在答应邀请之前，先停下来，问自己你正要做什么。这就给你时间去思考。外出看电影的短期结果是什么？你肯定会玩得很开心，你也有段时间未见到这位朋友了。也许去看这场电影正是你所需要的休息（当你很有兴趣去做某事时，你会惊讶地发现自己能想出无数多的好理由！）。可是，在你冲出大门之前，询问一下自己这样做的长期结果是什么。由于你没有多少时间学习了，你这门课的成绩有可能会受到影响。如果成绩不佳，你就可能得不到你所期待的奖学金。现实情况是，你今晚没有外出的时间空当。思考自己行动的长期结果有助于你选择最适合自己的行动路径。

成功要诀
你在凭冲动而行动之前，先停下来，想一想，再作决定。

当然，控制你的冲动并不意味着消除你生活中的乐趣。即使不去看电影，半小时的休息时间同样也可以让你有机会放松，并使学习仍旧卓有成效。在个人日志 6.2 中运用长远思考来处理你的冲动。

◇ 接受改变

像任何其他类型的自我改善一样，冲动控制要求人们有改变的意愿。事实上，对改变你自己和生活环境中的消极事物持开放心态，是改善它们的第一步。如果我们从小的改变开始，找出我们愿意进行的细小的改进，并且一一完成它们，这样改变就会容易些。当我们向自己证明我们能够制定建设性的计划并且坚持完成它们时，我们就为作出更大、更好的改变获得了信心和自我约束。

成功要诀
自我改善要求人们有改变的意愿。

个人日志 6.2

长远地思考

重要的是思考你行动的结果。选择一种对你而言会出问题的冲动,比如花钱、饮食或在行驶中抢道。

冲动_____

_____

1. 屈服于此冲动会产生怎样让人满足或惬意的短期结果?

_____

_____

2. 对你、你的目标或你关切的人会造成什么样的可能长期消极后果?

_____

_____

3. 积极的短期结果是否比消极的长期后果更重要?请予以解释。

_____

_____

下次再遇到类似情况时,你如何提醒自己使用停下来—想一想—作决定的策略?

你抵抗改变吗?

改变并不易,尤其当它涉及控制冲动、取代坏习惯、冒险或改变我们的思维方式的时候。改变也可能让人担惊受怕。正如我们在第三章中看到的,改变是压力的一个主要来源。我们大多数人害怕改变,因为这其中涉及不确定性。有些人很难着手改变,因为他们担忧自己将会作出错误的选择或者暴露在失败和嘲笑之中。他们也许知道自己有控制生活的潜能,但他们未采取坚定的立场或者承担打破陈规的风险。他们还没有说服自己应该要掌控自己的选择和决定。用这种方式思考的人难以确定目标、实现目标和满足自己的雄心。

有时,人们如此强烈地抵抗改变,以致他们简直把自己的生活置于危险的境地。考虑下列的故事。一个村庄的村民因为未知的原因死亡。科学家前往调查，发现是一种居住在村民家泥墙内的昆虫叮咬、毒害和杀死了村民。科学家告诉村民们，他们应该考虑杀死这些昆虫，拆毁他们的房屋并建造新家，或者搬到一个新的地方去。这些村民们说自己不愿搬家；他们宁愿住在饱受致命昆虫叮咬的家中，姑且碰碰运气。于是他们继续一个接一个地死去。这些村民是如此习惯于既有的生活方式，以致他们宁愿冒死亡的风险也不愿意作出改变。他们希望会发生什么事来解救他们，但什么好事也没有降临。

像上述村民们一样，我们大部分人会为了避免改变而忍受几乎任何事情。即使我们对自己的生活并不满意，但以旧方式行事仍然比在某件较好的事情上碰碰运气来得容易。在练习 30 中考察一下你有可能作出的某些改变。通过提前为改变做计划而不是在危机时刻强迫你自己改变，你就能更好地控制自己的生活。

成功要诀
尝试新事物需要勇气。

什么使你止步不前？

当我们思考自己想在生活中进行的改变时，我们时常容易为推迟改变而寻找理由。"我真的想改变"，我们告诉自己，"但现在不是恰当的时候……我累了……我没有足够的时间……我没有钱。"

如果你发现自己在制造借口，那就运用积极的自我对话来帮助自己前行。提醒自己，你一旦采取行动，感觉就会好起来。想一想作出改变的具体好处。如果你太疲乏了，那就在你上床之前再稍微做一点。太忙了？你会惊奇地发现每天抽出 10 分钟就能做很多事情。被整个观念所压倒？你只需要采取一个行动使事情运转起来，并使你自己感觉更好。

成功要诀
当你作出积极的改变时，你的自尊便得到了提升。

隐蔽的抵抗 有时，妨碍我们做出积极变化的不是疲惫或怠惰，而是对改变的一种隐蔽的心理抵制。我们时常不情愿改变，因为我们不愿意放弃维持现状所能得到的好处。不做出积极改变的话会有什么隐蔽的好处？好处之一是你不必面对你的问题或压力源，也不必承认这些是真实存在的。另一个好处是你不必采取行动、冒失败的风险或努力。

你还可能从维持现状中得到安慰。例如，假如你身陷在一项你并不喜欢的工作中，那么，维持这项工作并且把自己看做是此工作的受害者，这也许比做出改变环境的努力要更容易些。你正从维持现状中取得哪些隐蔽的好处？第 225 页练习 31 的意图是帮助你思考你对改变的隐蔽抗拒。力求在不作自我批判的前提下对自己诚实以待。

练习30　作出积极的改变

A. 在下面的横线上列举出三种你愿意在自己生活的每个领域中作出的改变。只列出你认为真实可行的改变（某些改变也许是你向往的，但在当前还不可能。把这样的改变从你的清单中删除）。你的改变可大可小，可以是短期的，也可以是长期的。

例子

学校： 到课率、通勤、学习/课外作业等。

参加所有的课程，除非发生了真正的意外。

为避开可能的交通堵塞，比计划提前10分钟出发去学校。

每周留出额外的一小时，用它来复习我的课堂笔记。

1. 学校：到课率、通勤、学习/课外作业等。

2. 家务：家务、购物、餐饮计划和准备、理财等。

3. 人际关系：友谊、育儿、家庭联系、浪漫关系等。

4. 工作：通勤、学习新的知识或技能、与上司和同事的联系等。

5. 休闲：爱好、阅读、写博客、看电视、上网、体育运动、音乐会等。
_____
_____
_____

6. 个人健康：锻炼、卫生/美容、饮食、睡眠等。
_____
_____
_____

7. 社区：义工、政治竞选、宗教参与、邻里事务等。
_____
_____
_____

B. 重温你所有可能的改变。选出三项你认为可给自己生活带来最大变化的改变。将它们抄录于下。

　1. _____
　2. _____
　3. _____

C. 为了着手开始作出这些重要的改变，你能够做的一件具体事情是什么？
_____
_____
_____

D. 你准备何时做此事安排一个本周的具体日期和时间。

　日期：_____　　时间：_____
　你的签名：_____

◇ 克服坏习惯

自我约束是作出任何重大改变的一项重要工具。没有什么比克服坏习惯更需要自我约束了。**习惯**是一种由于重复而变成自动进行的行为。例如，我们如果过于频繁地屈服于一种特定的冲动，那我们也许很快就会发现，这种行为已经变成了一种习惯。习惯也可以是一种态度、一种看待事物的方式，它很快就会成为第二种本性。习惯在开始时是弱小的，但很快就会变得强大，强大到我们很难再注意到它。由于这一原因，习惯有可能非常难以打破。

> **习惯**
> 由于重复而变成自动进行的行为。

生活中的每件事情几乎都是一种选择。你不必工作、上学、饮食，甚至在早晨起床。你决定做某些事情是因为它们对你有好处。我们往往是习惯的受害者：我们做某些事情只是因为我们一直在这样做。作为孩子，我们指望成人指导我们的行为。当我们成熟并长大成人时，我们必须作出决定，并对自己负责。

> **成功要诀**
> 生活中的每件事情几乎都是一种选择。

习惯能带来负面的结果。它们能使我们对自己感觉很糟糕。它们可能伤害其他人，并且妨碍密切的人际关系。它们甚至可能损害我们的身体和情感的健康。属于此类的常见习惯包括吸烟、过量饮用咖啡或酒、做事拖拉、迟到、过度花钱、过量饮食和说人闲话。

我们所有人都曾不时地沉湎于这些行为。在感恩节过量饮食不是个问题，但是，吃零食时一下子吃完一整袋家庭装的薯片就成了问题。早晨吃松饼的时候喝咖啡不是个问题，但是，整天喝咖啡提神就成了问题。

你如何知道坏习惯是否在给你造成问题？可以问一下自己，你的任何一个习惯是否：

- 使你不快或者对自己感觉很差
- 消耗你的精力或妨碍你实现自己的目标
- 给你的工作或学习带来麻烦
- 给别人造成伤害或者严重不便

> **成功要诀**
> 一旦你的习惯导致了负面的结果，那就是作出改变的时候了。

如果一种习惯导致你做了上述的任何事情，那就是作出改变的时候了。持久的改变不会在一夜之间发生。改变习惯包括三大步骤：

步骤 1：愿意改变此习惯
步骤 2：了解此习惯
步骤 3：用一个好习惯来代替此坏习惯

让我们详述每一个步骤。

练习31　克服对改变的抵抗

A. 考虑一件你本希望做但却一直在避免的生活改变。这种改变可以出自你生活的任何领域，比如职业、教育、人际关系、精神生活、爱好、健康等。这个改变是什么呢？

_____
_____
_____
_____
_____

B. 你认为自己为什么一直在避免这种改变？考虑一下作出此项改变可能包含的风险。例如，你愿意承担失败、被拒绝或作出错误决定的风险吗？你愿意放弃你的自我形象而成为受害者吗？

_____
_____
_____
_____
_____

C. 你是否曾经欺骗自己说，你不需要改变，维持现状就很好？请予以解释。

_____
_____
_____
_____
_____

D. 现在考虑维持现状的坏处和改变的好处。

维持现状的坏处	改变的好处

哪些好处对你来说最重要，为什么？

_____

_____

_____

_____

E. 描述你为作出此项改变所需要采取的具体行动。其中哪些对你来说最为困难？

_____

_____

_____

_____

步骤1：愿意改变

在你能够打破一个坏习惯之前，你必须发自内心地愿意作出改变，而不是因为别人的批评或忠告。你必须承诺改变，并且承认持续的改变需要付出时间和努力。

通过研究正在摆脱比如酗酒或抽烟等损害健康的坏习惯的人们，心理学家指出，在开始采取行动之前，人们还要经过三个心理阶段。

这三个阶段是：思考前期、思考期和准备期。在思考前期，你仍然没有改变的意向。你也许甚至看不到改变的需要，因为你可能未认识到一个行为的负面结果。在思考期，你开始考虑改变一种行为。在这一阶段，你评估某个习惯的好处和坏处，并且探讨你能够作出改变的不同方式。在准备期，你更接近于为改变而付出认真的努力。你如果在此之前尝试过改变，但不具备成功改变所必需的技能，那你就处在这样的阶段中。

正如你能看到的，承诺改变需要付出时间和心智努力。考虑可能受你习惯改变所影响的你生活中的小事，并且事先就加以解决，以使你在故态复萌时不致被击垮。向已经作过类似改变的人征求建议，与你周围的人讨论他们如何能够帮助你。

> **成功要诀**
> 承诺改变需要付出努力。

步骤2：了解习惯

步骤2是了解你的坏习惯。为了改变任何行为，你首先需要了解它。你会从中得到怎样的好处？这发生于何时、何地？当时与何人在一起？它为何成为了一种习惯？问问你自己：

- 我在何时屈服于自己的坏习惯？
- 我在何处屈服于自己的坏习惯？
- 当我屈服于自己的坏习惯时，何人在场？
- 我在屈服于自己的坏习惯之前的那一刻，我的感觉如何？
- 我在刚刚屈服于自己的坏习惯之后，我的感觉如何？

前三个问题帮助你了解习惯发生的环境。举例来说，你也许发现自己在与朋友们一起时会说别人的闲话，在每天下午的一个固定时候抽烟，或者在某堂课上喝含糖的苏打水。

后面两个问题帮助你了解你为何陷入你的习惯。是什么感觉促使你吃掉这一品脱的石板街冰淇淋？压力、愤怒、自我怀疑，还是厌烦？你从抽那根香烟中得到了什么享受？放松、满足，还是工作间歇的休息？

> **成功要诀**
> 在改变一个习惯之前，你需要了解它。

重要的是指出助长了这些习惯的那些情绪。当我们为痛苦或不愉快的情绪所困扰时，我们最容易屈服于坏习惯。我们利用自己旧的行为模式来安慰自己，把注意力从不愉快的感觉上移开。通过第 229 页的练习 32 来认真考察你最坏的习惯。

步骤 3：替代坏习惯

既然你已了解自己的习惯以及它为何发生，那就可以采取行动了。步骤 3 是用一个积极的习惯替代此坏习惯。替代一个坏习惯比完全摆脱它更容易。习惯是对特定情形、压力源和情绪的自然反应。因此，你需要找到一种新的健康方式来释放那些驱使你采取坏习惯的情绪和紧张源。让我们假设你想打破为了下午提神而吃巧克力棒的习惯。这个习惯对你的健康有害，而且其中的糖分和咖啡因使你晚上很早就感到疲惫不堪。如果你选择健康的零食，比如蔬菜或水果，那与试图忽视你的习惯相比，你更容易以替代的方式成功地打破坏习惯。

你一旦选定替代你旧思考和行为方式的东西，就需要无数次地重复这个新习惯。由于我们已经如此多次地重复自己的坏习惯，我们就必须也重复许多次新的努力，以便打破它们。你的坏习惯也许相当顽固，但是你自己可以比它还顽固。使用图表来记录你的进展，这往往会有帮助，如第 231 页的个人日志 6.3 所示。这有助于你了解自己在何时、何处容易故态复萌。记录在纸上的结果也可以提醒你在抗拒旧习惯中取得的所有成功，这也可以提高你的自信心。

故态复萌是正常的　坏习惯的反复是常事，尤其是当我们认为自己几乎已经将它打败的时候。假如你尝试了十次去打破一个坏习惯，而且直到第十次尝试才成功。这是否意味着你失败了九次？这是否意味着你缺乏自我约束？不，这只意味着每尝试一次，你就更接近你的目标，你的自我约束也更加强烈，直到你克服了此习惯。正如马克·吐温所说："我们不能将习惯扔出窗外，而是只能一步步地引它下楼。"

一旦你成功地取代了一个习惯，你就需要维持它，不断地努力练习你新的、积极的行为。你需要发展你的新技能，并且防止自己回到旧习惯中去。这种努力能够持续终生。

运用积极的自我对话　当你致力于改变一个习惯时，务必用积极的自我对话来支持你自己。许多熟悉的坏习惯——拖拉、抽烟、过量饮食、嗜睡和迟到——都可以借助积极的自我对话来帮助克服。积极的自我对话可帮助你

> **成功要诀**
> 你的习惯顽固吗？那你就比它更顽固！

> **成功要诀**
> 运用积极的自我对话来创造你崭新的精神形象。

练习 32 了解你的坏习惯

A. 你觉得自己最坏的习惯是什么？换言之，当前最干扰你生活的习惯是什么？

___

B. 这一习惯对你生活的负面影响是什么？为什么？

___

C. 这一习惯对你所关爱的人有什么负面影响？焦虑、愤怒、感情受到伤害？如果你不能确定，那就去问他们。

___

D. 花几天时间仔细观察围绕在你想改变的习惯周围的环境。然后回答下列问题。

1. 这一习惯最常发生的时间（早晨、周末等）？它多久发生一次？

___

2. 这一习惯发生于何处（家中、学校、汽车上等）？

___

3. 你在何时或何地更容易不屈服于它?
_____
_____

4. 这一习惯发生时,通常有谁会在场(某个熟人、家人、陌生人、同辈等)?
_____
_____

5. 在你屈服于坏习惯前的那一刻,你体验到怎样不舒服的感觉?
_____
_____

6. 你从此坏习惯中得到什么情绪上的慰藉或好处?
_____
_____

E. 寻找这一习惯的模式。哪些时间、地点和情绪与你的这一习惯有关?它们之间如何相互关联?
_____
_____
_____
_____
_____

F. 你能运用哪些比较积极的方式来处理这一习惯背后的不快或痛苦的感觉?
_____
_____
_____
_____
_____

个人日志 6.3

改变习惯表格

运用此图表可跟踪你在以新习惯取代旧习惯的过程中取得的进展。

- ＋　实施新习惯
- 0　既不实施新习惯也不实施旧习惯
- －　实施旧习惯

自我约束表							
我将不是……而是……	周一	周二	周三	周四	周五	周六	周日	经验之描述
例子 我不喝含糖苏打水，而是喝白水。	＋	＋	0	－	＋	＋	0	起初，我因为没了通常的糖摄取量而觉得无力。故态复萌时，我感到愧疚，但我又意识到，苏打水的高糖分其实会让我在之后感到疲惫。

描绘自己以积极方式行动的新图景,创造一种新的习惯模式,用它来代替旧模式。

> **成功要诀**
> 积极的自我对话有助于你向好的方向改变。

如你在第四章中所看到的,自我对话对你的潜意识有强烈的影响。为了变得更加自我约束,你需要以新的思想来代替已经储存在你潜意识中的信息。通过积极的自我对话来不断地重复这些新思想,你将使它们在你的潜意识中生根。其结果是一种新的积极的习惯、目标或自我形象。

你如果只是在意识层面尝试改变自己的某些方面,那么,这种变化通常只会是暂时的。假设你这么多年来每天都抽一包烟,现在你决定放弃它。你告诉自己的意识说,你正在戒烟。然后你的潜意识却记得你过去许多次的戒烟尝试,并且悄悄地对你说:你一天之后就会很快回到过去的习惯中去。

运用自我对话去改变一种习惯,你需要劝说你的潜意识:变化正在发生。与其说"我将停止吸烟",不如说"我是个不抽烟的人"。与其说"我将不再迟到",不如说"我会准时到达"。通过把你自己想成是不吸烟或守时的人,你将开始以此来看待自己。你如果说自己在未来将开始守时,那你仍然暗指自己现在还在迟到。只要你当下还把自己看做是持有坏习惯的人,那你就会继续按照这种方式行事。

为了改变习惯,积极的自我对话可以从简单的句子开始:

- 我所有课都不迟到。
- 我为自己准时到达而自豪。
- 准时到达表示对教师和班上其他人的尊重。
- 准时到达表明我是负责任的人。

你越是运用积极的自我对话,你的新形象和新行为就越会成为你的一部分。不久你就会真的剔除此坏习惯,并以更加积极的习惯取而代之。

✓ **自我测验**
1 给自我约束下定义。(p. 212)
2 坚持为什么重要? (p. 213)
3 改变坏习惯的三个步骤是什么? (p. 224)

6.2 训练你的思维

◇ 学会批判性思考

自我约束有助于我们完成达到成功所需要做的任务，但它也帮助我们做更多的事情——思考。

我们的思考决定了我们做的许多事情。然而，我们很少停下来考虑我们是怎样思考的。我们按照逻辑思考，质疑周围的世界并得出自己的结论了吗？抑或是我们被动地接受了父母、老师、朋友、政客、广告商和"专家们"所告诉我们的信息？

积极、自我反思的思考就是所谓的**批判性思考**。这包括一些技能和一以贯之地运用这些技能的自我约束。批判性思考要求我们提出疑问并且寻求答案。批判性思考者能够客观地思考他们自己和他人的看法。他们在得出结论之前能够从各个方面来看待一个议题。批判性思考者在相信别人所说的东西是真的以前，会要求他人出示证据。他们不满足于只看到事情的表面。批判性思考者问："这是真的吗？这重要吗？这公平吗？"消极的思考者则会问："这需要检验吗？"

> **批判性思考**
> 积极的、自我反思的思考。

批判性思考的好处

批判性思考对于作出影响你生活的重要决定是必要的：决定自己的专业、选择或变更职业、回去读书、结婚、生孩子。作为批判性思考者，你需要了解当前面对的问题或议题，从不同的角度考察，考虑各种选项，得出最佳的可能决定。

作为批判性思考者，你也是一个问题解决者。这意味着你知道如何使用一些工具来找到任何问题的最好可能解决方案。在第三章中，你看到了如何克服障碍和实现你的目标。批判性思考对于克服障碍是非常关键的。它有助于你澄清问题，并想出具有创造性的解决方案。

> **成功要诀**
> 批判性思考有助于你解决问题、克服障碍。

除了有助于决策和解决问题之外，批判性思考会帮助你发展许多其他技能和个人素质，这些素质对于成功是关键的，包括自我意识、对己诚实、自我激励、开放的心态和同情心。

你是批判性思考者吗？

批判性思考来之不易。人从本性上说往往是非理性的。我们时常以为自己服务的方式来看待事情并做出反应，而不愿花时间把事情想透。我们倾向

网络活动

人工智能

计算机能像人一样思考吗？几年前，几乎每个人都会说不。尽管计算机能比人更好地进行运算，但它还不能模仿认知功能，比如推论、发现意义、从经验中学习——直到现在。今天，人工智能（AI）专家正在开发的电脑程序几乎可以像人一样完成这些任务。美国航空航天局（NASA）正在使用人工智能软件来引导人造卫星和航天飞行器。电脑游戏开发者正在利用人工智能编写电脑游戏，它可以跟踪游戏者的习惯，以便在智力上超过他们。大脑研究者正在利用人工智能深入伟大作曲家的头脑。计算机科学家正在建造"小孩机器"，它通过阅读和从经验中学习而变得越来越聪明。一些研究者相信，计算机终有一天能够很好地模拟我们的思维，从而将质疑人类思维的独特性。

思考 社会如何从能够像人一样进行学习和推理的计算机中获得益处？关于人工智能的更多信息，请点击 www.mhhe.com/waitley5e。

于相信，我们的想法、做事情的方式以及所属的群体都比其他的要好。例如，我们中的许多人是在这样的氛围下成长起来的，即轻视其他家庭或文化的生活方式，比如他们抚养孩子的方式或宗教信仰。有研究甚至显示，与其他字母相比，我们更偏爱自己名字的开头字母！这种以自我为中心的思维是批判性思考的主要障碍。你愿意让怠惰和以自我为中心来妨碍你的思考吗？通过完成练习33来评估你的批判性思考技能。

批判性思考的标准

批判性思考是通过学习而获得的技能；谁都不是与生俱来的批判性思考者。批判性思考的关键是对自己坚持高标准。"批判性思考之基础"指出了判断最佳批判性思考的七个重要标准：

1. 清晰
2. 精确
3. 准确
4. 相关性
5. 深度
6. 广度
7. 逻辑

练习33　你思考的批判性有多强？

A. 阅读下列每一条陈述。判断对于每条陈述，你是完全赞成、部分赞成、部分不赞成还是完全不赞成。

	完全赞成	部分赞成	部分不赞成	完全不赞成
1. 在作一项重要决定时，我愿意花时间仔细考虑。				
2. 我不觉得需要对每件事都有正确的认识。				
3. 我像审视别人的信念一样批判地审视我自己的信念。				
4. 与看起来公平和准确相比，我更关注真正的公平和准确。				
5. 我愿意批评一个很受欢迎的信念，如果这么做没有错的话。				
6. 我不介意承认我不了解某事。				
7. 我确定自己的信念是建立在事实证据基础上的。				
8. 当我在学校学习专业知识时，我真的在试图理解它而不只是死记硬背。				
9. 我会说，我的观点是真理与错误的混合。				
10. 公平和准确要比对某人忠诚更重要。				
11. 我在评价某事之前，先会确定自己已经完全理解了它。				
12. 一个观点不会因为我持有它就成为绝对真理。				
13. 我看事物全面周到，而不是非黑即白。				
14. 我会考虑与自己信念相矛盾的事实。				
15. 当我面对一个普遍化的事物时，我会立即寻找例外。				
16. 在接受某些人的观点之前，我会评估他们对自己所讨论内容的了解程度。				
17. 我宁愿寻求一个有利于每个人的解决方案，而不自行其是。				
18. 要我相信某事必须给我证据。				
19. 我愿意尝试任何好的想法，即使它不受欢迎。				
20. 我清楚地知道我为什么相信或不相信某些事情。				
21. 在接受一个事实作为某条陈述的证据之前，我先要确认该事实与议题相关。				
22. 一个想法可以让人"觉得正确"，但它仍然是错误的。				

B. 评分：完全赞成3分，部分赞成2分，部分不赞成1分，完全不赞成0分。

你的总分？ _____

57~66　你已经是个成熟的批判性思考者了。回顾你没有选择完全赞成的那些陈述，并且考虑你如何能够把它们结合到你的思维当中。

45~56　你有批判性思考的技能，但你也许在没有彻底思考清楚之前就过快地作出了判断。

23~44　你了解批判性思考的某些基本点。可以通过投入更多的时间和努力来分析别人的思维和你自己的想法，你将受益匪浅。

0~22　你倾向于根据事物的表面价值来毫不质疑地接受它。你也许不会去分析自己的信念，更多地关注迎合而不是发现真理。

C. 前面调查问卷中的所有陈述代表了批判性思考者的习惯和态度。重读该调查表，并选出六个你认为对于公平、公正、逻辑思维来说最重要的习惯。按以下格式重写它们。然后，在每条陈述下面描述你如何能将此习惯或态度应用于你自己的生活。

例子

批判性思考者　在他们判断某事之前，先确定自己已经完全理解了它。

应用：我不是批判我在班上听到的每条评论，而是给予所有评论以公平的考虑。

1. 批判性思考者_____

_____

应用：_____

2. 批判性思考者_____

_____

应用：_____

3. 批判性思考者_____

_____

应用：_____

4. 批判性思考者_____

_____

应用：_____

5. 批判性思考者_____

_____

应用：_____

6. 批判性思考者_____

_____

应用：_____

D. 观察你在上面写下的不同应用。你需要哪些类型的总体改变来使自己成为一个更具批判性的思考者？

_____

_____

_____

_____

_____

_____

_____

每当我们思考、说话或写作时，应该努力遵循这每一条标准。

> **成功要诀**
> 以明晰的目的进行思考和交流。

1. 清晰 清晰是批判性思考的基础。一个想法或陈述如果以简明的词句表达并且容易理解，那它就是清晰的。当一个想法或陈述含混不清时，那就无法知道它是真是假，是事实还是意见。你的思考和交流清晰明了吗？或者你使用复杂的语言，以使自己显得更有智慧和学问吗？考虑下面这些清晰与不清晰的陈述间的区别：

不清晰：因为截止期12月13日的临近，学生们需要明确他们想选修注册表上的哪些课程。

它为何不清晰：这个句子太啰嗦和冗长了。它使一个简单的陈述变成了复杂的一团混乱。精简你的想法，使其直截了当。

清晰：学生们需要在12月13日之前注册想选修的课程。

不清晰：许多货品都在打五折或更多的折扣。

它为何不清晰：这个陈述有意误导：我们不知道哪些货品是打折的，我们也不知道这些打折是少于还是多于五折。许多可以是20%、200%或者300%。

清晰：所有男装都在打二点五折到五折。

> **精确**
> 精准。

2. 精确 精确意味着精准。精确的反面是含混和笼统。含混和笼统的陈述有时候是真实的，但通常没有表达更多的意思。请思考：

- 这个陈述是否足够具体，从而具有意义？
- 我还需要更多细节吗？

不精确：看太多的电视会使孩子们变得更暴力。

为什么不精确：这个陈述没有具体说明哪些类型的节目会使孩子们变得更暴力。

精确：经常看电视上有无端暴力的节目的孩子更容易变得带有攻击性。

不精确：抽烟有害。

为什么不精确：这个陈述是真实的,但未提供任何有用或值得记忆的细节。

精确：抽烟是美国头号可预防的死亡原因。

> **准确**
> 真相。

3. 准确 准确意味着真相。一个陈述如果得到事实的支持，那它就是准确的。它如果是一个错误、猜测或假装成事实的意见，那就是不准确的。如果某事以事实为基础，那它就能被检验和证实。请思考：

- 这的确是真的吗？
- 有可能检验它的真伪吗？（如果不能，这个陈述或许就不是准确的。）
- 它以什么为基础？
- 这个信息的来源是否可靠？

不准确：妮可·基德曼（Nicole Kidman）是世界上最美丽的人。

为什么不准确：美丽是主观的，因此，我们不可能证实或推翻这一陈述。

准确：2002 年，《人物》杂志的编辑们把妮可·基德曼选作他们"最美丽的人"这一期的封面人物。

不准确：我们的宇宙始于"大爆炸"。

为什么不准确：这是一个理论，不是一个事实。不可能检验或证实宇宙的起源。

准确：没有人真的能确信宇宙是如何开始的，但大部分科学家支持"大爆炸"理论。

> **成功要诀**
> 学会把事实与意见区别开来。

4. 相关性　如果一个事实或想法与正在讨论的主题直接关联，那它就是相关的。它如果与主题没有什么关系，那就是不相关的。请思考：

- 这与议题有联系吗？
- 这是否正在被用来改变主题、批评他人或转移责难？

不相关：马丁正在闹离婚，所以他不会是副总裁的好人选。

为什么不相关：马丁的个人生活与他的工作表现毫无关系。

相关：马丁在工作中显得缺乏重点，因此，他不会是副总裁的好人选。

不相关：胡安妮塔曾是一名素食者，她不应该被选为当地肉类包装理事会的主席。

为什么不相关：胡安妮塔以前的饮食习惯不影响她作为理事会主席需要履行的职责。

相关：胡安妮塔没有充分了解理事会主席的职责，并且回避与她之前工作经历相关的直接问题。她不应该被选入理事会。

> **成功要诀**
> 学会把相关的与不相关的区别开来。

5. 深度　如果我们深入想法的表面，思考议题的实质，那这个想法就有深度了。肤浅的论辩只能接触事情的表面，而深刻的论辩才会考察议题的所有方面。请思考：

- 我只是在匆匆浏览问题的表面吗？
- 我是否在没有彻底地思考这件事的前提下就同意别人说的话？
- 这个议题比它看起来更为复杂吗？

肤浅：建造更多的监狱将可解决我们的毒品问题。

为什么肤浅：这是对一个难题的肤浅解决办法。

深刻：建造更多的监狱将可以关押更多的贩毒者，但是这并不能解决毒瘾的源头。

肤浅：这一台CD机是最新型号的，因此，它一定是最好的。

为什么肤浅：某事是最新的并不意味着它就是最好的。

深刻：这台CD机有许多新的特征，但它在声音质量上并不比旧型号好。

6. 广度　广度是考虑其他论辩和观点的程度。为了开阔思路，你需要发现并分析影响其他人作判断的那些偏见，以及你自己的偏见。请思考：

- 有另外看待此事的途径吗？
- 我自己的经验和价值观如何影响我的思考？
- 我正在以狭隘的观点看待此事吗？
- 从一个不同的角度来看，这会是怎样的？

狭隘：环保人士认为猫头鹰比人更重要。

为什么狭隘：这一陈述故意扭曲了环保人士的观点。当从前用于伐木的土地成了濒危物种的保护地时，失业就发生了。这并不意味着环保人士是反人类的。

> **成功要诀**
> 请记住，你的观点只是许多观点中的其中之一。

广泛：环保人士想通过减少公共土地上原木的砍伐来保护野生动物。

狭隘：我不知道人们为什么喜欢麦克的吉他演奏——它太糟糕了。

为什么狭隘：这一陈述假设，只有一种正确看待麦克吉他演奏的看法。

广泛：麦克的吉他演奏吸引的是狂热的爵士乐乐迷，但它吸引不了我。

7. 逻辑　逻辑是正确地推理，从事实中得出正确结论的过程。合乎逻辑也包括为你的结论提供合理的解释。不把想法当做理所当然，而是设法确保有确凿的证据支持这些想法。为了确定你的推论是否合乎逻辑，请思考：

> **逻辑**
> 正确地推理、从事实得出正确结论的过程。

- 我有支持这一陈述的证据吗？
- 有任何与这一陈述相矛盾的证据吗？
- 这的确是真的吗，还是我仅仅把它视为了理所当然？
- 还有其他任何可能的结论吗？
- 我所有的想法之间相互矛盾吗？

不合逻辑：女人比男人更容易哭。她们显然更情绪化。

为什么不合逻辑：哭并不能证明女人更情绪化。这证明她们表达情绪的方式不同。

合乎逻辑：女人比男人更容易哭。她们表达情绪的方式与男人不同。

不合逻辑：我们所有的学生都比一般人优秀。

为什么不合逻辑：多数人都比一般人优秀这件事在统计学上是不可能的。

合乎逻辑：我们所有的学生都在各自特定的领域里有特别的才能。

批判性思考是重要的，但并不总是容易做到的。它是一个学习的过程，需要时间和练习。下面的具体指南，比如前面描述的七个标准，是一种成为更有效的批判性思考者的绝佳方式。你在自己的思考、演讲和写作中遵循这七个批判性思考的标准了吗？当你没有符合其中一个或更多标准时，你能意识到吗？设法努力工作，从而克服对你来说特别有挑战性的思维陷阱。通过第 242~243 页的练习 34 来学会纠正有缺陷的思维。

> **成功要诀**
> 把批判性思考看做学习的过程。

◇ 成为更好的决策者

一些重要的决定有可能影响你今后多年的人生。因此，明智的决策是有效的批判性思考的最重要优点之一。

决定是在一些选项或可能的行动方案之中合理地选择。我们成天都在作一些较小的决定，比如穿什么、吃什么、走哪条路去学校，而对其过程不会考虑太多。然而，遇到重要的决定时，我们需要依靠一个按部就班的决策程序。

> **决定**
> 在一些选项或可能的行动方案之中合理地选择。

为什么好决定事关重大

我们在自己的生活历程中都要面对许多重要的决定——学术决定、职业决定、人际关系决定和其他的个人决定。虽然我们容易觉得只有在面对问

练习 34　发展你的批判性思考

A. 下面是七条陈述，它们分别对应于批判性思考的七个标准。每一条陈述因为某些原因而未能满足相应的标准。解释每条陈述错在何处，然后改正错误并改写它。

1. 清晰

不清晰：橄榄球节后的冷餐会在停车场举办，应邀参加的人都得出了他们的结论。

为什么不清晰：＿＿＿＿＿＿＿＿＿＿＿＿＿＿＿＿＿＿＿＿＿＿＿＿＿＿＿＿＿＿

清晰：＿＿＿＿＿＿＿＿＿＿＿＿＿＿＿＿＿＿＿＿＿＿＿＿＿＿＿＿＿＿＿＿＿＿

2. 精确

不精确：互联网公司设法骗人。

为什么不精确：＿＿＿＿＿＿＿＿＿＿＿＿＿＿＿＿＿＿＿＿＿＿＿＿＿＿＿＿

精确：＿＿＿＿＿＿＿＿＿＿＿＿＿＿＿＿＿＿＿＿＿＿＿＿＿＿＿＿＿＿＿＿＿

3. 准确

不准确：药物测试没有用。

为什么不准确：＿＿＿＿＿＿＿＿＿＿＿＿＿＿＿＿＿＿＿＿＿＿＿＿＿＿＿＿

准确：＿＿＿＿＿＿＿＿＿＿＿＿＿＿＿＿＿＿＿＿＿＿＿＿＿＿＿＿＿＿＿＿＿

4. 相关性

不相关：史蒂夫不讨人喜欢，这就是他所有功课都不及格的原因。

为什么不相关：＿＿＿＿＿＿＿＿＿＿＿＿＿＿＿＿＿＿＿＿＿＿＿＿＿＿＿＿

相关：＿＿＿＿＿＿＿＿＿＿＿＿＿＿＿＿＿＿＿＿＿＿＿＿＿＿＿＿＿＿＿＿＿

5. 深度

肤浅：我们的政府只会通过好的法律。

为什么肤浅：_____

深刻：_____

6. 广度

狭隘：这幅画像是鸡扒出来的。没有人会喜欢这样的东西。

为什么狭隘：_____

宽广：_____

7. 逻辑

不合逻辑：简生活在一个没落的街区，她偷朋友的东西。所有生活在没落街区的人都会偷别人的东西。

为什么不合逻辑：_____

合乎逻辑：_____

B. 很少有人在所有时候都遵循所有这七个标准。你觉得自己思维中最经常出现的缺陷是什么？请予以解释。

_____

_____

_____

C. 政治人物有时被人批评在演讲和竞选声明中忽视了批判性思考的标准——特别是广度和深度。为什么政治人物有可能故意犯此错误？

_____

_____

_____

成功要诀
当你作出一个重要决定时，你是在为自己创造一个新的未来。

题时才会作出决定，但不作决定就不会发生积极的变化。为了把自己的梦想变成现实，我们必须采取商议好的行动，而这个行动要求我们作出决定。

决定是掌控你人生的重要机会。当你作决定时，你就在干涉自己的生活流程了。你在为自己创造新的未来。例如，假定你决定搬到一个新的城市而不是继续在你的家乡生活。通过作出这一重要决定，你正在为自己创造一组全新的环境。你正在创造一个完全不同的未来。

处理错误

当我们回顾自己过去已经作出的决定时，我们可以看到，一些决定让我们离自己的目标更近，而一些决定则让我们远离目标。一些决定与我们的价值观一致，一些则不一致。一些决定提高我们的自尊，一些则降低自尊。我们越是能意识到哪些决定对我们是正确的、哪些却不是，我们就越是有条件在未来作出更好的决定。

错误
你过去做的、但你现在希望不这样做的任何事情。

由于没有人能够准确地预测未来，每个人都会犯错误。**错误**是你过去做的、但你现在希望不这样做的任何事情。有时候，由于你所拥有的信息有限，你的决定看起来像是最佳的可能决定。只有到你承受了其结果以后，你才把你的作为（或不作为）称作是一个错误。错误实际上是供你学习的宝贵工具，而且只要你以健康的眼光看待它们，它们就可以帮助你走上成功之路。害怕犯错误的人们会难以作决定，因为唯恐做错了事。也许这意味着由于害怕承担新的责任而继续做一份没有前途的工作，或者唯恐遭到拒绝而避免社交。与其害怕错误，不如把它们当做人之为人的一部分而加以接受，并视其为学得的经验教训。

决策过程的步骤

决策程序
一套指出并评估各种可能性以作出好选择的合乎逻辑的步骤。

人们时常凭冲动、根据不准确的信息或一厢情愿的想法而作重要的决定。然而，作重要决定的最好方法是遵循**决策程序**，即一套指出并评估各种可能性以作出好选择的合乎逻辑的步骤。一个好的决策程序有七个合乎逻辑的步骤：

步骤1：界定你需要作的决定。
步骤2：列出所有的可能选项。
步骤3：收集关于每个选项的结果的信息。
步骤4：评估每项与你价值观和目标相关的选项的结果。

职业发展　　寻求：问题解决者

雇主不仅需要会遵循指示并按要求完成任务的雇员，也需要积极主动的专业人士，他们可以接过任务并自主地完成它们，这显示出他们决策和解决问题的技能。你在此工作岗位上要做的许多事情包括寻求解决方案、评估各选项、与他人商谈、评估你的决定，并确定下一次使用同样的行动方案是否有意义。在雇主寻求的高技能清单中，分析技能仅次于良好沟通技能。

然后，在不太重要的方面，错误的思维显然可能导致工作中的问题。比如从销售反馈匆忙跳跃到结论（"如果一名消费者要求这种改变，那我肯定所有消费者都希望如此"），安于现状而不是通过头脑风暴来设想富有创造力的方案或创新（"我们总是这样做的"），或者无法评价一项决定的结果（"我们没有时间评估所发生的事情"），这些都可能把你和你的公司引导到错误的方向上——或者全然没有方向。

你的观点是什么？

有关你在学校里如何运用决策技能以及这种技能如何与你未来的工作表现相关联，你能向一名潜在的雇主列举哪些例子呢？

若要查找有关决策的更多资料，请点击 www.mhhe.com/waitley5e。

步骤5：在可能的选项之中选定一个。

步骤6：行动。

步骤7：评估你的进程，必要时变更方向。

让我们仔细考察每个步骤，考虑如何辨识并克服有可能缠附在程序中的错误。一旦彻底地探究了每个步骤，你就可以试着在第246~248页的练习35中作一个假设的决定。

步骤1：界定决定　决策过程的第一步是界定需要决定什么以及为什么。这听起来显而易见，但是，有时你需要深入到表层下面去发现你正面对的疑问或问题究竟是什么。这是发挥创造性思考的好时机，也许可以把看起来是问题的事情转变成机遇。例如，决定如何处理日益增加的工作量可能看起来是个问题，但是，向你的老板表明你能在压力之下工作，这也可能是增加薪资或获得提升的一个机会。

当你界定需要决定什么时，请注意，一个决定、疑问或问题的表达方式会影响你决策的偏向。这个心理学过程即所谓的**框架效应**。比如，想象你得到了一份新的工作，但是不确定你是否应该接受它。思考下述描述该决

框架效应
受决定、疑问或问题的表达方式所影响的决策偏向。

练习35　运用决策程序

A. **界定决定**。考虑下述情景。你在市中心找到了一份新工作，为此你从位于郊区的公寓出发到上班的地点就是一段很长的路程。这辆车你买来已经十多年了，去年还进店维修了好几次。现在它的变速箱还需要彻底的检查。你下周一开始你的新工作。你需要作出什么决定？写下几种界定你必须作出的决定的不同方式，然后在最能表达你所面对的决定旁边打钩。

_____
_____
_____
_____
_____
_____

B. **列举选项**。有两种选项会立即出现在脑海中：购买一辆新汽车或者修理旧车。还有其他的选项吗？列举另外四个选项。

1. 购买一辆新汽车。
2. 修理旧车。
3. _____
4. _____
5. _____
6. _____

C. **搜集信息**。为你在上面B题中思考的每个选项搜集信息。考虑所有相关因素——时间、金钱、安全、便利、生活方式等。向有经验的人咨询就是一个收集关于决策可能的结果的好办法。有关这一决定，你能向谁咨询？

_____

_____

_____

D. **评估**。既然你更加了解每个选项了，那就评估每一项与你价值观和目标的吻合程度。

1. 正面：将给我安全感；促进我的独立价值

   负面：将妨碍我今后几年的储蓄目标

2. 正面：将有助于我为未来存钱，并保护一些资源

   负面：汽车也许还需要更多的修理，这有损我的经济保障

3. 正面：_____

   负面：_____

4. 正面：_____

   负面：_____

5. 正面：_____

   负面：_____

6. 正面：_____

   负面：_____

E. **选择**。根据你现有的信息，哪一个选项是最吸引人的？

_____

_____

既然你已经作出了决定，那就主动抛弃其他的选项吧。集中在你决定的积极方面上。在此签名表示你对此决定的承诺：

_____

（如果你自己的决定使你不舒服，那就再回顾步骤A~E）

F. **采取行动**。**现在就开始！** 你现在——今天——能为贯彻你的决定做的三件事是什么？

1. _____
2. _____
3. _____

G. **评估**。跟踪调查这个决定对你的适合程度。如果你确认自己作出的该决定不理想，那有哪五件你可以为改进它而做的事情？

1. _____
_____

2. _____
_____

3. _____
_____

4. _____
_____

5. _____
_____

定的不同方式如何可能影响你作出的决定：

- 我应该接受这份新工作吗？
- 我应该勉强接受这份新工作吗？
- 我应该拒绝这份新工作吗？
- 我应该继续找工作吗？
- 我应该继续失业吗？

有时我们无意识地以某种方式给一个决定定下框架，因为我们已经知道自己真的想怎样作决定。当你面对一个决定时，仔细地以不同的方式来建构该决定的框架，这样你就不会漏掉任何可能的选项了。

步骤2：列出所有可能的选项　步骤2是生成各个选项。写下每一个想法，即使它看起来很愚蠢。一旦你富有创造力的思维开始流动起来，甚至愚蠢的想法也可能导出好的选项。不要满足于一两个选项；进行头脑风暴，直到你集合了众多可供选择的可能行动方案。还可请教其他人——他们通常能够提出你也许不会想到的选项，特别是当他们拥有不同的经验和视角的时候。

当你列举你的选项清单时，可分析你对情形的预期，这些预期可能会限制你的选项。例如，人们通常会选择脑海中第一个出现的选项，即使它不是最佳的。他们也容易阻断那些有可能让自己改变主意的信息。你可以避免这一陷阱，其途径是生成尽可能多的选项，寻求那些与你主张不同的人的忠告，并留给自己足够的时间去生成众多的选项。

步骤3：收集信息　你收集越多有关自己决定的信息，你就越容易生成选项，然后评估它们。这在财务决定上表现得最明显，比如购买汽车保险，你需要收集有关你的需要和选项的信息。你还需要在作出重要的个人决定时收集信息。例如，如果你正尝试在学校里两个不同专业之间作出决定，你就需要考虑这两个不同专业科目的费用、就读时间和难度；这两个领域的就业机会；以及你的价值观、兴趣和能力相互适合的程度。

网络可以是收集事实和信息的良好资源。在你正在探索的领域中有经验的朋友或同事也可以是有价值的资源。一个采纳了众多信息的决定将会极大地帮助你完成自己的目标。

步骤4：评估结果　步骤4考察未来并试着估量每个行动的可能结果。某个选项的积极结果会是什么？消极结果是什么？组织这一信息的一个好

> **成功要诀**
> 考虑每一个可能的选项。

个人日志 6.4

正负因素表

思考你正在或是在不久的将来有可能面对的一个重要决定。选择两个可能的行动，并写下每个选项支持和反对的目标和价值观。

正面因素		
选项	它支持的目标	它支持的价值观
选项1.		
选项2.		

负面因素		
选项	它抵触的目标	它抵触的价值观
选项1.		
选项2.		

根据上述信息，你会选择哪个选项？

方法是为你正在考虑的每个选项列举包含正负两面因素的清单。例如，假定你正在决定是否回到学校去读一个学位。回到学校读书的正面因素可能包括智识上的启发和更大的职业灵活性，而其负面因素可能包括较少的自由支配时间和较多的压力。

当你在组织自己的正面和负面因素时，运用你的价值观和目标去判断每个行动。该选项与你的核心价值观协调吗？它使你更接近自己的目标吗？它是你内心深处觉得自己应该做的事情吗？尝试用这种方式来组织你在第250页个人日志6.4中的各选项。把这一信息写在纸上是防止该决策过程受到遗忘、旧习惯和心情变更所干扰的好方法。写的过程也帮助你生成各种想法。

当你考虑每个选项的正负面因素时，请记住，你总会面对某些不确定性。你绝不可能完全预测每个选项的所有结果。**不确定性**意味着不知道一个决定对你自己和其他人将有什么结果。关于未来的不确定性可能使人陷于无能为力的优柔寡断之中。然而，不确定性是一个决策不可避免的部分。做研究能帮助你预测你的决定可能引起的许多结果，但是，你绝不可能完全确定未来将会带来什么。

步骤5：选定一个选项 现在是关键时刻。你有来自两所大学的录取通知书。你准备把你的决定通过电子邮件的方式发给你的老板，可是你的鼠标却在"发送"按钮上犹豫不决。在这样的时刻，犹豫和自我质疑是正常的。有时候，很难说哪个选项是最好的。在这种情况下，你会经历冲突。在决策的语境中，当没有一个选项比其他选项具有更大的吸引力时，冲突就发生了。处于冲突时，我们也许会想要完全不作出决定，而是执着地等待不会有负面结果的某个假想的解决方案。通过集中在一个核心价值或目标之上，我们可以帮助自己处理决策中的内在冲突。

你一旦作出了自己的选择，请记住，你已经尽己所能地选择了正确的方向。无论结果是不是最可取的，你都能自信地认为，你的决定是个好决定。

步骤6：行动 一个决定只有在你付诸行动时才有价值。这就是为什么有时候把一个选择描述为"行动进程"。没有行动，决定就是一个空洞的姿态。

努力避免这样的陷阱，即得出解决一个问题的心智结论，然后停留在空洞的承诺上，而不是付诸行动。优柔寡断会使得精神紧张。我们一旦作出一个决定，这种紧张也就开始减轻。然而，将此决定付诸行动则更令人满足，并将帮助你成为一个更好的决策者。

在作出任何类型的重要决定之后，产生后悔的感觉是很正常的。**后悔**是

> **成功要诀**
> 运用你的价值观和目标去指导你的选择。

> **不确定性**
> 不知道一个决定对你自己和其他人将有什么结果。

> **后悔**
> 希望你此前作出的是不同的决定。

一种希望你此前对某事作出的是不同的决定的感觉。你如果作出了果断、有见识的决定，那你不大可能受后悔所困扰。如果你采取行动——即使是错误的行动——那你为后悔所受的痛苦也要比什么事也不做少。不要让对后悔的恐惧吓坏了你，让你不能作任何决定。

亚伯拉罕·林肯有一句名言："决不在行进中途换马。"换句话说，你一旦作出了一项选择，就按此选择行动。如果你想背弃你的决定，那就确保你是根据对情形不偏不倚的评估，而不是根据基于恐惧或后悔的冲动来采取行动的。

步骤7：评估你的进步　为了有效地作出决定，你需要从经验中学习。因此，评估你的进步是决策程序的一个重要部分。评估该决定对你的成效如何，请记住每一个重要的决定都会引发将来其他的决定。坚持通过日记记录下你的进步，这会有帮助。当你监测你的结果时，问你自己：

> **成功要诀**
> 你的决定所产生的结果能够教给你许多东西。

- 我是否忽视了对未来有所帮助的任何信息？
- 另一种决定方式会不会更好？
- 我是否给自己留下了足够多的时间来生成选项？
- 从这些经验中我能学到什么来帮助自己下次作出更好的决定？

看起来灾难般的决定往往会提供最好的教训。它们能帮助你更了解自己以及自己的思维风格。

一切取决于你　运用决策程序有助于你培养自我决定和批判性思考的技能。随着你逐步提高搜集可靠信息的能力、思考创造性选择的能力和根据你的目标和价值观作出选择的能力，你会觉得越来越能掌控自己的生活。另一方面，如果你避免作出决定，那么你的生活将开始与你擦肩而过。身体和精神上的自我约束将有助于你克服优柔寡断的缺点，做那些为实现你的目标所需要作的事情。

学会作出良好的决定需要时间和实践。你一旦掌握了自信地作出决定并且毫无自责地接受其结果的能力，那你就将很好地走上成功之路。

✓ **自我测验**

1 定义批判性思考。（p. 233）
2 成为批判性思考者的好处是什么？（p. 233）
3 什么是后悔？（p. 251）

本章复习和活动

关键词

自我约束（p. 212）	习惯（p. 224）	错误（p. 244）
坚持（p. 213）	批判性思考（p. 233）	决策程序（p. 244）
自我决定（p. 215）	精确（p. 238）	框架效应（p. 245）
责任心（p. 215）	准确（p. 238）	不确定性（p. 251）
冲动（p. 216）	逻辑（p. 240）	后悔（p. 251）
结果（p. 218）	决定（p. 241）	

根据学习目标进行总结

- **定义自我约束并指出其好处。** 自我约束是教会我们自己完成达成自身目标所需要做的事情的过程。自我约束加强了我们下述方面的能力，即控制自己的命运、面对挫折坚持不懈、评估我们行为的长期结果、作出积极的改变、打破坏习惯、批判性思考和作出有效的决定。

- **解释如何控制冲动。** 我们能够以三个步骤来控制冲动：1. 停止；2. 想想该行为带来的愉快的短期效果和不愉快的长期结果；3. 决定愉快的短期效果与否定的长期结果相比是否值得。

- **描述以好习惯代替坏习惯的过程。** 改变我们的坏习惯包括三个主要步骤：1. 有改变的愿望；2. 了解坏习惯；3. 用一个新的健康习惯取代坏习惯。

- **定义批判性思考并列举其七个标准。** 批判性思考是积极的反思，包括思考的技能和运用这些技能进行的自我约束。优质的批判性思考的七个标准是：清晰、精确、准确、相关性、深度、广度和逻辑。

- **列举决策程序的各个步骤。** 一个好的决策程序遵从一系列合乎逻辑的步骤，用以辨别并评估各种可能性，从而使我们作出最佳决定。该程序包括七个步骤：1. 界定确定要作出的决定；2. 列出所有的可能选项；3. 搜集有关每个选项的结果的信息；4. 评估每个选项相对于你的价值观和目标的结果；5. 选定一个选项；6. 按此决定行动；7. 评估你的进展。

本章复习和活动

复习题

1. 坚持与自我决定之间的区别什么?
2. 为什么有些人会抵制改变?
3. 人们在开始采取行动打破一个习惯之前会经历哪三个阶段?
4. 积极的自我对话如何能帮助你改变坏习惯?
5. 描述框架效应以及它如何可能影响决策的过程。
6. 为什么人们有时会为自己作出的决定感到后悔?

批判性思考

7. **适应变化** 假设你工作长期迟到,某一天你的老板宣布,迟到的雇员将被解雇。这强迫你开始准点上班。现在假设你工作长期迟到,但你自己出于自由意志而决定准时上班。在这两种情况下,你需要作出同样的行为改变:准时上班。这种改变在第一个还是第二个情景中更容易些? 为什么?

8. **自我约束** 父母通过对可接受或不可接受的行为设定明确、合理的限制或指南,以此来帮助他们的孩子形成自我约束。例如,学步孩童的父母们经常设置像"跟同伴分享玩具"和"不准咬手"等限制。为什么不受限制的孩子在日后生活中更难形成自我约束呢? 为什么受到太多限制的孩子也会难于发展自我约束呢?

应 用

9. **对习惯的考察** 访问三位已经把一个坏习惯转变成健康习惯的人。他们是如何获得成功的? 这花了他们多长时间? 他们故态复萌过吗? 如果有,那他们从每次反复中学到了什么?

10. **决策** 描述你在以下生活的每一个时期中作出的一个重要决定,你为什么这样选择,其执行的结果是什么,它们如何影响了你:11 到 15 岁;16 到 21 岁;21 到 30 岁;30 岁以后。

本章复习和活动

网络活动

11. **批判性思考**　点击 www.mhhe.com/waitley5e，搜索在线期刊的链接。发现并阅读任意主题的在线文章，评估这篇文章是否符合本章讨论的批判性思考的七条标准。例如，这篇文章的写作是精确，还是模糊和笼统的？对于每个标准，在该文章中找出一个支持你结论的例子。

12. **思考习惯**　访问 www.mhhe.com/waitley5e，找到一篇有关思考习惯的在线文章。阅读前两个思考习惯，即坚持和控制冲动。先总结作者对缺乏此习惯的学生行为的评论。然后解释这些学生如何能够利用坚持和冲动控制而成为更有效的学习者。

真实成功故事："我应该作出改变吗？"

回顾你对第 210 页"真实成功故事"所作的回答。考虑一下，在你学到更多关于自我约束和改变过程的内容后，你会怎样回答该问题。

完成该故事　给珍妮特写一封信，描述有可能妨碍她按照期望改变自己的各种因素。然后就她克服对变化的恐惧并以自我约束来实现自身目标给予忠告。

真实成功故事

"我如何能获得成功？"

姗姗来迟

伊利亚·威尔斯（Elijah Wells）是名推销员，曾经回到大学去攻读工商管理学位，并获得一份有较好收入的工作。他总是只能做完所布置工作的前半部分，但好像永远也完成不了后半部分。他总是觉得没有勇气去上课，特别是在考试的日子里。伊利亚把自己的困难归咎于老师设置了不可能的高标准。他的导师认为，伊利亚真正的问题在于他自己——他因为害怕成功才使得自己失败，这些话让他大吃一惊。

吓坏自己

初听起来有点疯狂，但伊利亚开始认识到，他自暴自弃的行为真的是出于对成功的恐惧。他内心深处觉得自己不是读大学的料。他如何能与其他更年轻的学生们一起读书？如果他一旦取得了学位并得到了提升，却遭致朋友们的疏远，那该怎么办？他没有把精力集中在成功上，他让恐惧直接导致他走向失败。

你怎么想？

为什么有些人会害怕成功？

第七章

自我激励

"为了成功,你需要找到那些能让你坚持到底的东西、激励你的东西、鼓舞你的东西。"

——运动员 托尼·多赛特(Tony Dorsett)

导言

动机驱使我们实现自己的目标,并认识到自己的全部潜能。在 7.1 节中,我们将探讨不同类型的动机,并且了解到为何内在动机是最持久的激励形式。你还将了解到自己的需求和要求如何影响你的行为。在 7.2 节中,你将致力于克服有可能耗尽你动机并让你害怕承担风险的那些恐惧。你还将学会利用愿景来促进你的动机和自我预期。

本章目标

读完本章后,你将能够:

- 比较内在激励和外在激励。
- 描述如何区分需求和要求。
- 解释需求为何会激励我们的行为。
- 列举克服对失败感到恐惧的方法。
- 列举克服对成功感到恐惧的方法。
- 描述愿景以及它如何能够提高积极性。

7.1 理解激励

◇ 激励的力量

激励
促使我们行动的力量。

我们做的每件事都是激励的结果。**激励**是促使我们行动，赋予我们精力、方向和恒心的力量。激励促使我们朝向自己设置的目标前进。甚至面对错误、灰心和挫折时，我们积极的内在动力也会使自己保持前进。

为了成功，你必须依靠自己来获得激励。你需要的不是等待某事或某人来推动你开始行动，而是积极地寻求激励自己的方式。你在激励自我时，可以依靠自己的优势，并且促使自己走向你希望去的地方。

取得高成就的人拥有高的自我激励，促使他们行动的力量来自他们自身。有时候，只比平常多一点激励，就能产生难以置信的结果。想想简单的沸水与强大的蒸汽之间的区别。当水加热到 100 摄氏度时，它只是沸水。可是，当温度达到 101 摄氏度时，即只提高 1 度，沸水就变成了水蒸气，这已足够从航空母舰上发射喷气式飞机了，仅在 5 秒钟内就能使其速度达到每小时 190 公里。

成功要诀
寻求激励你自己的方式。

积极和消极激励

积极激励
由于某事将促使我们朝向一个目标而去做此事的驱动力。

消极激励
为了避免消极结果而去做某事的驱动力。

我们也许会被驱使着朝向或远离一种情形，这取决于我们内心的感受。当我们被驱使朝向成功时，我们体验到的是积极激励。当我们被驱使远离失败时，我们体验到的是消极激励。图表 7.1 展示了这两种力量。

积极激励是由于某事将促使我们朝向一个目标，或是由于我们把某事与积极的思想和感觉联系起来而去做此事的驱动力。例如，我们也许会因为受到积极的激励而去努力完成一篇学期论文，因为这给我们以成就感，或者因为我们对此题目有一种天然的好奇心。积极激励提升我们的乐观和自尊。

与此对比，**消极激励**是为了避免惩罚或其他消极结果而去做某事的驱动力。如果我们受到消极激励，则我们努力完成一篇学期论文也许是因为我们害怕拿到低分或者让老师失望。

消极激励并不必然是坏的。当我们的积极激励较低时，消极激励可以帮助我们去做自己需要做的事情。假设你害怕在某堂课上回答问题。你疲倦了，不能聚集起积极激励来学习。可是，对回答错误的恐惧也许会促使你学得格外努力。

不幸的是，消极激励不像积极激励那样持久。在受到积极激励时，我们会从事一些使我们更接近自己目标的活动，并让我们产生自豪和成就感。而在受到消极激励时，我们会被不愉快的想法和感觉所驱使，比如恐惧、担忧和自我怀疑。

我们已经看到，我们付出最大精力思考的东西就是很可能会发生的事情，无论它是我们害怕还是期盼的事情。积极激励让我们觉得自己正在获得成功，而不只是规避着失败。如果你正体验到消极激励，那就努力有意识地把自己的思想从你想避免的事物转到你想实现的事物上。例如，你可以不再为在课堂上回答错问题而担忧，而是选择集中在你为何到学校来学习上，从此课程中能获得什么，以及你如何更接近你的目标。在第260页的个人日志7.1中，努力把消极激励改变成积极激励。

成功要诀

积极激励使你更接近自己的目标。

激励来源

激励可以来自两个不同的来源：外部和内部。我们把来自外部的激励称为**外在激励**。外在意指出自外部。把来自内部的激励称为**内在激励**。内在

外在激励

来自外部的激励。

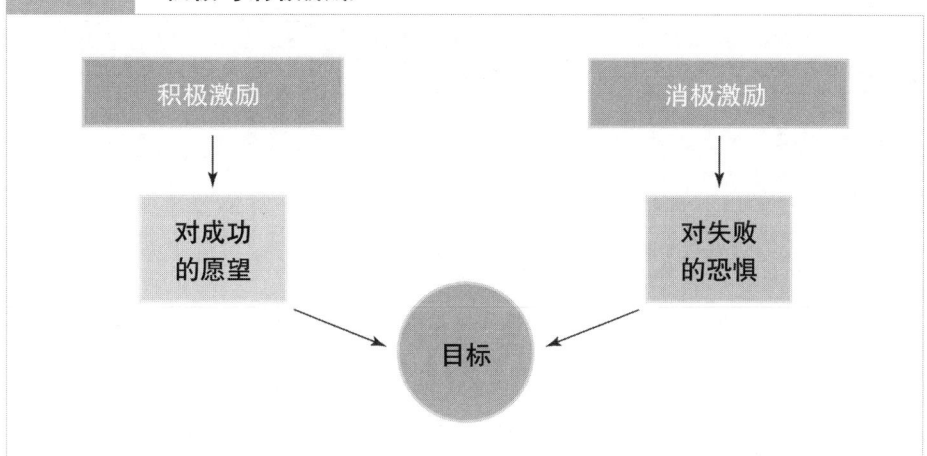

图表 7.1　积极与消极激励

保持正确的方向　积极激励产生的是积极想法和感觉的力量，从而使你更接近目标。为什么你认为消极激励与低自尊相关联？

个人日志 7.1

产生积极激励

设想你正在搜寻自己职业领域内的一个全职职位。这种工作搜寻涉及许多步骤,包括完善你的简历、搜集推荐人、与可能的雇主接触。你将受到消极还是积极的激励?把下面的每个消极激励转换成积极激励。

例子

我必须获得这份工作,从而可以避免拖延偿还我的助学贷款。

获得此项工作将是实现我财务目标的一大步。

我必须认真做好我的简历,否则我不会得到任何面试机会。

_____

我正在搜集推荐人,因为没有他们,谁都不会雇用我。

_____

我正在申请许多工作,因为我不想觉得自己失去任何一个机会。

_____

我需要练习面试技巧,这样我就不会在那关键的一天把事情搞糟。

_____

我必须在面试时紧追不舍,否则他们会以为我不想要这份工作。

_____

内在激励
来自内部的激励。

意指发自内心。内在激励是所有真正激励的来源。

内在激励与外在激励很不相同。内在激励是积极的激励,它点燃你的兴趣和激情。它促使你做自己喜欢并使你成长的事情,例如:

- 探索新颖和有趣味的事情
- 对自己感觉良好
- 理解你的世界

- 寻求快乐，避免痛苦
- 决定你的生活进程

另一方面，外在激励则更像是快速修复。你做事不是因为你真的想做，而是因为它们是服务目的的手段，比如：

- 看起来不错
- 在社交中与他人相处融洽
- 取悦他人
- 获得物质奖励
- 避免麻烦或惩罚
- 避免羞愧或内疚

> **成功要诀**
> 持久的激励发自内心。

外在激励在使你朝向可取的目标，如健康或社会认可时，代表的是积极的激励。但是，当它以害怕和规避为基础时，就代表了消极的激励。外在激励可以提供对行动的鼓舞或勉励，然而无法作为更持久和令人满意的目标。只有当你内心能感觉到它时，持久的激励才会存在。要自己受到激励坚持做某事，你就必须真正发自内心地想做此事。

内在和外在目标　人们一般拥有不同的目标，这取决于他们心怀哪些类型的动机。具有内在激励的人瞄准的是内在的目标，如营造人际关系、帮助他人、实现个人成长、发挥自己最大的潜力。与此对比，心怀外在激励的人通常瞄准的是外在的目标，如获得资产、财富、名气、美貌或耀眼的形象。心怀外在目标并没有错，也不坏，但是，对金钱、名声或耀眼的形象怀有强烈企图的人，大多生活在对实现不了这些目标的担忧之中。甚至那些实现了这些目标的人，也经常被如焦虑和抑郁这样的负面表现所困扰。无论拥有多少财富，他们看起来总是不能满足。而另一方面，关注内在目标，比如人际关系、社区参与以及健康等则会使人更幸福。

心怀外在目标的人往往试图用物质对象来满足情感上的需要。例如，杰利需要一辆意大利汽车，这源于他的低自尊。他希望，拥有一个耀眼的东西可以赋予自己一种自我价值感。

> **成功要诀**
> 致力于内在的满足，而不是外在的成就。

你的动机出自何处？什么驱使你做正在做的事情？你的目标看起来像什么？利用第 262 页的练习 36 来评估你的内在和外在激励。

理解刺激性奖励

如我们所看到的，在乎外在激励的人通常都很关心外在形象、避免惩罚或

练习36 什么激励着你？

A. 阅读下面的每一项，在最接近你对所描述的情形做出反应的陈述句的字母（a、b或c）上画圈。

1. 你在自己工作了一段时间的公司中得到了一个新职位。脑海中最先可能产生的想法是：
   a. 我好奇这项新工作是否有趣。
   b. 如果我不能履行这个新职位的职责，那该怎么办？
   c. 我在这个新职位上能否赚得更多的钱？

2. 你有一个处于学龄期的女儿。在家长会上，老师告诉你，你女儿表现得不好，好像没有认真学习。你很可能：
   a. 跟你的女儿谈谈此事，以进一步了解问题出在哪里。
   b. 责骂她一顿，希望她会有所改进。
   c. 确保她做了作业，因为她在学习上应该更努力。

3. 你几周前有一次工作面试。你收到了一封正式的信函，说已经有人担任这个职位了。你也许可能认为：
   a. 不知为什么，他们觉得我的资历并不符合他们的要求。
   b. 我也许并不能胜任此项工作。
   c. 问题不在你知道什么，而是你认识谁。

4. 你是一名车间主任，承担了为三名不能同时休息的工人安排休息时间的任务。你会这样来安排：
   a. 把情况告诉这三名工人，并请他们按照你的时间表进行分配。
   b. 向更权威的人咨询解决方案，或者遵照过去的做法。
   c. 简单地安排每个人能够休息的时间。

5. 你的一位（同性）密友最近很情绪化。有几次，此人无缘无故地对你发怒。你也许会：
   a. 把你的感觉告诉此人，并试图发现问题出在哪里。
   b. 无视此问题，因为你对此也做不了什么事情。
   c. 告诉这位朋友，只有在他或她试图更努力地控制自己时，你才愿意与之共处。

6. 你刚收到自己一次考试的结果，你发现自己成绩太差。你最初的反应也许是：
   a. 感到失望，并纳闷自己为何做得这么差。
   b. 感到悲哀，并责备自己不能很好地完成任何事情。
   c. 感到愤怒，因为这个愚蠢的考试并不能说明任何问题。

7. 你受邀参加一个很大的聚会，但参加聚会的人大多你都不认识。当你在盼望那个夜晚的到来时，你可能会期待：
   a. 无论发生什么事，你都会努力适应，从而可以享受一段美妙的时光，并且看起来也不会太糟糕。
   b. 你也许会觉得有点孤独和不受人注意。
   c. 你将发现一些能与他们联系起来的人。

8. 你应邀策划一个为自己和同事举行的野餐会。你完成此项任务的作风最可能有这样的特点：
   a. 亲自负责：你自己作大部分的决定。
   b. 遵从先例：你的确不太能胜任此任务，因此你会按照已有的先例来完成此事。
   c. 寻求参与：在做出最终计划之前，你会听取别人的意见。

9. 最近你所在的单位空出了一个职位，这有可能意味着你将得到一次晋升。但是，你的一位同事得到了这个职位。在评估此情形时，你可能认为：
   a. 这位同事也许在获得此职位的办公室政治中"做了正确的事情"。
   b. 你并不真的预期自己会得到此职位；你经常错过晋升的机会。
   c. 你也许应该考虑，自己表现上的哪些原因导致你错过了晋升的机会。

10. 你正在寻求一份新职业。最重要的考量也许是：
    a. 是否有较好的获得提升的可能性。
    b. 这项工作是否在你的能力范围之内。
    c. 你对这种工作有多大兴趣。

11. 你手下的一位女员工一直都干得不错。但是，在过去两周内，她的工作不太符合要求，她看起来对自己的工作没有极大的兴趣了。你的反应也许会是：
    a. 告诉她，她的工作不符合预期，她应当开始更努力地工作。
    b. 犹豫；不知道做什么来让她改正。
    c. 告诉她问题所在，并让她知道你可以随时帮助她解决问题。

12. 你的公司提拔你到另一个城市担任一个职位。考虑这次调动时，你也许会：
    a. 为此项工作更高的地位和薪水而感到激动。
    b. 为即将到来的改变而感到有压力和焦虑。
    c. 对新挑战抱有兴趣，同时也有点紧张。

资料来源：改编自 Edward L. Deci and Richard M. Ryan, "The General Causality Orientations Scale: Self-Determination in Personality," *Journal of Research in Personality* 19（1985）: 109–134.

B. **得分**：首先回到第7题，从这一题一直到第12题，把你圈的每个a改成c，每个c改成a。现在把你选中的所有a，b，c加起来，利用下面的信息来解释你的结果。

选中的a总数_____　　b总数_____　　c总数_____

大部分为a： 你有较高的内在激励。你倾向于选择可刺激你内在动机并给你提供改善自身机会的那些情形。你也许会表现出首创性，选择有趣和具有挑战性的活动，并对你自己的行为承担责任。

大部分为b： 你缺少激励，因为你相信成功和成就乃幸运和命运使然，而不是你自己努力的结果。你也许觉得自己做不成什么，或者不能应对各种要求或改变，你还可能经常感到焦虑和无能为力。

大部分为c： 你有较高的外在激励。你一般会为像奖赏、截止日期、结构和其他人的指令等因素所激励。事实上，你也许会更听从他人所要求你的，而不是你对自己的要求。你还可能特别看重财富、名声、形象和其他外在因素。

C. 根据上述问卷，是什么在激励你？你同意还是不同意？请予以解释。

_____
_____
_____
_____
_____

D. 为什么受到内在激励的人要比受到外在激励的人更可能去寻求有趣和带有挑战性的活动？

_____
_____
_____
_____
_____

获得某种奖励获得某种奖赏的。为了激励某人做某事而提供的奖赏就是所谓的**刺激性奖励**。你是否有过抵御不了诱惑而在正餐之后又吃了高热量的甜食，即使你当时并不饿？如果是的，那你感受到的就是刺激性奖励的吸引力。

大部分学校和公司都采用刺激性奖励来激励人们。学校公布高分数和成绩、来自老师的称赞、奖项和奖学金。公司利用的是奖金、涨工资和对工作条件的改善。

为什么刺激性奖励会失败　　刺激性奖励本身并没有错。但是，刺激性奖励通常只会在加强了内在的激励后才有效。假设你的老板开出条件，你一旦一定程度地提升了工作业绩，那你就可得到一笔现金奖励。最初，这个现金奖励条件也许会鼓励你更加努力地工作。但是，除非你对成为一名更好的雇员真正感兴趣，要不然你的激励很可能会相当快地失去功用。只有你很想改变自己时，这个现金奖励才能真正地激励你。

只依靠外在奖赏作为激励手段还可能导致自我挫败，因为我们有可能把奖赏与目标相混淆。例如，一个孩子得到承诺，如果做好课外作业就可得到表扬、五角星或金钱，这也许会让孩子养成这样的信念，即这些奖赏本身就是目标，而不是导向这些奖赏的学习。痴迷于奖励也许会妨碍我们尝试新事物，因为我们害怕失去别人的认可。

另一个有关刺激性奖励更大的问题是，它们通常代表了他人控制我们行为的企图。想象这样一对夫妇，他们向十几岁的儿子许诺，他如果取得好成绩就可得到一大笔零花钱。这种奖励的确是让孩子按照父母意愿行事的企图。这个奖励本身对提高孩子的学习兴趣却没有任何帮助。

◇ 需求与激励

我们已经看到，追求像财富、名声或形象这样的外在目标，不如追求像人际关系和自我决定这样的内在目标，后者更令人满意。但是为什么呢？根据许多心理学家的说法，这是因为像人际关系和自我决定这样的内在目标，它们符合人的基本需求。**需求**代表的是我们的生存和发展所必需的东西。

我们所有人都具有生理和心理的需求。例如，我们不仅需要衣服和住房，也需要有安全感，并得到他人的关爱。我们不仅需要食物以维持身体健康，而且需要自尊以支撑自己的精神。

需求驱动着我们许多的有意识行为。例如，我们致力于创建社交和浪漫关系，因为我们需要得到认可以及相互关爱。我们努力实现自己的目标，

刺激性奖励
为了激励某人做某事而提供的奖赏。

成功要诀
自我改善的动机来自内心。

需求
你生存和发展必需的东西。

成功要诀	
需求驱动着我们的许多行为。	

因为我们需要体验自尊和成就感。

需求也驱动着我们许多的无意识行为。例如，我们都有这样自然的倾向，即模仿自己周围的人们的行为、姿势和习惯。我们这样做是在无意识地创造一种同理和相互接纳的氛围。

需求和要求

要求
我们即使没有它也可以生存和发展。

我们怎么才能把需求和要求区别开来呢？需求代表的是我们为了发挥功能必须要具备的东西。而**要求**则代表我们即使没有它也可以生存和发展。

要求经常以超出生存基本需要的物质利益形式出现。例如，我们都需要健康的食品、舒适的衣着和安全的住所，但我们并不真正需要美味的咖啡、精心设计的品牌或可以停四辆车的车库。诸如此类的要求是很正常的，但它们不大可能提供长久的满足。物质的丰足可以带来乐趣，但不能满足我们的需要。你如果难以决定某样东西是要求还是需求，问问自己：

- 我在获得这一点后会感到满意，还是会要求更多的东西？
- 我是否期待这将会提高我的自尊？
- 我是否期待这将会消除痛苦的感觉，比如孤独、悲哀、拒绝、损失或空虚感？

如果某事并不真正在生理或心理上让你满足，那它很可能是一种要求而不是需求。

需求层次

需求层次
人类需求五层次的图示，按照从最基本到最复杂的顺序进行排列。

人一共有多少种重要的需求？两种？五种？三百种？根据心理学家马斯洛的说法，人的需求分为五种类别。马斯洛的**需求层次**如图表 7.2 所示，按照从最基本（最底层）到最复杂（最高层）的顺序进行排列。这五个人类需求层次是：

- 生理需求
- 安全需求
- 社会需求
- 尊重需求
- 自我实现需求

马斯洛的这一模型断言，我们在把注意力转向更复杂的需求之前，必须满足基本的需求。换言之，我们只有在自己比较基本的生存需求得到满足之后，才会寻求满足比较复杂的心理需求，比如尊重需求。

生理需求

生理需求是支持我们生理健康和生存的基本需求。作为人之需求当中最基本和重要的一员，生理需求包括：

- 新鲜空气
- 干净的水
- 富有营养的食物
- 不受风吹雨打的住所
- 卫生的生活条件

图表 7.2　　需求层次

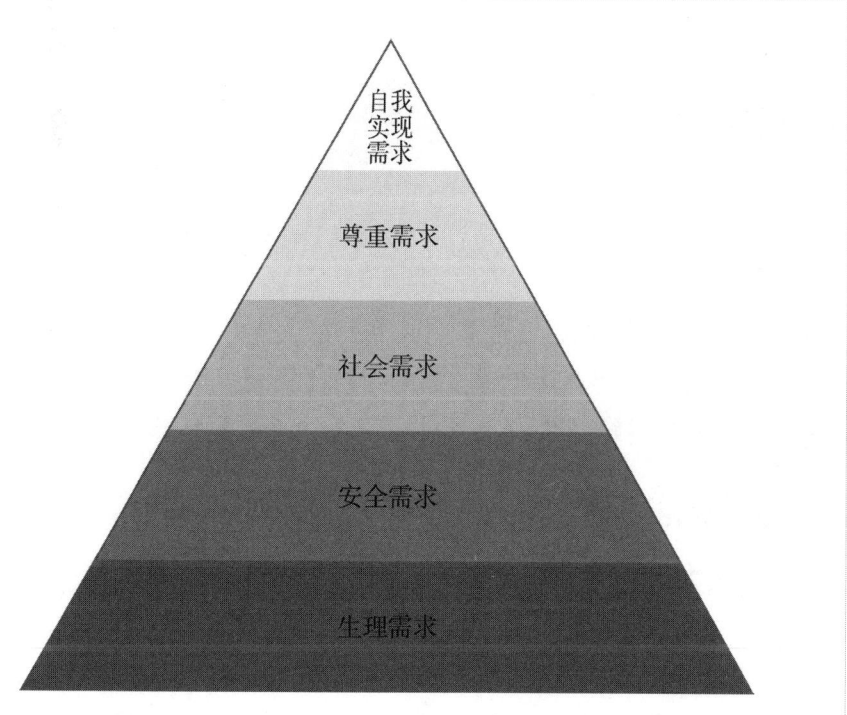

作为激励源的需求　各种需求激励我们的许多行为。如果我们饿了，我们就会寻觅食物；如果感到孤独，我们就会寻找伙伴；如果感到厌烦了，我们就会寻求刺激。一个人在什么时候会为了满足高层次的需求而忽视低层次的需求？

- 合适的衣服
- 基本的医疗
- 亲密的性关系

考虑一下你生活中有多大部分用于满足你的生理需求。你努力工作，以购买食品、住房、衣服和医疗。你做家务和洗衣清扫，以保持你环境的清洁卫生。你看医生和牙医，以保持健康。你必须用于满足生理需求的时间、金钱和精力越多，你用于满足更高层次需求（如教育和社会认可）的时间、金钱和精力就越少。如果你必须干两份工作才能支付账单，那你就会较少受到追求教育深造或致力于社区服务的激励。

> **成功要诀**
> 满足基本的生存需求有赖于认真工作。

安全需求

一旦我们的生理需求得到了满足，安全和保障就顺理成章地成了我们的下一个关注点。我们有关安全和保障的需求包括：

- 免除身体伤害
- 稳定的环境
- 我们有把握能够依靠他人
- 免受虐待
- 免除恐惧、焦虑和混乱
- 结构、秩序、法律和限度

在能够满足更高的个人需求（如自尊和社会认可）之前，我们必须首先有一种基本的安全感和保障感。总是为自己安全担忧的人，也就很难体验到快乐、成就感或归属感。

> **成功要诀**
> 我们都需要在所处的环境中有安全感。

社会需求

人是社会动物，有一种与他人交流的基本需求。我们都有这样一种需求，即需要感觉到我们生活中那些重要的他人认可、欣赏和热爱真实的我们。我们也需要给予他人认可、欣赏和关爱。这种对令人满足的与他人的关系的需求就是所谓**归属感**。对归属感的需求能够通过浪漫的亲密关系或友谊、家庭纽带的安全感，或是学校、工作场所的同伴关系来满足。

没有归属感，一个人可能会为抑郁和低自尊等所害：孤独、不受欢迎或毫无价值感。无论我们在生理和心理上感到多么安全，我们总需要他人。

> **归属感**
> 令人满意的与他人的关系。

网络活动

协作学习激励

协作学习也就是把学生分成不同的学习小组，这种方法正在日益普及。它是根据这样的原理，即当学生们能够互相分享自己的想法和观点时，他们的学习动机最为强烈。今天，协作学习每天都在网络和课堂上发生。例如，农村社区正在利用网络来向那些难以来学校学习的学生群体提供教育机会。有些公司也在提供在线小组训练课程，让雇员在家仍然可以作为团队进行学习。诸如此类的项目让学生和雇员朝着一个共同目标一起工作，为他们提供积极的、非竞争的学习环境。在小组内分享观念可提高学习者的动力，并促进批判性思考。

思考 你会享受协作学习还是喜欢一人独自学习？请予以解释。关于协作学习的更多信息，请点击 www.mhhe.com/waitley5e。

尊重需求

为了幸福和成功，人们需要感觉自己是宝贵和有价值的，并且别人也认为自己是宝贵和有价值的。他人的尊重与自尊是密切相关的。我们都需要感觉到重要、有用、成功和受到尊重，我们也都需要他人认可我们的才能和潜力。

低自尊有可能破坏我们实现目标和作为个人而成长的动力。为了心理上的健康，我们需要能够不时地鼓励我们自己——庆贺取得的成就，保持自身的动力，当事情做得不太好时，把令人失望的时间抵消掉。

胜任 实现我们的目标和应对生活挑战的能力是自尊的关键。正因如此，我们都深切地需要在自己生活的重要领域中拥有一种成就感。**胜任**指的是有把握做好某事。有能力胜任某事意味着知道如何做好一件事并且能够有效地完成它。我们通过知道自己能做好一些事情而获得基本的满足，从做煎蛋卷到写一本书。一旦实现了一个目标或学会了一种技能，我们就会因为知道自己能够实现新目标、学会新技能而感到有所收获。当我们确立了新目标并努力实现它们时，我们的自尊就会继续增强。

自我实现需求

自我实现是需求层次中的最高层。自我实现意味着发挥一个人的全部潜能并实现长期的个人成长。**自我实现**需求是对个人成就——也就是成功——的需求。

> **成功要诀**
> 低自尊可能破坏激励。

> **胜任**
> 有把握做好某事。

> **自我实现**
> 发挥你全部的潜能并实现长期的个人成长。

应用心理学

让聪明人变笨的一些信念

为什么一些人自暴自弃,而另外一些人则一直尝试直到成功?按照数十年研究这一问题的心理学家卡罗尔·德维克(Carol Dweck)的说法,许多人自暴自弃是因为他们为自己对智力、表现和努力所持有的错误信念困住了。德维克将这些信念称为"让聪明人变笨的信念"。第一个错误信念认为智力是一种固定了的特质,而不是可以发展的潜力。相信固定智力的人缺少学习和成长的动力——他们说,既然不可能,那为什么还要尝试?另一方面,相信自己能够变得聪明的人则喜欢学习和尝试新事物,而这的确使他们变得更聪明。第二个错误信念认为,努力只是留给无能的人的;如果你必须艰苦努力,那你肯定没有多少才能。

而事实上,成功总需要努力和投入,正是努力使得成就令人满意。第三个"愚蠢"的信念是说,一个人的表现反映了他或她的智力和价值。持有此信念的人会被失败所击垮,因为他们将此看做是自己愚蠢和无价值的标志。与此对比,把表现看做是学习的一部分的人并不让挫折削弱他们的自尊。"愚蠢"的信念不仅导致差劲的自尊,它们也剥夺人们追寻自己梦想的机会。

批判性思考

如果你为了在某门课上获得成功需要比同学投入更多的努力,那你会怀疑自己的智力吗?为什么?

像成功一样,自我实现是一个旅程而不是终点。我们不能在某个时刻坐下来对自己说:"哈哈!我已经完成了自我实现所需要做的每件事情。"当我们处于持续成长的状态时——开放地接纳新思想,迅速利用新知识,甚至是从我们的错误中学到知识,这就是我们的最佳状态。

自主
选择的自由、独立性和行使独立判断的机会。

自主　我们都需要自主来达成自我实现。**自主**意味着选择的自由、独立性和行使独立判断的机会。这意味着掌控我们的生活、选择我们自己的活动,并决定我们自己的价值观。

自主对我们的动力和表现有强大的影响。缺乏自主时,我们觉得像是一个在由他人控制的游戏中无能为力的参与者。我们的动力很快会消退。可是,当我们有自主权时,我们就有动力在学校和工作中实现成功。例如,可自由选择自己教育路径的学生,要比由父母控制的学生更积极。能够掌控自己工作的雇员,要比由主管细致管理的雇员更加积极。你是否在这样的环

练习37　你的需求得到满足了吗？

A. 阅读下列陈述,并且通过打钩来表示你是不同意、部分不同意、部分同意还是同意。

	不同意	部分不同意	部分同意	同意
1. 我与其他人相处得很好。				
2. 人们对我很友好。				
3. 我生活中的人们很在乎我。				
4. 我喜欢跟我一起工作和学习的人们。				
5. 我有令人满意的亲密关系。				
6. 我在学校和职场中都有一种成就感。				
7. 我认识的人说我很擅长现在的工作。				
8. 我正在学校和工作中学习有趣的新技能。				
9. 大部分时间里,我对我的做事和为人都很满意。				
10. 我经常有机会展示我的能力。				
11. 我自己决定如何生活。				
12. 我在做、说和想不是真实的我的风格的事情时不感到有压力。				
13. 我很少被迫去做其他人要求我做的事情。				
14. 我觉得可以自由地表达自己的思想和观点。				
15. 我觉得我非常能够做我自己。				

资料来源：改编自 Edward L. Deci and Richard M. Ryan, "Basic Need Satisfaction in Life and Scale." *Self-Determination Theory: An Approach to Human Motivation and Personality*, May 2002. University of Rochester.

B. **打分**：不同意1分,部分不同意2分,部分同意3分,同意4分。把你第1~5题的分数加起来。这些陈述指的是你对归属感的需求。如果这五题的总分是15或更低,则这一需求在你的生活中没有得到充分满足。

归属感总分？ _____

把第6~10题的分数加起来。这些陈述指的是你的胜任需求。如果这五题的总分是15或更低,则这一需求在你的生活中没有得到充分满足。

胜任总分？ _____

把第11~15题的分数加起来。这些陈述指的是你的自主需求。如果这五题的总分是15或更低,则这一需求在你的生活中没有得到充分满足。

自主总分？ _____

C. 在你的生活中，这些需求中的哪一些得到了满足，哪些没有？你觉得你生活中的哪些处境可以说明这个问题？

境中工作过：你的监管者在你身后晃来晃去，担心你可能做错了？以这种方式受到控制剥夺了你的自主性，并使你失去动机。

现在是看看你自己需求的时候了。利用练习 37 来评估你的三种高层次需求是如何在日常生活中得到满足的。

满足你的需求　设想你为自己生活中最想要的东西列了一个清单。这个清单中将有些什么呢？很有可能出现的情况是，你最想要的东西也是你所需要的。假定你希望有一份成功的职业和培养一段感情。对职业成功的渴望与对尊重和自我实现这两种需求相关联。对挚爱的终身伴侣的渴望出自对爱、接纳和归属感的需求。深究下去，我们都要求和需要同样基本的事情——对我们自己感觉良好、有一种目标感、生理和经济上保障、智力上的成长、享受与他人在生理和情感上的亲密关系、获得同情和认可。仔细地考虑你的要求和需求，这将有助于你专注在会给你带来真正成功和幸福的事情上。

✓ 自我测验

1 什么是内在激励？（p. 259）
2 需求与要求的区别是什么？（p. 266）
3 列举人类需求的不同层次。（p. 266）

7.2　给你的激励充电

◇ 激励和情感

激励与情感密切相关。事实上，这两个词的英文单词都出自同一个拉丁动词，那个词的意思为"移动"。我们趋向于与愉快感（如喜悦、爱和激动）相联系的事情，并且会远离与不愉快感（如害怕、悲哀和内疚）相联系的事情。

尤其是两种相互对立的强烈的情感，它们是激励的一部分：恐惧和欲望。**恐惧**是由预期到危险而产生的不愉快感。恐惧是能够引起激励的最强烈情感之一。恐惧（往往不必要地）使你恐慌，还可能击垮目标。

与此对立的情感即欲望，就像强烈、积极的磁铁。**欲望**有意识地驱动我们去实现目标。它吸引并鼓励计划和努力。欲望是介于你所在与你想去之间的情感状态。为了获得成功，你需要拥有欲望。你需要心怀为了变得更

恐惧
由预期到危险而产生的不愉快感。

欲望
有意识地驱动我们去实现目标。

职业发展

你的目标设置风格是什么？

你是选择学习还是看起来很风光？你对这个问题的回答对你的职业发展有着强大的影响。当你关注学习时，你就设置了学习目标——包括学会新技能、理解新事物、发现解决问题的新办法等。当你关注看起来很风光时，你就设置了表现目标——包括按照一个标准进行衡量、赢得他人的认可等目标。这两种目标都能够激励我们，但从长远看，学习目标是更有效的激励源。为什么呢？集中于表现的人们回避挑战，因为他们害怕失败，这使得他们难以学习和成长。然而，集中于学习的人期待挑战，因为挑战是学习新事物的机会。通过集中于学习，你将享受自己职业中的更大成功。

你的观点是什么？

你更经常选择哪种目标：表现目标还是学习目标？请予以解释。

若想找到更多工作中的激励，请点击www.mhhe.com/waitley5e。

好而改变的愿望。

恐惧和欲望导向相反的结局。恐惧回望过去，欲望前瞻未来。恐惧回忆起的是过去的痛苦、失望、失败和不快，并提醒我们这些经验有可能会再次出现。欲望则激发愉快和成功的记忆，并激发创造新的成功经验的需求。心怀恐惧的人说"我必须"、"我不能"、"我看到危险"和"我希望"。心怀欲望的人说"我要"、"我能"、"我看到机会"和"我将要"。

欲望的重要性

成功不只为特权者所独有；你不必生来就富有、才华横溢或强壮。成功取决于欲望、专注和坚持不懈。成功的秘密在于付出额外的努力、另辟蹊径并把注意力集中在想要的结果上。精力和成功的意志由欲望产生。然而，为了富有效率，欲望必须结合自我约束。你也许希望飞向月球——你也许甚至想象自己到达了月球——但在现实中，若无自我约束，你甚至接近不了发射台。

我们都知道成就了伟业的名人，但是，我们往往不会考虑他们如何利用自我约束来让自己坚守在通往目标的艰难道路上。奥林匹克世界冠军级的自行车运动员兰斯·阿姆斯特朗（Lance Armstrong）被诊断出患有癌症，而且已经扩散到全身。他的肺部有12个肿瘤、大脑里有2个肿瘤，医生说他

> **成功要诀**
> 欲望和自我约束让你坚守通向目标的艰难道路。

的生存机会不到50%。在被诊断出癌症的一年之后,他通过要使自己变得更好的欲望战胜了这个困难,并宣布癌症已经离他而去了。继那之后,他成为了第一位连续四年获得环法自行车赛冠军的美国人。脱口秀主持人和杂志发行人欧普拉·温弗莱(Oprah Winfrey)生长于密西西比一个小镇上的贫穷家庭。她努力工作以实现自己的梦想,什么也不能吓倒她或阻挡她前进。现在,她是媒体和娱乐业里最富有和最有权力的女人之一。

这些人都力求获得对自己来说特殊的东西。他们不会让厄运或不愉快的环境妨碍自身。他们都有成功的欲望。

◇ 克服对失败的恐惧

对于你能够实现的东西的唯一限制是你给自己设置的限制。自我预期值低和缺少投入有可能严重地限制你实现自身目标的能力。最大的恐惧之一——对失败的恐惧也是如此。

在某些案例中,对失败的恐惧有可能产生一种对你有利的消极激励。这发生在你极为努力以避免失败之时。如果你近期没有学习,并且近几次考试都不及格,那你也许会担心无法完成课程;这种恐惧有可能促使你的学习习惯重回正轨。但是,在大部分时间里,对失败的恐惧会消耗你的精力和动力。害怕失败会使你把注意力集中在采取某个行动或作出某种改变的消极可能性上,从而减弱你的动力。

> **成功要诀**
> 对失败的恐惧会消耗积极的动力。

当我们设想自己做(或不做)某事会产生的结果时,对糟糕结果的非理性信念就会导致对失败的恐惧。例如,对失败的恐惧也许建立在对未知物、被否定、不受认可或受羞辱、显得愚蠢或丑陋等的恐惧上。在许多这些恐惧下面经常是一种更深的恐惧:对做得不够好的恐惧。

正视你的恐惧

为了克服对失败的恐惧,你首先需要正视你的惧怕本身。要认识到每个人都会害怕失败。甚至是高度成功的人,他们也害怕失败。但是,成功的人能够正视其恐惧,并且无论如何都能继续前行。

请考虑下面的故事。有一次,一位著名的演员在上台演出前神经紧张到崩溃。他被勒令去休息并修复自己受损的神经系统。他感到恐惧,并对自己失去了所有的信心。一段时间后,他的医生建议他面对自己镇上的一小群人表演。当这名演员说自己十分恐惧失败时,医生回答说,他是在把恐惧当做借口,恐惧并不是放弃的好理由。医生告诉他,成功人士都正视恐惧,并且无视恐惧而继续前行。这位演员正视了自己的恐惧,继而在这小群人面前进行了演出。他的表演是一次巨大的成功,此后他认识到,他承认了自己的恐惧,但没有让它吓倒。那一夜以后,他积极地让自己在世界各地更多的观众面前演出,因为他知道自己可以克服恐惧,并且不会让它结束自己的演出生涯。他知道恐惧也许总会存在,但即使感到恐惧也再不会让他放弃了。

扩大你的舒适区域

舒适区域
你意识中觉得安全并知道自己会成功的区域。

你一旦正视恐惧,就能致力于扩大自己的舒适区域了。**舒适区域**是你意识中觉得安全并知道自己会成功的区域。

大部分目标都要求你稍微移出你的舒适区域。追随一个目标就是移入新领域,尝试新事物,而这样做有可能使你觉得相当有压力。由于你不想太紧张以至于放弃目标,所以最好的行动方案是一点点地移出你的舒适区域——采取这样缓慢的小步骤:它们具有挑战性,但还不致让你觉得不舒服。把你的舒适区域看做是环绕着你的圆圈,如第277页的图表7.3所示。每次你接受一项新挑战,你就扩大了此圆圈,并且获得了更多的行动自由。

重新思考失败

失败
不希望得到的结果。

另一种克服对失败的恐惧的方法是重新思考失败意味着什么。**失败**只是一种不受欢迎的结果。失败是一个事件,而不是终点。事实上,失败是一种你可利用的工具。它是让你知道在何处需要努力进行改进的反馈。你如果失败了,那就回到了你前面的起点;但你如果成功了,那就向前推进了许多步。即使失败了,你仍然可以为自己承担的一次风险而感到自豪。问问你自己,哪一种前景更可怕:失败,还是失去一次次追寻你梦想的机会?设想你自己未来20年后的情景。当你回顾现在这一时刻并记起自己没有承担的风险时,你的感觉会怎样?你头脑中会充满关于有可能发生的各种情况的想法吗?

失败乃成功之母

失败是生活的一部分。我们每次尝试新事物时,都冒着失败的风险。例如,当你学习驾车时,你若不尝试就无法知道自己会不会成功。有时要进

| 图表 7.3 | 扩大舒适区域 |

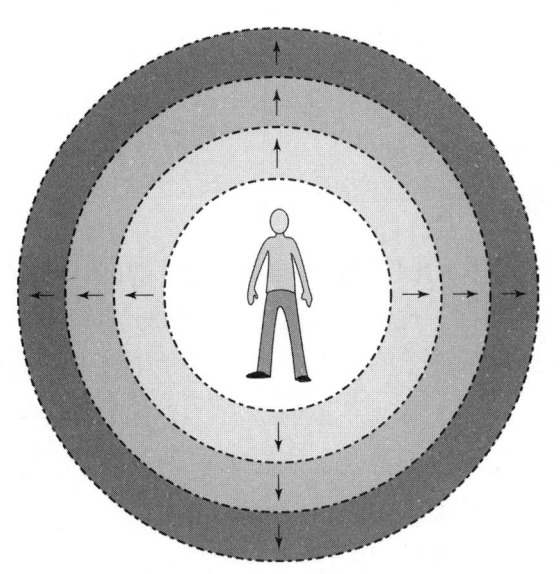

一步步移动 每次尝试一个新事物时，你就扩大了你的舒适区域。为什么以逐层拓展的方式能更好地扩大你的舒适区域？

行许多次尝试才会取得成功，但当我们最终成功时我们就会感到自信。我们知道自己能够在新事物上取得成功。

演员金·凯瑞（Jim Carrey）在第一次试演喜剧时受到了强烈的质疑，在那之后的两年中都没有再尝试。他说："我不知道什么能激励我再做尝试。我当时只是抱着尝试一下的心态。除非你自己放弃，失败就不是终点。"

通常，挫折和艰难会使我们变得更强。厄尔·南丁格尔（Earl Nightingale）是一位著名的励志演说家，他曾经讲过一个关于自己游览大堡礁的故事。他注意到，礁湖里的海水平缓安静，礁石朝向这一面生长的珊瑚看起来苍白且毫无生命力。可是，不断受到强大海浪拍打的珊瑚却显得健康且富有生命力。南丁格尔先生问导游何以如此。向导的回答是："很简单。朝向礁湖面生长的珊瑚，由于不会遇到成长和生存上的挑战而迅速死亡，而面对外海的珊瑚，由于每天都受到挑战和考验而兴盛发达、成倍生长。"地球上的所有生物都是如此。如果我们从不挑战自己，就绝不会有成功的机会。我们可以选择维持现状，或者我们也可以利用生活中的失败和挫折来使我们自身变得更强大，并帮助自己不断接近我们的目标。

> **成功要诀**
>
> 你有可能失败，但你决不是一个失败者。

努力关注你过去的成功，忘掉过去的失败。从你的错误中学习，然后把它们从记忆中抹去。你过去失败过多少次并不重要，重要的是你愿意再做尝试。利用练习38来评估你的失败观以及你怎样可以扩大你的舒适区域。

◇ 克服对成功的恐惧

不只是对失败的恐惧可以让我们退却，对成功的恐惧也会。低自尊是我们害怕成功的主要原因，也是实现成功过程中的风险所在。如果你不能看到自己的潜力和能够做什么，那你从一开始就被击败了。你找这样的借口："成功并不值得。"其实你真正说的是："我不值得为此努力。"然而，成功人士觉得自己值得获取成功，他们知道自己值得为成功付出努力。这种自我价值感让获得成就的希望保持活力。

> **成功要诀**
> 对成功的恐惧会击垮你的目标。

对成功的恐惧可以击垮任何你所设定的目标，并使你抗拒改变。考虑乔伊斯的例子。乔伊斯想到社区大学获得一个大专文凭。她确立了目标并列出了一个实现此目标的任务清单，但三年以后，她仍然在"考虑此事"。乔伊斯想接受教育，但她从内心深处担心，这将改变她那些从未进过大学的家庭成员与她的关系。他们也许会把受过大学教育的乔伊斯看做是不同的、甚至是自负的人。

战胜你的恐惧

为了发现对成功感到恐惧的各种方式，你需要考察有可能阻止你前行的想法和感觉，并找到克服它们的途径。

"我即使成功了也不会快乐。"你如果担忧成功将无法满足你，那也许就是重新考虑你对成功的愿景的时候了。你是否期望，金钱、权力或他人的认可将使你成为快乐的人？请记住，成功和快乐来自内在的目标，比如密切的人际关系、健康的自尊以及对你目标和价值观的承诺。还可发展你的不同方面，这样你的快乐就不依赖于完成单一的目标了。

> **成功要诀**
> 对自己怀有不现实的期待有可能耗尽你的动力。

"我不能够辜负期待。"人们有时候的确会对那些成功人士持有不现实的期待。但是，问问你自己，你对自己不现实的期待是否会降低你的动力。你是否觉得自己除非能从一个成就攀登到另一个成就，否则就是失败的？让别人有他们自己的期待——你只对做于自己至关重要的事情负责。

练习38　扩大你的舒适区域

A. 如果你能绝对明确地肯定不可能失败，那你希望做或尝试的五件事情是什么（选择你真正地、确实是自己想做的事情，而不是为了取悦他人而做的事）？

例子

竞选学生会主席。

去听一场无伴奏合唱。

1. _____
2. _____
3. _____
4. _____
5. _____

B. 在真实世界里，我们都有可能经历失败——这个不希望得到的结果。有鉴于此，你在多大程度上会在现实生活中尝试这五件事情？请予以解释。

_____
_____
_____
_____
_____

C. 如果这五件事中有任何一件你尝试过但却失败了的事，那你会再尝试吗？为什么？

_____
_____
_____
_____

D. 设想你尝试过这当中的一件或更多的事情，但却失败了，然后你放弃了尝试。设想20年后未来的自己。当你回顾并回忆起你因为惧怕失败而没有去追求梦想的经历时，你感觉如何？
_____
_____
_____
_____
_____
_____

E. 在这五件你想做或尝试的事情中选择一件事情。制定三个能帮助你扩大这一领域舒适区域的目标，并逐步增加它们的挑战性。

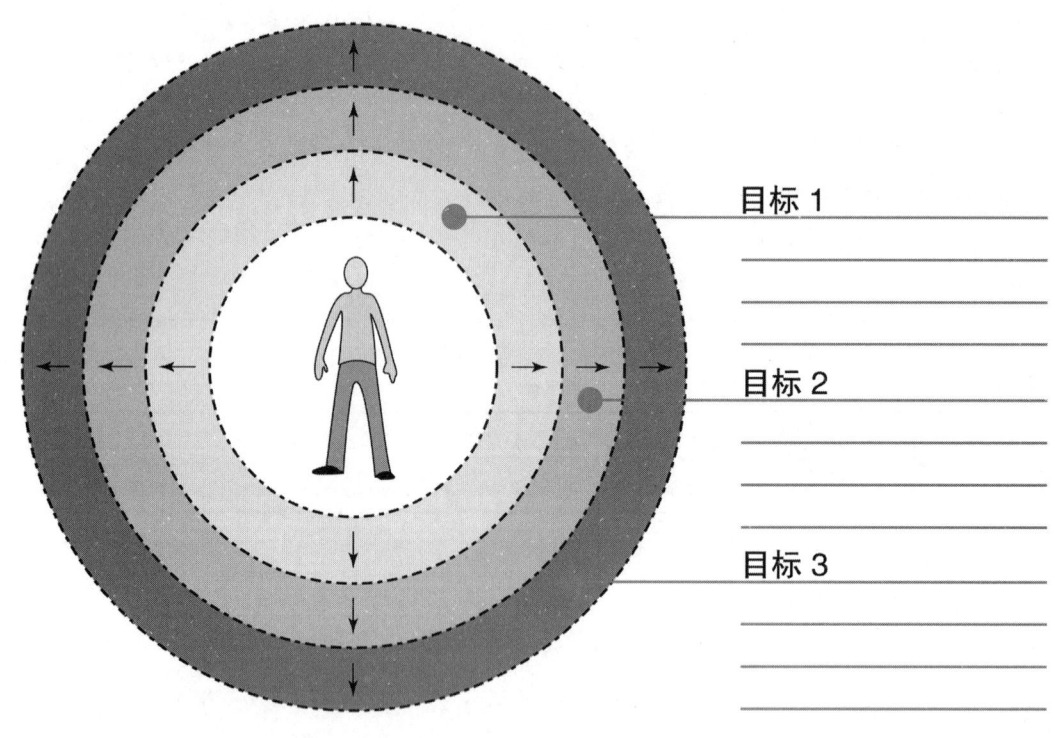

"在快取得成功的时刻，我也许就会把它搞砸了。"成功不是偶然的，也不是可以随意取走的财产。你是否暗地里担忧自己不够优秀，以致有人会"把你揪出来"？这种担忧有可能会减少你的动力，并且使你不敢承担风险。应该允许你尝试新事物、富有创造力和犯错误。

"我一旦获得了自己想要的东西，就不会再有动力去做任何其他事情了。"请记住，成功是个过程，其本身不是目的。每一项成就都建立在过去成就的基础上，并为未来的成就打下基础。在你生活的几个不同领域中给自己设置几个目标，这样你手头将总会有某些可期待的东西。

> **成功要诀**
> 允许你自己犯错误。

"你越是成功，就有越多人不喜欢你。" 担忧人们妒忌你的成就，这很自然。但是，为什么不把这种担忧搁置一边，设想你的成功有可能鼓舞别人呢？有许多种用你的成功去帮助他人的方法，如监督、辅导、教育和写作。也检查一下你自己的态度——我们许多人都偷偷地妒忌成功人士，因而不喜欢他们。把这种妒忌抛开，给予他人以信任、认可和支持。然后期待别人也会这样对待你。

> **成功要诀**
> 用你的成功去鼓舞别人。

"每个人都会认为我自高自大。" 人们有可能会发现你身上某些可批评的事情。但是请记住，那个最爱挑你毛病的人正是你自己。你如果担忧自己正在进行的改变将会影响到你生活中那些重要的人们，那么，就允许他们在看到你以不同的方式行动或偏离你的价值观时，给你真诚、开放、公正的反馈。建立一个由这些人组成的私人支持网络，他们因为你真实的自己而喜爱和欣赏你，而不是你所成就的东西。

"我不想通过踩在别人头上来获得成功。" 真正的成功并不需要损害他人的利益。你可以，也应该通过符合你的价值观并且尊重他人的行动来取得成功。相信你有可能实现自己的梦想，并且在这一过程中不必剥夺他人实现梦想的机会。

当你害怕成功时，再大的成就也可能是焦虑的来源。例如，如果你在工作中得到了晋升，你有可能开始担忧会使你的老板失望、疏远你的同事或作出错误的决定。即使你已经实现了一个重要的目标，你也无法享受它。利用个人日志 7.2 来设想你在成功的情境下可能会有的积极和消极的感觉。

个人日志 7.2

直面对于成功的恐惧

写下三种你在下面每种情形下有可能体验到的积极感觉和消极感觉。

因为你出色地完成了一个研究项目,所以老师在你的同学面前表扬了你。你被要求于周一展示你的论文。

积极感觉	消极感觉

你和两个朋友一起上一门高级课程,你是唯一一位得到A的学生。

积极感觉	消极感觉

你给本地报纸投了几篇幽默的文章。编辑喜欢你的写作,并提供给你一个每周的小专栏。

积极感觉	消极感觉

在这些情形中,你能够对自己说什么来减弱你的消极感觉?

◇ 设想愿景

我们已经看到，恐惧——对失败和成功的恐惧——如何能让我们在实现目标的路上停滞不前。尽管正视我们的恐惧并重新思考失败会有所帮助，但我们还必须设想自己成功的愿景。此时，我们的动机就会成为行动的燃料。**设想愿景**是创造能详细展示你希望采取行动的心理图景的过程。像积极的自我对话一样，设想愿景可驾驭潜意识的力量。设想愿景时，你借助图像和符号来组织并处理信息，从而以你的心灵之眼看到各种事情。你设想自己以某些方式行动，这会促使这种行为成真。

通过愿景，你关注你想要之物的图景，直到你实现自己所设想愿景中的成就为止。你也许设想自己得到了一份新工作，通过了一场考试或改进了自己的记忆和学习能力。如果你想保持体形，你可以设想自己以一个健康的形象愉快生活的情景。这有助于激励你锻炼并且健康地饮食。

许多研究测量了愿景对于运动员表现的影响。在某项研究中，一组篮球运动员实地练习罚球投篮，而另一组篮球运动员则运用愿景"在头脑中"练习罚球投篮。这两组运动员的进步速度相同。把一项运动——或任何其他技能的身体和精神练习相结合，这甚至更加有助于改进表现。

愿景如此强大，以致医生们有时让病人把它作为像癌症和艾滋病等疾病治疗方案中的一部分。医生们会鼓励这些疾病的患者去设想他们的身体在与疾病作斗争。一位病人设想的是一名骑士（这代表他的身体）正在屠龙（这代表他的肿瘤）。他身体中的癌细胞便急剧地减少了。

愿景与成功

在《高效率人士的七种习惯》（*The Seven Habits of Highly Effective Peope*）一书中，史蒂芬·柯维（Stephen Covey）说，设想愿景是在实际完成一项活动之前看到、感到和体验到成功的能力。

所有的成功人士都能想象或设想自己所想要的每种经验、想实现的每个目标和想改变的每个习惯。他们把这些图像嵌入自己的潜意识中、印在脑子里。他们利用自我约束，以语词、图像、观念和情感一遍遍地告诉自己，他们正在实现每个重要的个人目标。像关颖珊（Michelle Kwan）、维纳斯·威廉姆斯（Venus Williams）和塞雷纳·威廉姆斯（Serena Williams）（即女子网球运动员大小威廉姆斯姐妹）这样成功的运动员可以听到观众的呐喊。他们能够感觉到自己手捧着胜利奖杯。他们可以设想自己想得到的东西，

设想愿景
创造能详细展示你希望采取行动的心理图景的过程。

成功要诀
利用愿景来驾驭潜意识的力量。

在头脑中做准备，然后使之真的发生。

愿景不是一厢情愿的想法，它事关积极的思考。当你发现自己说"我不能"或"我无法"时，那就设想你自己成功的愿景。做几次深呼吸，帮助自己放松。然后，设想你自己在某种情景里的成功。一步步地重复此情景，直到你真正相信自己将会成功。

> **成功要诀**
> 设想你成功的愿景，你将会成功。

例如，假设你不理解自己正在学习的某个内容，但你不敢在课堂上提出问题。现在，表达你的问题并且设想自己正在举手。想象老师叫你回答问题，并设想你自信地说："请问您能否更详细地解释……"或者"您能讲讲……"关键在于设想你的自信。当你有机会在课堂上提问时，你将体验到——即使只是在头脑中——自信地提问。你将不会害怕是否会说得结结巴巴的，因为你到时完全知道该说什么。每天当你设想新的、积极的自我时，你就更接近实现该目标和所有未来的目标了。

通过设想愿景，你能准备好应对任何类型的挑战——在一群人前讲话、在演出场所表演或者与上司谈话。如果你的表现低于自己的预期，那你可以告诉自己："下次我会做得更好"，然后在头脑中重新放映你希望下次这件事在该情形中开展的方式。

想象的力量

只有你的想象会限制你能给自己做什么。不像其他动物，人能够通过以下途径来创造自己的成功：运用自己的想象力，形成有关自己想要的以及各种可能性的心理意象。**想象力**是心灵的创造力。法国皇帝拿破仑曾经说过："想象力统治世界。"一个世纪以后，物理学家爱因斯坦以"想象力就是世界"来纠正他的这一说法。你头脑中的世界形象是你生活于其中的世界。你的想象力能够塑造你的命运。运用你的想象力来把自己看成是你希望成为的那种人。

> **想象力**
> 精神的创造力量。

设置愿景的步骤

你在休息时可设想自己所期望的目标。这可以是在你清晨醒来时、晚上入睡前，或是任何你感到放松的时刻。选择一种舒适的坐姿或斜倚的姿势。闭上双眼，选择关注一个核心的形象或情境。以篮球为例。设想你唯一的任务就是把注意力集中在一次罚球投篮上。规定你自己只能想这次投篮，把所有其他事情都从你头脑中消除掉。没有消极抱怨的余地，手头只有一项积极的任务。设想你想要的结果，设想你自己投出了完美的一球。

> **成功要诀**
> 把自己设想成想成为的人。

愿景的关键是一次只关注一个形象。不要立刻想象该结果；设想每一个你为达到这一结果所需要采取的步骤。如果你在其中的一个步骤上感到有任何的不确定性或焦虑，那就停下来一会儿。放松，做一次深呼吸，回到你感到焦虑之前的那个步骤，继续前进，直到你对每一个想法都感到满意，并且能够设想你目标中的每一个步骤。

假设你必须在全班面前作一次讲演，但你害怕公开演讲。你的第一步是想象自己走到全班人面前，站在讲台上。然后，你会设想自己的观众。如果这一想法会引发某种焦虑，那就停下来并做一次深呼吸。回到第一步——即走到全班面前——然后再设想下一个场景，直到完全符合你的心意为止。接着再移到下一步——即开始你的演讲——以及此后的每一步，直到你设想到演讲结束并听到观众的掌声为止。运用练习39来帮助你自己设想成功。

关注积极面　前面说过，自我对话对你的潜意识有着强大的影响。你在设想愿景时，注意并且以积极的自我肯定来对抗消极的想法。不要关注在怀疑上，思考你想成为的那种人的自我形象。你如果持续地体验到焦虑并发现自己反复地回到同样的步骤上，那也不要气馁。你最终将创造一个清晰的实现目标后的自我形象。不断地告诉你自己，你正在赢取每一场个人胜利。例如，为了实现你想要的积极的个人形象，你可以把自己设想成你想成为的那个人。重要的是每天都这么做。设想你自己正在作出你所希望的改变——就是现在。设想你自己变成想成为的人——就是现在。

> **成功要诀**
>
> 不断地运用积极的自我对话。

愿景与积极思考　人们对我们的想法、感觉和行为作出回应，并且采取相应的行动。如果你拥有积极的展望，那你更可能吸引积极的结果。你也更有可能吸引积极的人们，这些人能够帮助你实现自己的目标。愿景会让你创造一个自己实现目标的心理意象，并通过这点来帮助你保持积极的状态。当你在专注完成你的目标——即成功时，这就有助于你一直保持活力。

✓ 自我测验

1 为何欲望对于成功来说是重要的？（p. 274）

2 定义失败。（p. 276）

3 愿景如何发挥作用？（p. 283）

练习39　设想成功

A. 描述一种你觉得难以大声说出自己的立场或信念的情形。也许你没有在课堂上表达一种观点，或者没有为一个恶意的批评替自己辩护，或者对一名推销员态度不坚决。

_____

_____

B. 现在运用设想愿景来练习勇敢地表达自己的观点。设想同一个情形或类似的情况。但这一次，你以一种温和而肯定的方式表达自己的观点。在下面的各行中列举出该情景的所有方面，包括背景（时间和地点）、在场的人物、所发生的行为（包括所说的话）以及你在新的积极场景中的感受。

背景：_____

人物：_____

行为：_____

_____

_____

感受：_____

_____

C. 闭上眼睛，至少细致入微地设想三次此情形。下次遇到类似情况时，你是否对为自己辩护的能力更有信心了？请予以解释。

_____

_____

_____

_____

_____

D. 现在运用设置愿景来进入未来。设想你十年后的情况。你实现了自己的几个长期目标,并且成为了你想成为的人。你如何描述自己?你又在何处?

_____
_____
_____
_____

你实现了哪些目标?

_____
_____

你培养了哪些重要的关系?

_____
_____

你为其他人做了哪些最让你觉得快乐的事情?

_____
_____

E. 这个关于你自己未来的积极形象是否激励你实现自己的目标?请予以解释。

_____
_____
_____
_____
_____

本章复习和活动

关键词

激励（p. 258）
积极激励（p. 258）
消极激励（p. 258）
外在激励（p. 259）
内在激励（p. 260）
刺激性奖励（p. 265）
恐惧（p. 273）

要求（p. 266）
需求层次（p. 266）
归属感（p. 268）
胜任（p. 269）
自我实现（p. 269）
自主（p. 270）

欲望（p. 273）
舒适区域（p. 276）
失败（p. 276）
愿景（p. 283）
想象力（p. 284）
需求（p. 265）

根据学习目标进行总结

- **比较内在激励与外在激励。** 内在动机来自内心。它驱使你做自己喜欢和感觉良好的事情。内在动机与建立人际关系、给予他人和人格成长这样的目标相联系。外在动机来自外部。它驱使你做他人所称赞的事情。外在动机与获取财富、名声或美丽这样的目标相联系。

- **描述如何区分需求与要求。** 需求代表我们生存和发展所必需的东西，而要求则代表我们没有它也能生存的东西。如果某事物不能从生理或心理上让我们满意，那它大概是要求而不是需求。

- **解释需求为何会激励我们的行为。** 去探索能满足我们的需求，这驱动着我们大部分有意识和潜意识的行为。例如，对人际关系的需求驱使我们花时间建立家庭联系、友谊和浪漫关系。我们如果不能满足自己的基本需要，就会生病乃至死亡。如果我们不能满足自己的高层次需要，也就不能发挥自己的大部分潜力。

- **列举克服对失败感到恐惧的方法。** 害怕失败时，你害怕的是作出改变和承担风险。你因而需要正视自己的恐惧，然后循序渐进地扩大自己的舒适区域。

- **列举克服对成功感到恐惧的方法。** 对成功感到恐惧源自于低自尊。你可以通过驳斥自暴自弃的想法和感觉来克服。

- **描述愿景以及它如何能够提高积极性。** 愿景让你为你想采取的行动创造一幅细致入微的心理图景。当你自己一步步地实现自己的目标时，你就有更强的动力去采取行动，并对自己取得成功的能力怀有信心。

本章复习和活动

复习题

1. 比较积极激励与消极激励。
2. 为什么内在激励比外在激励更健康?
3. 描绘并标注需求层次。
4. 定义归属感、胜任和自主。
5. 为什么有人会害怕成功?
6. 解释愿景的好处。

批判性思考

7. **外在与内在激励** 每年,成千上万的人争着上电视真人秀节目,比如《真实世界》、《幸存者》和《美国偶像》。作为在紧张的情境下被拍摄的交换条件,参与者有机会获得奖金和名声。你认为为什么会有这么多人想出现在此类电视节目中?你觉得参与真人秀节目的竞争者们受到的是内在激励、外在激励,还是两者兼而有之?请予以解释。

8. **正视恐惧** 请描述这样一种情形:恐惧阻止你承担风险或追求目标。什么引起了你的恐惧?然后你是如何处理它的,而你现在会怎样处理它?

应 用

9. **需求日志** 画一个五行的表格,每行都代表需求层次中的一个层次。然后设想一些你每周可以参与的活动,这些活动可以满足其中的一项基本需求。例如,你也许受生存需求的驱使而吃饭、沐浴和购物,你也许受到社会需求的驱使而与朋友和家人互动。表格中还包含一些不止为一种需求所驱使的活动。例如,你可能为社会、尊重和自我实现的需求所驱使而去学校深造。

10. **愿景** 你的一个朋友最近考了一次不及格。她学习认真,但当她回答不出前几个问题时,她就变得恐慌。她变得如此焦虑,以致不能回答下面的试题。现在她担忧下周的考试,因而请求你帮助她克服此焦虑。拟定一个场景的所有方面,使她能够设想这一场景来缓解考试焦虑。

本章复习和活动

网络活动

11. **社会需求**　点击 www.mhhe.com/waitley5e，搜索美国心理学会新发布的一篇讨论归属感需求的文章。阅读该文章，然后回答下述问题：这项研究用了哪四个标准来测试归属感是一种要求还是需求？人们需要多少亲密的人际关系才能觉得有归属感？缺乏归属感的人会发生什么情况？

12. **恐惧**　大多数人惧怕会带来痛苦的事情，比如疾病、在公开场合被羞辱和死亡。大多数人还至少害怕下面一些事：公开讲演、乘飞机、站在高处、昆虫、开放或局促的空间、蛇、看牙医、血、生病和死亡。在这些中选择一种，并通过网络对其开展一定的研究。什么导致了这种恐惧？其表现是什么？多少人受到此恐惧的折磨？人们怎样才能克服此恐惧？

真实成功故事："我如何能获得成功？"

回顾你对第 256 页"真实成功故事"所作的回答。考虑一下你现在在完成本章以后，会怎样回答该问题。

完成该故事　假设你是伊利亚的导师，请解释对成功的恐惧如何与低自尊相关。然后给他提出一些建议，鼓励他利用积极的自我对话来帮助自己克服自我怀疑。

真实成功故事

"我能享受某些'自由'时间吗?"

加入人群

安娜·柯斯塔斯（Anna Costas）是一家网络公司的销售代表，她正处在事业的上升期。某个星期五，她的同事们请她一起晚上出去玩。安娜需要为周一的客户报告作准备，但她决定与同事一起外出，她想着："我周末将加倍工作。而且，现在是星期五，我需要休息。"她安排了临时照料孩子的人，接着便和大家一起到餐馆去了。而这个周末的其他时间稀里糊涂地在看足球赛、去商场、打扫房屋和洗衣服中度过了。

超时工作

转眼间，周一早晨就到了。送孩子上学回来晚了，安娜不得不直奔会议室去作她的报告。她回到办公室时看到了一份告知她公司广告费变化的紧急电子邮件。"啊不！这把每件事都改变了！"她想道。安娜在此次报告中犯了几个重大差错，给出了错误的信息。现在她需要重新安排另一次会议，这让她耽搁了一周的时间。

你怎么想？

更好的时间管理将会怎样让安娜避免这种情况？

第八章

资源管理

"当你努力付出时,你是善良的。当你为自己寻求收获时,你也并不是邪恶的。"

——作家 哈里利·纪伯伦(Kahlil Gibran)

导言

时间和金钱是宝贵的——但也是有限的——资源。为了实现你的个人目标,你需要有效地管理自己的时间和金钱。在8.1节中,你将考察如何最大限度地利用你的时间。通过学习提前做规划,你将能够成就得更多,并集中精力在你的优先项上。在8.2节中,你将学会如何让金钱为你服务。你将考察自己的消费习惯,学会制定预算,并且形成一个使你的经济状况与目标和价值观相称的计划。

本章目标

读完本章后,你将能够:

- 概述时间管理和金钱管理的三个步骤。
- 描述时间的三种类型和开销的三种类型。
- 解释如何制作待办事项清单和时间表。
- 定义拖延并解释其原因。
- 描述衡量有效预算的标准。
- 列举削减过度开销的方法。

8.1 时间管理

◇ 管理你的时间

时间管理
有计划地、有效地利用时间。

我们都承担着许多的责任——学校、工作、家庭、社会生活、休闲活动。我们如何找到时间来完成这一切？答案是时间管理。**时间管理**指的是有计划、有效地利用时间。时间管理不只关于时间表和任务清单，它还关于如何充分地利用自己的生活。

在整本书中，你已经密切地关注了对自己来说重要的事情。时间管理有助于你建构围绕这些事情的时间和生活。当你管理好自己的时间时，你就能在你的长期目标上取得进展，同时还能给休闲、友谊、爱好和其他对你来说重要的活动留下余地。

成功要诀
事先计划，以便把时间花在你看重的事情上。

时间是公平民主的。没有人比任何其他人拥有更多或更少的时间——我们每周都只有 10,080 分钟。但是，我们每人都以不同的方式运用这些时间。通过事先计划，你可以花费自己大部分的时间去做你最看重的事情，而不是只处理迫在眉睫的危机。你虽然不能停止时间的流动，但仍然能够管理你自己和时间表，以便最大限度地利用你的每一天。通过极其充分地利用你的时间，你还能够改进你的态度、降低你的紧张程度，并发现工作与生活间令人满意的平衡。

时间管理步骤

你如何看待时间——看做是一系列没有止境的截止期限，还是一系列的机会？不管你是谁或者你做什么，你都需要朝向你的目标一天接一天地踏实工作。为了最有效地利用你的时间，你将需要把它看做是一种允许你完成最重要目标的资源。资源是供你利用并且能够在需要时获得的东西。

基本的时间管理不必是复杂的。管理你的时间包括三个基本的步骤：了解你的时间到哪里去了，决定你想把它用到哪里，以及制定一个计划使事情成真：

- 第一步：分析你如何利用时间。
- 第二步：按照轻重缓急程度给活动排序。
- 第三步：为你的时间制定一个计划。

让我们逐一加以说明。

第一步：分析你如何利用时间

管理时间的第一步是仔细考察你是如何利用时间的。你知道自己的时间到底去了哪里？当你去注意自己是如何利用一天中的每个小时的时候，你也许会对自己的发现感到惊奇。

我们每天要从事数十项活动，从穿衣到查收电子邮件。一个实际的分析时间的方式是把你的每项活动都划归到三个不同时间类别里的其中一个：

- 承诺时间——承诺时间是你用于学校、工作、家庭、志愿活动和其他与你短期和长期目标相关的活动的时间。这些活动通常占据你时间表中一个固定长度的时间。
- 维护时间——维护时间是你花在维护或关照自己和周围事情上的时间。你每周需要花时间睡眠和关照你的健康、体形，以及像打扫住处、保养汽车和照看宠物这样的家务事。维护时间要比承诺时间灵活一些。
- 自由支配时间——自由支配时间是你可用来做自己想做的任何事情的时间。你可以在自由支配时间里与朋友们玩耍、追求一项爱好、在网上冲浪或者是看书。自由支配时间是最灵活的时间类型。

每一种类型的时间在每周168个小时里占有多大比例呢？以莱梯莎为例，她有一份全职的工作，晚上攻读MBA学位。莱梯莎从周一到周五每天工作8小时，每周做4小时义工，同时还要听3小时的课。这些时间的总和就是47小时的承诺时间，她剩余有121个小时可以做自己想做的事。可是，果真如此吗？莱梯莎每天坐火车上下班，开车去听课，这就又占用了一天中2小时的时间。她还必须购买教科书和文具用品，做家庭作业，阅读与工作有关的文章。

这又给她增加了28小时的承诺时间，剩下的就只有83小时了。再加上每天睡眠所需的8小时，用于烹饪、吃饭、穿衣和家务的2小时，遛狗所需的1小时，这样她每周就只剩下6小时自由支配时间了。

你也像莱梯莎一样，有许多事情要做但却没有足够的时间可以安排吗？为了衡量你对时间的要求，请完成第296页的练习40。为了获得准确的结果，

> **成功要诀**
>
> 重要的是了解你的时间到哪里去了。

练习 40　时间需求调查

A. 利用下面的表格来记录你在一周时间内花费在每项活动上的时间（以最接近的那一刻钟来表示）。前往 www.mhhe.com/waitley5e 下载以小时来计的日志，以帮助你跟踪自己的时间。

承诺时间	时长
1. 听课	
2. 学习（家庭作业、图书馆时间等）	
3. 从学校或单位来回的通勤时间	
4. 工作/实习	
5. 志愿者活动/课外活动	
6. 家庭责任	
7. 宗教活动	
8. 其他（具体说明）	
维护时间	时长
9. 吃饭（正餐和零食）	
10. 家务（洗衣、购物、烹饪、打扫等）	
11. 个人卫生/打扮	
12. 汽车维护/修理	
13. 锻炼身体	
14. 睡眠	
15. 照顾宠物	
16. 其他（具体说明）	
自由支配时间	时长
17. 社会活动（建立/维护友谊、团体活动/事件等）	
18. 独自开展的休闲活动（爱好、阅读、电视等）	
19. 其他（具体说明）	
20. 其他（具体说明）	
总计	

B. 把你表格中的全部时间加起来。一周有168小时，如果你的全部时间大于168个小时，那你的负担过重。如果全部时间小于168小时，那你就让时间白白溜走了。你的负担是过重还是过轻？如果是，那是多少？

_____

_____

C. 分别计算每一种类别一共花费的时间，然后把每一项除以168，结果代表的是每个类别在你每周全部时间中所占的份额。

全部承诺时间：_____   所占百分比：_____

全部维护时间：_____   所占百分比：_____

全部自由支配时间：_____   所占百分比：_____

利用上面得出的百分比，画出一个关于自己时间的饼状图，给每个相关的饼图分区加上标签。下面这张饼状图的各块代表百分之十的增量。

D. 你对自己花费时间的方式感到满意吗？请予以解释。

_____

_____

_____

_____

你需要在一周的时间跨度内完成此练习，仔细地了解你每周是如何利用自己的时间的。不要猜测——务必弄清楚你实际上到底是如何利用每天的每一个小时的。

第二步：给你的活动排序

一旦了解了自己实际是如何利用时间的，你就可以进入第二步了：按照事情的重要性给你的活动排序。像许多资源一样，时间也是有限的。因此，你就需要找出你的哪些活动值得占取最大的份额。你实现这个目标的途径是目标优选——按照重要性顺序安排你的任务和活动。

考察一下你的工作、学习、家庭及社会义务和活动。哪些最与你的目标和价值观相关？回顾一下你在第二章中选定的价值观和在第三章中确立的目标。其中有任何你想花费更多时间在其上面的事情吗？例如，你是不是几乎没有时间了解时事、锻炼或休闲地阅读？有没有一些你觉得在其上面花费了太多时间的事情？例如，你如果致力于获得学位，那你能消除一些做家务的时间吗？用于购物或看电视的时间？一般而言，你如果有太多的事要做而时间又很少，那你首先可以砍去的是自由支配时间。这就为跟你目标直接相关的活动腾出了更多的时间。但是，不要因为要完成更多的事情而完全地减去你生活中的娱乐和休闲时间。如果你不给自己安排充电的时间，那你的精力和热情就会受损。

别忘了睡眠 如果你像大多数人一样，那让你做完每件事的神奇解决办法是缩减睡眠时间。不幸的是，这既低效，也有害健康。剥夺你的睡眠时间会降低你白天的工作效率，你为了完成同样的工作量就需要更努力地工作、花费更多的时间，这又进一步缩减了你的睡眠时间。当你感到疲劳时，你便真的不能很好地利用时间。你便很难发挥创造性的思考和作出决策。而且，你在工作过程中效率更低，会出差错并且健忘。

你如何知道自己是否得到了充足的睡眠？大部分研究者推荐每晚至少7~8小时的睡眠时间，有些人也许需要9小时或更多的时间才能休息好。如果你午饭后、阅读或乘车时昏昏欲睡，那你也许没有获得足够的睡眠。

睡眠不足的另一个原因是睡眠质量差。下面是改进你睡眠质量的七种方法：

- **锻炼**。如果你身体疲惫，那很快就能入睡，并且睡眠状态更好。为了获得最好的效果，在你的锻炼时间与上床入睡之间要有五六个小

> **成功要诀**
>
> 为与你目标相关的那些活动腾出时间。

> **成功要诀**
>
> 你至少要有7小时的睡眠时间。

时的间隔。这会让你的体温和活动水平恢复到正常状态。
- **避免小憩**。白天小睡（20~30 分钟）可以让你头脑更清醒，但也可能使你在晚上较难入睡。
- **向咖啡因说不**。避免咖啡因，特别是在下午和晚上的时候。像可乐和巧克力这样含咖啡因的饮料和食品，有可能对你的身体造成 12 小时以上的影响。
- **不要在床上工作**。你的床主要是用于睡眠的。如果你在床上学习、工作或看电视，那你也许就开始把睡眠空间与紧张，而不是休息放松联系在一起了。
- **选定入睡时间**。每晚都坚持同样的入睡时间，即使是在周末的时候也是如此（如果可能的话）。你身体的生物钟将从保持固定的作息时间中得到好处。
- **放松**。形成一种睡前的放松惯例，以便安抚你的神经，并告诉你的身体这是入睡时间了。你可以在入睡前试试一杯花草茶或热牛奶；牛奶中含有一种带柔和镇静作用的氨基酸。

重要的还是紧迫的？ 把事情按优先顺序排列好也有助于分析活动的紧迫性和重要性。有些事情如果需要立即采取行动，那就是紧迫的，但它只有在与你的一个或更多目标相关联时才是重要的。你的期末考核也许是你最重要的任务，但由于它还有两个月才开始，因而它不是紧迫的任务。电话铃响是紧迫的，但通话内容可能重要，也可能不重要。计划把你的大部分时间用在紧迫并且重要的事情上。把实质性活动与非实质性活动区别开来的一种常规做法是使用像个人日志 8.1 那样的图表。该图表包含四个部分，代表四种不同类型的活动：重要且紧迫的、重要但不紧迫的、紧迫但不重要的、不重要也不紧迫的。

> **成功要诀**
> 把你的大部分时间用在紧迫并且重要的事情上。

从你的时间里获得更多 你是否曾觉得自己把许多时间花在了并不重要的琐碎小事上？如果是，那就考虑 80/20 法则（帕累托法则）。这一法则说的是：投入与产出或努力与结果之间的关系并不是平衡的。例如，大部分人把 80% 的时间用在 20% 的产出上，而把 20% 的时间用在 80% 的产出上。换言之，我们在自己 20% 的工作时间里取得了 80% 的工作成果。这也意味着我们把自己 80% 的时间花在了与自己目标并不相关的活动上。

为了避免落入此陷阱，可安排把你 80% 的时间和精力用于最需要优先完成的那些任务上，然后把余下的 20% 用于不大重要的事情上。照此办理，

> **成功要诀**
> 把你 80% 的时间和精力用于最需要优先完成的任务。

个人日志 8.1

给你生活中的事情排序

设想你要在下一周里完成下述任务。确定这些项目对你有多重要或紧迫,然后在下面的相应空格中填写每个项目。

购物·看电影·归档旧文件和账单·洗衣服·开始寻找暑期工作·送衣服干洗·为周五的考试而复习·给好友回电话·修补瘪了的车胎·支付延期支付的信用卡账单

	紧迫	不紧迫
重要		
不重要		

你就可以利用同等的时间取得更多的成就。对每个人而言不大重要的活动包括:

- 跟那些让你感觉不佳的人在一起的时间
- 分心的事,比如阅读报纸的每一版,或者观看电视上播放的任何一档电视节目
- 做你并不喜欢或不能很好完成的任务,以及你本可避免、委托他人甚至雇用他人做的事情
- 可节省一点钱但却会花费大量时间的任务,比如自己洗车,或是剪下你并不会购买的食品优惠券
- 你觉得自己"应该"做、但对你而言并没有什么意义的事情,比如某些家务小事
- 紧迫但却并没有长期重要性的事情

练习41　检查你的优先排序

A. 重温你在练习40中完成的时间需求表。选出两到三个你想少花些时间在其上面的具体生活领域，在下面写下这些领域。然后列出这些领域里你希望除去的具体事情，或者是那些可以用来减少在这些领域里需要付出的时间的改变。请记住，可以达成的小改变比根本无法达成的大改变要好（复习一下第222~223页的练习30也许会有帮助）。

例子：	
家务	一旦洗衣机开始工作就放下洗衣服这件事。
	学会忍受一点点的杂乱。
	每两周而不是一周吸尘一次。
1. ＿＿＿＿＿	
2. ＿＿＿＿＿	
3. ＿＿＿＿＿	

B. 你为何选择砍掉这些活动？

C. 现在选定两到三个你想在其上花费更多时间的领域。在下面写下每一个领域，然后列出在这些领域里你一有时间就会去做的具体事情。

例子：	
饮食	准备更健康的膳食。
	自己带午餐而不是吃快餐。
	每周与家人在一起吃一次饭。
1.	
2.	
3.	

D. 你为何选定以上这些具体的活动？

E. 描述你本周可以着手开展的一个或两个新活动，以及你可以去除的一个或两个旧活动。确保你减少的时间和增加的时间大致相等。

你在完成练习 41 时，考虑一下 80/20 法则。哪些活动对你来说的确不重要？哪些活动是你觉得自己应当做才去做的？通过减去这些并不受欢迎的活动，你可以为更重要的活动腾出时间。

第三步：为你的时间制定计划

现在你应当可以更好地运筹自己的时间，并且对如何能够让时间对你有利持有较好的想法了。这样你就为管理时间的第三个、也是最重要的步骤做好了准备：为你将如何运用时间做一个总体规划。实现这一点的最有效方法是列出一个待办事项清单和时间表。

列出一个待办事项清单 待办事项清单是你在某段时间内（比如一周）需要完成的任务和活动的个人清单。当你把自己的所有活动结合在一起时，就容易看出哪些是最紧迫的和哪些是最重要的。你还能看出哪些是可以同时处理的。例如，如果你需要支付几份账单，那么，把它们放在一起办理将有助于你更快地完成这些任务，并减少干扰。你也许可以外出一次就一并去邮局、干洗店、购物中心和市场。

每天都自始至终地参考你的待办事项清单，并且竭尽全力地坚持履行它。你完成每项任务后，就在它的旁边打一个大钩。形成这样的习惯，即在完成一项大任务以后就以自己喜欢的东西犒劳一下自己。这将是一种对按时完成任务的良好激励。

利用待办事项清单有若干好处，你在开始形成运用此清单的习惯时就会有所察觉：

- 在纸上记录下你的任务可以远离对忘记某事或跑题的担忧。
- 保留清单有助于你把重要的事情与不重要的事情区分开来（记住 80/20 规则）。
- 把你的任务写下来可激励你及时地开始并完成你的任务。
- 给完成了的任务打钩可让你觉得效率高且有一种成就感。打钩还可以作为一种视觉提醒，提醒自己已经为下一个任务做好准备了。

待办事项清单不是要你"保持忙碌"，而是事关你如何在对自己长期重要的事情上利用时间。

制定时间表 一旦完成了你的待办事项清单，你就可以制作一个**时间表**，即显示必须完成各项任务的日期和时间的表格。利用时间表来组织你的时间有若干好处。首先，通过提前安排你的时间，你可以在留出休闲时

成功要诀

列出一个待办事项清单，然后照此坚持做下去。

待办事项清单
在某段时间内（比如一周）需要完成的任务和活动的个人清单。

时间表
显示必须完成各项任务的日期和时间的表格。

间的同时，仍然能够完成待办事项清单上的各项任务。每日、每周甚至每月的计划都有助于你控制自己的节奏。第二，制定计划能帮助你避免浪费时间。每次当你完成一项任务而不知道接下去做什么时，你就是在损失时间。第三，时间表可防止你徒劳地设置任务，即试图做自己在一天或一周内完成不了的事情。第四，在时间表上写下你所有的活动和需要完成的截止时间，这可以用图解的方式提醒你下一周要完成的那些任务。

为了制作一个有效的时间表，你需要对自己待办事项清单中每项任务将占有多长时间有一个实际的想法。人们容易低估一项工作将占用的时间，尤其是当它依靠他人的贡献时。如果你不知道某事将占用多长时间，那就询问一下此前做过此事的人。

> **成功要诀**
> 确保你知道完成每项任务所需要花费的时间。

你的时间表可以采取任何形式，只要它对你管用就行。许多人使用每日计划表、电脑程序或"个人数字助理"（PDA）来制作自己每日、每周的时间表，以及每月、每年的挂历来跟上自己长期目标的进度。无论你选择哪种形式，重要的是每天在准备任务或项目时都核查你的时间表。例如，你若在几周后有一个口头报告，那就在日历上记下你的报告日期，然后安排搜集资料、写作等的时间。不要等到最后一分钟才做。第305~306页的练习42将有助于你制作一个待办事项清单和时间表。不要为它是否完美而担心，只要把这个练习当做是一种开始就可以了。

> **成功要诀**
> 每天核查对照你的时间表。

确定你的黄金时间　当你给各项任务排时间表时，把你最重要和最艰难的任务安排在黄金时间内会有帮助。这是你精力最旺盛的时间段——一天当中你的脑力和体力都处于巅峰状态的那几个小时。每个人一天中处于最佳状态的时间不同。大部分人在上午处于巅峰状态，也有少数人在深夜的时候感觉最好。个人日志8.2可以帮助你确定自己的黄金时间。

◇ 应对拖延

> **拖延**
> 把任务推迟到最后一分钟的习惯。

时间管理的最大优点之一是帮助你克服拖延症。**拖延**是把任务推迟到最后一分钟的习惯。拖延可能带来一些小的后果，比如为逾期未还的图书馆书籍交罚款；也可能造成巨大的后果，比如课程考试不及格或失去了一份工作。一两次拖延是正常的。但是，当拖延成了习惯以后，它就可能侵蚀你的自我决心和自我期待。你越是拖延，你就越难停止拖延。

拖延会对成功造成巨大的影响。考虑一下学习成绩为A的学生与学习成绩为C的学生之间的关键区别。是智力吗？知识？学习技巧？根据研究

练习42　时间管理实践

A. 在下面待办事项清单的任务栏内，写下你在下周必须完成的所有任务和活动。省略那些明显的、你每天都要做的事情，如饮食、上班和睡眠，但务必写上像购物这样的任务。在完成日期栏内给每项任务或活动确定一个完成的日期。

20＿＿年第＿＿周的待办事项清单		
任务	完成日期	重要性

B. 现在给你的任务和活动按照优先性排序。在上面表格的重要性一栏内，给每项任务标上1到3的数字，1代表很重要，2代表重要，3代表有点重要。

C. 运用你的待办事项清单来为下周安排一个时间表。首先安排你判定为很重要的那些任务。在这些任务旁边画一颗星（你也许希望把大任务分成若干项小任务，给每项大任务设立一个单独的待办事项清单）。然后再安排你判定为重要的任务，如果还有剩下的时间，就安排给你判定为有点重要的任务。在下一周运用这个时间表。

20____年第____周时间表

日期	活动
周一	
周二	
周三	
周四	
周五	
周六	
周日	

D. 这个时间表是否有助于你组织自己的时间？请予以解释。

_____
_____
_____

个人日志 8.2

你的黄金时间在何时?

回答下面每个问题,在右边选择是或否。

1. 你喜欢每天早起(即便周末也如此)吗?	是	否
2. 你偏爱选读上午开设的课程吗?	是	否
3. 你觉得早上反应迟钝,直到起来个把钟头后才清醒吗?	是	否
4. 你试图把课程安排在一天中的晚些时候以便可以晚一些起床吗?	是	否
5. 你觉得熬夜有困难吗?	是	否
6. 你会在下午 5 点左右开始觉得疲劳,但 8 点后又觉得有精神吗?	是	否
7. 如果在晚上 10 点前上床,你是否会觉得难以入睡?	是	否
8. 你在早上 8 点或 9 点时处于最佳状态吗?	是	否
9. 你在早上醒来时是否通常觉得头脑清醒?	是	否

你如果对问题 3、4、5、6 的回答为"是",那你也许是个夜猫子。如果你对问题 1、2、7、8、9 的回答为"是",那你也许是个喜欢早起的人。运用此信息来调整你的时间表,使你自己更高效地工作。

者的看法,得到 A 与 B 或 C 成绩的学生间的真正差别是:得 A 的同学很早就开始准备了。他们按时购买书籍,上课前就已经做好了准备,迅速开始完成布置的作业。他们不拖延。

我们为何拖延

在做不喜欢的任务时,每个人都偶尔会有所拖延,但是,为什么有些人会如此经常地拖延呢?许多人利用拖延来避免对自己的生活负责任。他们告诉自己:"我为这场考试只准备了 15 分钟的时间——得 C 也不太坏!"这就是所谓自我设限——给你的成功设置障碍,以便为自己表现得差寻找借口。通过在自己的道路上设置障碍,自我设限者让自己免遭失败之责。他们可以把自己的"障碍"点——缺少时间、缺乏睡眠、忘记要学习、得了感冒——指认为真正的元凶。

其他人拖延乃是因为他们是完美主义者。他们如此强烈地想要完美地做成某事,以致认为自己如果仅仅是做好了一件事的话,那还是个失败者。

成功要诀

你拖延得越久,所生出的问题就越大。

他们因而拖拖拉拉，然后在最后一分钟时突然陷入一片恐慌之中。

还有一些人认为，自己应该一直等到"有兴致"时才开始做一项任务。不幸的是，他们越是拖延，他们就越无法有兴致。最初只是一件小事情——比如付账单，却不断积累，以至于成了一件大事——支付滞纳金、应付债权人等。通过完成第309~310页的练习43，你可以发现自己是否有拖延的习惯。

开始行动！ 停止拖延的最好办法是朝着目标行动起来。把你的项目分成一些小步骤，并且先完成一小步。例如，告诉你自己，你将只花15分钟来为文章写提纲，或打扫厨房台面，或者为你的个人简历选定一种排版格式。当你把一个项目划分成小部分时，你将发现它并没有那么繁重。你也许甚至会发现，尽管不是你的本意，你却正在享受这项工作。

同时还要养成事前计划的习惯。不要拖延一个项目的开展，趁早着手行动。你也许想先从一项容易的任务开始，然后再进阶到较难的任务上，或者你也许会想要一下子就跳到艰难的任务上，以便先把它们处理好，使它们不会阻碍你的进程。采取行动有助于你保持动力并防止拖延。记住这样的简单事实：你越快开始一个项目，你就能越早地完成它。你也将有更多的时间从事其他活动，这样你就能享受这些活动而不必为手头未完成的项目而感到有压力。

> **成功要诀**
>
> 把你的项目划分成若干部分，然后先处理其中的一个部分。

网络活动

电子邮件效率

人们认为电子邮件可节省时间，因为它使得交流更为迅捷，不必担忧贴邮票、寄送或遗失的麻烦。但是，在今天的工作场所中，紧紧追随电子邮件通信也可能耗费时间。有些人周末或外出一周后回来会发现邮箱里塞了数百封信件。为了更有效地使用电子邮件，可尝试下面这些小窍门：

- 立即删除来自你不认识的发信人的邮件。如果事关重要，发信人会通过其他途径联系你。
- 把你从广告邮件或垃圾邮件的接收者名单中删去。广告邮件的确被要求给予你这样的选项。
- 每天只在固定的时间里查几次你的电子邮件。否则你就可能不断地为阅读和回复邮件所分心。
- 不要觉得有义务每天给每个人回信。隔天回信也并不会耽误你什么。
- 创造一个在线文件系统来储存你想保存的邮件。
- 不必通过保留旧邮件来记下他人的地址，可以建立一份通讯录。

思考 还有什么其他方式可以减少我们花在处理电子邮件上的时间？与你的同学们比较这些策略。想要获得更多在线交流的资源，请点击 www.mhhe.com/waitley5e。

练习43　你办事拖拉吗？

A. 阅读下列每条陈述，根据你的符合程度在相应的栏内打钩。

	完全 不赞成	部分 不赞成	部分 赞成	完全 赞成
1. 我会为避免在一个问题上采取行动而制造理由。				
2. 承担困难的任务会让我有压力。				
3. 我堆积了大量的邮件、报纸、未付账单、用坏的物品或待修补的衣服。				
4. 如果我不想完成某项任务，那我会把它放在看不见的地方，这样我就不会被它提醒了。				
5. 我有时希望，假如我拖延得足够久，那个问题就会自然消失。				
6. 我太晚开始准备考试了，以致无法达到我认为自己能够达到的水平。				
7. 我经常晚交作业，因为我需要额外的时间使它们尽善尽美。				
8. 我在完成旧任务前就开始了新任务。				
9. 在团队中工作时，我试图让其他人完成我没有完成的工作。				
10. 如果我对某事不感兴趣，我就不能使自己做此事。				
11. 我在工作或学习时经常发现自己在做白日梦。				
12. 如果我有工作要做但我的房间很乱，我会开始清理房间而不是着手开始工作。				

B. **评分**：完全不赞成1分、部分不赞成2分、部分赞成3分、完全赞成4分。

你的总分：_____

0~20　　你不是一个慢性拖延者，也许只是偶尔为之。

21~30　　你有一定的拖延问题。在局面变得更加难堪前就提前规划和开始执行。

31~40　　你经常拖延，并给自己造成不必要的紧张。你将从打破拖延的习惯中获益匪浅。

41~48　　你是个拖延大师。通过直面这背后的恐惧来把你自己从此习惯中解放出来。

C. 描述你倾向于推迟的任务。你认为自己为何会在这些事情上拖延?

_____
_____
_____
_____
_____
_____
_____
_____

D. 你今天可以采取什么行动来赶上你曾放弃的某件事的进度?

_____
_____
_____
_____
_____
_____
_____
_____

一个有用的系统 为了避免拖延和最充分地利用你的时间，你将需要以不同的时间管理工具和策略来进行研究和实验，以此来寻找最适合你个性的方式。例如，如果你喜欢自然而然，那就不要试图让自己遵循严格的时间表，而是创造一个适合自己的时间表，它要有助于你持续地把精力集中在你所想要和看重的东西上。留下一些特别的时间给那些让你感觉美好的事情，无论是给房间吸尘还是与家人在一起。这将有助于你创造你想要的生活。

✓ 自我测验

1 时间的三种类型是什么？（p. 295）
2 列出待办事项清单的好处是什么？（p. 303）
3 什么是拖延？（p. 304）

8.2 金钱管理

◇ 金钱很重要

管理金钱就像管理时间一样，是一种技能。事实上，金钱管理是你将需要学习的最重要的技能。**金钱管理**指的是合理地使用金钱以实现你的目标。了解金钱的知识将有助于你更好地控制自己的生活并增强对未来的信心。

金钱管理
合理地使用金钱以实现你的目标。

在学校中，我们都学习英语、数学、历史和科学，但我们很少被教导如何在以金钱为基础的社会中行动。许多年轻人在进入职场时只有关于支付日常生活必需品开销的模糊观念。我们一边花钱一边学习，经常会养成不健康的花钱习惯，并背负越来越多的信用卡债务。如果合理地管理自己的金钱，你就能避免这些经济挫折，并且确保你有追求自己梦想的经济自由。

财富与幸福感

那么金钱到底是什么？金钱就是我们用来为商品和服务支付的便利交换媒介。它并不能保证幸福。事实上，我们的基本需求一旦被满足，更多的财富便不能给我们带来更多的满足。有钱人并不必然是快乐的，穷人也并不必然是痛苦的。

想想给你带来快乐和满足的人、活动和事物。这些需要金钱吗？抑或你在海滩上漫步、阅读好书、与朋友和家人在一起时找到快乐了吗？请记住，金钱虽然可带来一些奢侈品，但它并未消除生活的挑战。

金钱和你

> **成功要诀**
> 金钱有助于我们满足基本需求,但它并不能买来快乐。

我们都对金钱有自己的感觉。不幸的是,对金钱拥有强烈感觉的人经常很难理性地处理金钱。例如,有些人把金钱看做是一种保护伞,并且花一分钱都害怕。其他人把它与个人价值相等同,致力于获取昂贵的物品。还有一些人害怕金钱,竭尽全力避免考虑金钱之事。避免考虑金钱的人一般都活在当下,一发薪水就花光,很少用心想一下财务计划和目标。你对金钱的态度是什么?在个人日志 8.3 中写下你的想法。

关于金钱的早期教训　我们对金钱的态度强烈地受到父母相关行为模式的影响。在你的成长过程中,家里是怎样用钱的?它会引起压力和争论吗?你的父母使用信用卡吗?他们总是推迟支付或在最后一刻才支付账单吗?他们曾经用钱来刺激或奖赏你在学校的良好表现吗?你了解自己家里的金

个人日志 8.3

你如何看待金钱?

在我看来,金钱是_____

我的财务目标是_____

如果我口袋里有600元,那我会_____

每次想到要付账单,我觉得_____
我不理解金钱的一件事是_____
对我来说,计划退休是_____
我担心没有足够的钱去做_____
金钱帮助我享受_____

我不需要金钱去享受_____

钱来自何处，你们又是如何储蓄和消费的吗？你有零花钱或自己的预算吗？你也许继承了一些有关金钱的非理性和自暴自弃的想法和感觉。如果是这样的话，那么，重要的就是直面它们，并且以你在第五章学到的 ABCDE 方法驳斥它们。

金钱是工具　对待金钱最有用的态度是务实。把金钱看做是一种工具。我们需要这个工具来满足自己对食品、居所、衣物和医疗的基本需求。我们也需要它来实现重要的目标。生活中的许多重要的步骤，比如接受教育、购买汽车、租赁或拥有房屋、抚养孩子、做生意、旅行、退休，都需要金钱。在资本主义社会里，金钱也是表现我们价值的强大工具。我们可以购买那些遵循我们所支持的经营方式的公司的产品，我们也可以拒绝那些违背我们所支持经营方式的公司的产品。我们还可以支持慈善事业，比如学校、环保团体和公众服务组织，做一些我们珍视的工作。

> **成功要诀**
> 把金钱看做是实现你目标的工具，而不是目标本身。

◇ 管理你的财务

玩一个像垄断这样的游戏时，管理你的**财务**——各种货币资源——是容易的。当你的金钱、财产和各种选项直接展开在你面前时，你就不难作出战略性的决策了。

> **财务**
> 财经资源。

在现实生活中，管理金钱要复杂得多。信用卡允许你消费自己并不拥有的金钱。税金、保险和其他账单似乎是同时到达的。直接从你银行账户取走钱款的借记卡可以在 ATM 机、超市、加油站和其他商店中支取款项——任何一个人怎么能够跟得上有这么多支付行为的支票本呢？

> **成功要诀**
> 财务计划有助于你获得心灵的平静。

虽然跟踪你财务的每一分钱也许是困难的，但你需要知道自己拥有多少钱，以及你现在和未来想怎样使用它。许多美国人离无家可归只有一份薪水之遥——甚至是年收入数百万美元的职业运动员似乎也会在眨眼之间就债务缠身。制定一个财务策略将有助于你关注自己的需求并追求自己的梦想，同时不为担忧所困扰。这并不意味着你将永远不能从金钱中得到乐趣，但它的确意味着你能确保自己拥有足够的金钱去支付账单和为未来做好储蓄。

> **成功要诀**
> 理财的基本秘诀是开支小于收入。

理财的基本秘诀很简单：开支小于收入。这听起来足够显而易见，但它却要求你有计划和进行自我约束。为了很好地管理你的金钱，可遵循以下三个步骤：

- 第一步：分析你是如何使用自己的金钱的。
- 第二步：给你的开支按照优先顺序排序。

- 第三步：规划你的金钱。

觉得这些步骤熟悉吗？它们与你学会的管理时间的步骤一样：分析、排序和计划。

第一步：分析你是如何使用自己的金钱的

改善你金钱管理技能的第一步是了解你自己是如何处理金钱的。你知道金钱都去哪里了吗？分析你开支情况的一种实用方法是把你的每项开支分别归入到以下的三个不同类别中去：

- 固定必要开销——固定必要开销指的是每个月都相同的固定必要开支，如房租、汽车贷款和偿还贷款。
- 灵活必要开销——灵活必要开销指的是每个月都不相同的必要开支，如食品和洗衣费、学费和书本费、保险费、汽车修理和登记费、度假开销以及生日和节日礼物。
- 可自由支配开销——可自由支配开销指的是有益于身心但并非严格必要的生活开支。常见的可自由支配开销包括娱乐、外出吃饭、电影、杂志、有线电视服务和零食。

> **成功要诀**
>
> 生活开销增加得很快。

固定和灵活开销是大多数人最大的负担，但自由支配开销有可能以惊人的速度增加。你外出吃饭吗？你外出看体育比赛或电影吗？你到处搜寻便宜货，即使是你并不需要的东西吗？可自由支配开销并没有什么过错，但当你把钱都花在自己想要的东西上时，你也许就没有多少钱来购买自己的必需品了。

有鉴于此，最重要的金钱管理技能之一是能够把必要开销与可自由支配开销区别开来。每次购物时，你先问一下自己：这是必要的开支还是生活方式上的开支？食品是必要的开支，但当商店进口了奇妙的果酱时又该怎么办？在咖啡馆里喝卡布奇诺，而不是在家里喝咖啡，这又会怎样？

控制你开支的最好办法是写开支日志。这可表明你每天的消费，并揭露任何不好的消费习惯。

有些人发现自己在小物品上的花费惊人。例如，荷严坚持记录开支日志，并发现自己每个月在早晨的咖啡上会花费924.11元。捷娜算出自己每年在生日礼物上的花费是3818元。

记录开支日志要求一些勤奋的付出，但这是控制你开支的最佳方式。运用练习44来制作一份开支日志。

练习44　开支日志

A. 记录下你在一周开支的准确情况。随身携带一个小笔记本，写下你每项开支的日期、类型和数额。务必把小笔花费也包括进来，比如在自动售货机上购买的物品。当该周结束后，把你记录在笔记本上的信息转到下面的表格中，并把每项开支分别归入：固定必要型、灵活必要型或可自由支配型开支。

日期	开支	数额	类别
例子			
8.26	干洗	76.6元	灵活必要
8.26	卡布奇诺	15.8元	可自由支配

日期	开支	数额	类别
总计			

B. 分别合计每个类别中的开销。然后用每个类别中的开销数除以该周的全部开销总数。这就是该类别在总开销中所占的比例。

固定必要开销总数：＿＿＿＿＿＿＿　　占全部开销百分比：＿＿＿＿＿＿＿

灵活必要型开销总数：＿＿＿＿＿＿　　占全部开销百分比：＿＿＿＿＿＿＿

可自由支配型开销总数：＿＿＿＿＿　　占全部开销百分比：＿＿＿＿＿＿＿

利用上面所得出的百分比，为你的开销画一个饼状图。在每个扇形区内填上相应的开销类别。下面这张饼状图中的每个扇形区代表百分之十的增量。

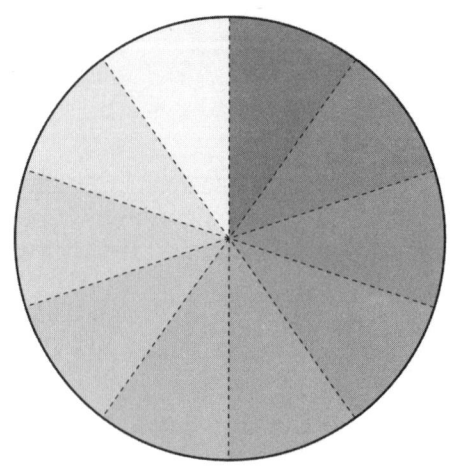

C. 你对自己的花钱方式感到满意吗？请予以解释。
＿＿＿
＿＿＿
＿＿＿
＿＿＿

第二步：给你的开支做优先性排序

第二步是进行优先排序，了解哪些开支是重要的，哪些是不重要的。把你的价值观和目标作为决定你将如何使用金钱的标准。你想去国外旅行吗？购买房子或汽车？给一项你认为重要的事业捐款？你也许热衷于推进世界和平，但是，如果你的橱子里塞满了鞋子或运动器具，那你也许把钱花在了不当之处。你将需要做一些财务计划，以便确保你的开支与你的价值观和目标相一致。

你在做计划时，还要考虑自己需要把多少钱花在像住房、交通、食品和医疗等基本需求上。你想要自己独居，还是愿意跟一位同伴合住？你是需要一辆汽车，还是可以和几个人合用一辆车，或使用公共交通？你计划每周外出进餐一次、两次还是每天一次？正如图 8.1 所示，大部分美国人将自己四分之三以上的收入用于住房、交通、食品和医疗。在支付了保险、娱乐和如教育这样的其他开销之后，人们经常所剩无几，买不了其他什么东西了。

不要忘记储蓄　确保你把储蓄也放入自己的财务计划之中。大多数美国人每挣得 10 美元，存下的却不到一美分。然而，大部分金融专家都推荐至少把你年收入的 10% 存下来。留出一部分钱可使你应对意料之外的开销，并提供给你内心的宁静。

储蓄还有助于你实现自己的目标。在制定开销计划之前，你需要考虑为

成功要诀
不要把钱花在对你并不重要的事情上。

成功要诀
力争储存下 10% 的收入。

图 8.1　钱花到哪里去了？

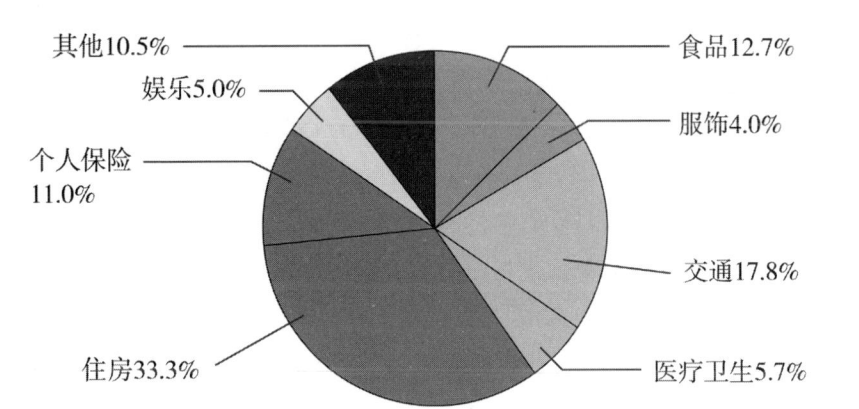

按类别统计的支出　住房和交通是美国人最大的开销。你如果生活在一个缺少恰当住房的区域，那你也许必须把你收入的 40% 拿出来，用于支付房租或分期付款。你认为美国人的交通费用为何如此之高？

资料来源：Bureau of Labor Statistics, 2006.

职业发展

为明天投资

在美国，许多开始在就业市场寻找工作的人，在收到他们第一笔真正的报酬之前已经背负了严重的债务。虽然学生贷款是一笔对你未来而言十分重要的投资，但大学本科生的平均贷款债务是 19,000 美元；8% 的本科生负债超过 40,000 美元。大学生平均负有 2,700 美元信用卡债务；其中约 10% 的大学生负债超过 7,000 美元。这些债务也许使得为住房或退休这样的大开销存钱变得不可能或没有希望。但是，在这里你必须把计划和目标付诸行动，甚至在你兑现第一张支票之前。许多公司提供了 401k 投资计划，在这个计划中，你自动把你薪酬中的一小部分存入其中，而你的公司则可能相应地存入一部分或者全部的计划金额。这笔款项最初不需报税，在 59 岁半以前，你也不能轻易地动用它（除非支付重大的罚金）。再小笔的投资，在 20 或 30 年的时间里也能积聚成数十万元。而且，如果你的雇主提供直接存款，看看你能否在你的活期和储蓄账户之间分配你的收入，如此一来，储蓄就是自动的了。这些是着手开始为你的宏大财务目标和退休存钱的简单而不费事的方式——在这些钱进入你的活期账户或者被花掉之前。

你的观点是什么？

你负有学生贷款债务吗？如果有，那你毕业之后每月大概需要偿还多少钱？为什么这是对你未来的良好投资？

关于更多为未来储蓄的资料，请点击 www.mhhe.com/waitley5e。

预算
一种金钱管理计划，它会具体说明你在某个时期内将如何使用自己的金钱。

收入
你在一个固定时期内获得的所有金钱。

了实现自己最看重的人生目标，你将要留出多少余钱。显然，许多内在目标，比如建立人际关系和为社区贡献自己的时间，并不耗费一分钱，但是，有些内在目标至少需要花一些钱。例如，进行教育深造也许需要钱，抚养孩子需要钱，捐助慈善事业也需要钱。努力把储蓄看做是基本需求，而不是奢侈品。即使你负了债，也可试图每周都存下一小部分钱以备急需。

第三步：为你的金钱做一个计划

第三步，也是最后一步是制定一个预算，以便确保你的每一分钱都花在点上。**预算**是一种金钱管理计划，它会具体说明你在某个时期内将如何使用自己的钱。制定预算时，大部分人做的是月度计划，因为信用卡、电话公司、房租或购房分期付款都以月为单位来发出账单。

预算中既显示你的收入，也显示你的支出。你的**收入**指的是你在一个固定时期内获得的所有金钱。这包括你的薪水和其他任何收入，包括小费、贷款收入、利息甚至还有津贴。你的开支包括你每月的所有任务型支出和自由消费。

花时间制定你的预算。一个匆忙起草的预算有可能比没有预算还糟糕——它会诱使你相信自己的开支比实际少得多。一份有效的预算满足下列标准：

- 它是务实且准确的，请考虑你本月将面临的所有支出。
- 它是平衡的，支出等于或小于收入。
- 它以你的目标或价值观为中心。
- 它为储蓄提供了空间。
- 必要时可以修改它。

在使用第320页的练习45来制定一份实用的预算时，请记住这些指导方针。

◇ **扩展你的资源**

正如我们已经看到的，理财的基本方略就是支出小于收入。无论你是《财

应用心理学

广告的诱惑

当我们被大量具有诱惑力的广告所轰炸时，缩减信用卡消费就变得困难了。我们很难忽视广告，它们会造成强大的心理效应。广告不只是传达信息，它们也试图说服我们，物质可以满足我们的心理需求。例如，警报系统的广告以惊人的犯罪数据和破门而入的场景来使我们感到震惊，以此来吊起我们的胃口。化妆品、香水和古龙香水的广告触动我们对归属感和自尊的需求，此类广告许诺，这些产品将把我们变成令人无法抗拒的尤物。有些广告还试图让我们觉得，如果还不拥有或准备购买最新的必备品，那我们就太糟糕了。例如，一些豪华汽车的广告暗示，如果我们不购买一辆带有最新安全装置的价值50万元的汽车，那我们就不是好家长。你如何能够抵制广告的诱惑？下次你读到一则广告或看到某则商业信息时，问问自己，该广告商正在试图挑起你的什么需求。你越了解广告策略，它们就越难左右你的购买决定。

批判性思考

你觉得广告会影响你的购买决定吗？准备你的观点进行讨论。

练习45　预算工作单

A. 运用下面的图表来计划你平均一个月里的收入和支出。为了掌握你每个月变动的必要开销，可用你全年的全部支出除以12。例如，如果你每年的汽车保险费是5600元，那你每个月就需要留出467元来支付此开销。在第二栏内记录下你预估（计划）的开销，然后通过在第三栏内记下实际的开销来核查你的预计。

收入

项目	预估数	实际数
工资		
礼品/津贴		
借贷		
其他（具体说明）_____		

本月总计

支出

项目	预估数	实际数
储蓄/应急基金		
应急基金		
目标储蓄（具体说明）_____		
目标储蓄（具体说明）_____		
全部储蓄		
固定必要开销		
住房（房租或房贷）		
汽车贷款		
儿童看护/抚养		
信用卡付款		
助学贷款		
电话费		
家庭保险		
汽车保险		

健康保险

其他（具体说明）_____

其他（具体说明）_____

全部固定必要开销

灵活必要开销

食品（杂货、午饭）

水电费

宠物开销

汽车维修

汽车登记

看牙医

服饰

洗衣

干洗

交通（汽油、公交费用、出租车费用）

个人护理产品

理发/发型

居家维修和家庭用品

卫生保健（看医生、药物治疗）

学费

其他（具体说明）_____

其他（具体说明）_____

全部灵活必要开销

可自由支配开销

外出用餐

娱乐（电影、戏剧、郊游等）

有线电视

书籍和教育用品		
杂志和报纸		
网络服务		
健康俱乐部会费		
度假基金		
运动		
住房改善（家具、装饰）		
礼物		
慈善捐款		
其他（具体说明）		
其他（具体说明）		
全部可自由支配开销		
本月总开销		

B. 你的预算支出小于、等于还是大于你的收入？如果它们大于你的收入，那你打算怎样弥补此差额？

_____
_____

C. 你留下要储蓄的钱了吗？如果有，那有多少，以及是为什么项目存下的钱？如果没有，那又是为什么？

_____
_____

D. 你预算中的预估数与实际数相比如何？请予以解释。

_____
_____

富》500强公司的首席执行官，还是一名饿着肚子的学生，这一点永远成立。如果像许多人一样，你的开销大于收入，那你就只有三种现实的可能性：多赚一些、少花一些，或者兼具两者。通常人们不容易得到加薪、找到收入更高的工作或是兼第二份（或第三份）工作。但是，削减开支却是每个人都能做到的事情。

> **成功要诀**
> 抵制过度消费的诱惑。

人们在试图削减支出时，经常在开始之前就感到气馁。谁愿意每天晚上都吃通心粉和干酪，或是每天都穿同样的衣服？但是，削减开支并不必然意味着牺牲每一项奢华体验。着手处理削减开支的任务就像分析师考察一个陌生人的财务状况。钱都浪费在哪里了？我们可以在何处进行削减？请尽可能多地想一些富有创造性的点子。

消费，消费，消费

不久以前，限制消费还是件易事。你每周都到银行存入支票，并取出足够下星期使用的现金。没有现金，也就不会再消费了。

今天，我们很容易消费、消费，以及进行更多的消费。几乎每位学生都有一张或多张信用卡，所以他们的购买力也随之增长。从加油站和商业中心到夜总会的许多地方都有 ATM 机，因此我们总是能够通过它们来获取现金。现在大部分的提款卡都有借记卡的功能，所以我们不一定非要使用现金了。但是，过度消费让你深陷债务之中，并让你难以实现自己的目标。平均每个美国人都有一大沓信用卡，并且背负着 8000 美元以上的信用卡债务。这是越来越多个人申请破产的一个原因。

改变购物习惯

许多人过度消费是因为他们陷入了冲动消费和消遣购物。正如第六章中提到过的，**冲动消费**指的是，你消费是因为看到某物时突然想要拥有它，而不是因为你事先就计划要购买它。杂货店把糖果和杂志等吸引人的货物放在收银台的旁边，使得冲动购物更加容易。甚至像亚马逊网站这样的在线零售商也借助冲动购物来获利，他们为购物者有可能加入购货车的那些产品提供个性化的建议。

> **冲动消费**
> 未事先计划而心血来潮地花钱。

消遣购物意味着把购物，特别是商业中心的购物，当成一种娱乐形式。消遣购物在我们社会中很常见；事实上，人们现在花在商场里的时间超过了我们在除家庭、工作和学校以外的任何其他地方花费的时间。避免消遣消费最容易的办法就是不把购物当成一种爱好。规划一些低消费或免费的外出，

> **成功要诀**
> 购物是一项昂贵的爱好。

比如远足、运动或是在朋友家做晚餐。避免到商场去，因为这些购物中心是特别为让你深陷无休止的购物循环而设计的。

为了避免冲动消费和消遣购物，可以再三提醒你自己：只在你真正需要和已经计划好去购物时才到商场去。你真的需要这个防火的皮夹或电动剃须刀吗？在你购物前，问自己下面这些问题：

- 我真的需要这个物品吗？
- 我还需要其他什么东西？
- 我还必须支付哪些账单？
- 我在自己的预算中有考虑到这件东西吗？
- 我花这么多时间去挣钱来购买这件东西，这值得吗？
- 我是否已经拥有差不多的东西了？
- 我能借用一件类似的物品来替代吗？
- 是否存在其他有同样好的功能，但价格却更便宜的物品？
- 现在是购买它的最佳时间吗？
- 我是否在价格和质量上作了购买的比较？
- 为了使用、维护、清理、储存、修理和处理这件物品，我是否愿意投入必需的精力？
- 我购买这件东西是为了试图满足一种心理需求吗？

在你购物前，先停下来自问上面这些问题，这能够帮助你限制自己的开销，并且变得更有自知之明。你还能够通过审视自己过去的消费错误来更加了解自己，你可以在个人日志 8.4 中做到这一点。

明智地使用信贷

> **信贷**
> 你在必须偿还给借款者之前能够使用的一笔钱款。

另一种控制你财务的重要方式是明智地使用信贷。**信贷**指的是一个人在必须偿还给借款者之前能够使用的一笔钱款。当你使用信贷时，你的确是在获得一笔贷款。信贷交易可以像使用信用卡购买汽油那样简单，也可以像用一笔 1,250,000 元的抵押借款去购买一幢房子那样复杂。

信贷是有用的，因为它让你现在就能得到一件物品或一项服务，然后你可以在今后一段时期内予以偿还。例如，假如你通过信贷来购买一辆汽车，那你每个月可以以一个固定的数额进行偿还，直到付清全部车款为止。这使得制定预算变得容易。使用信用卡比怀揣现金安全，比写支票容易，信用卡账单也为你的购买提供了有用的记录。

个人日志 8.4

三思而后行

考虑你在过去一两年里做过的，但你现在却为之感到后悔的四次购买经历。购买的可以是产品，如衣服或家庭用具，也可以是服务，如娱乐或旅行。你可通过环顾自己的生活空间，或者看看过去的信用卡账单来进行回忆。在下面的表格中描述每一次购买、当时购买的理由，以及为什么你现在认为自己不应该花这笔钱。

购买	你当时为何购买	为何你现在希望没有购买

下次遇到类似的购买冲动时，你能够做什么？

信贷的风险 不幸的是，信用卡容易累积债务。它容易让你失去对现在消费的控制，并且深陷冲动购物之中。实际上，今天的每一家大型连锁商店都有提供信用卡服务，消费者的钱包里也经常拥有 5 张甚至 10 张信用卡。

人们难以时刻跟踪信用卡账单，特别是在每份账单到期时间不一样的时候。迟付款的费用陡升，经常亏空 180 元，甚至更多。此外，如果不按月支付你的信用卡账单，那不仅会欠下你所购买的物品的钱款，而且还要偿还信贷费用。信贷费用以惊人的速度增加。比如你用信用卡支付了一笔 12,500 元的旅费。如果你只按每月的最小额度来偿还，那你需要花上 11 年的时间来偿还此次度假的费用。在此过程中，你还需要支付接近 12,500 元的信贷费用，这让你的度假成本高出了一倍。你是这数百万人中的其中一个吗？你会不会使用信用卡：

- 去支付过期未偿付的账单，特别是其他信用卡的账单
- 去购买一件价格只有 30 元或更少的物品
- 去支付一次度假的费用
- 去支付一宗你没有为其存钱的大购买

- 即使在你能够用现金支付时

如果你对这些问题的回答为"是",那你就是依赖信用卡来支付自己负担不起的物品。

如果你已经负债了,那就尽可能少地消费,并把你能拿出的(储蓄后的)每一分钱都用于偿还债务。如果你有数张信用卡,那就把你的债务合并到偿付利息最小的那一张上去。你还可以给你的债权人打电话,或者咨询一家消费信贷咨询服务机构,以便拟定偿付安排。

你的信用记录　你使用信贷的方式不仅影响你今天的财务状况,还会影响你未来的财务状况。这是因为你的信用状况进入电子档案,即所谓的信用记录,雇主、房东和其他人在任何时候都可以访问这些档案。**信用记录**记下的是一个人以信贷购物的理财习惯。

有一些被称为征信机构的组织,他们从事的业务是出售你的信用记录信息。当你向一家银行申请新的信用卡或贷款时,该银行会向这些公司索取报告,其内容是关于你借过多少款、还了多少款,以及你有没有及时还款。

如果你想购买一所房屋、租用或购买一辆汽车、租一所公寓,那么拥有良好的信用记录就相当重要。有些雇主甚至会核查未来雇员的信用记录。为了建立良好的信用记录,我们要及时支付账单,避免大笔债务,不要开空头支票。为了改善不良的信用记录,可以开放一小部分信用额度,比如本地商店里的信用账户,定期还款。这可以向潜在的贷款者、雇主和地产商表明你是值得依赖的。

随时关注开支

经济学家凯恩斯说过:"金钱的重要性来自于它连接了现在与未来。"被债务缠身时,你就会把自己的大部分时间都花在弥补过去上,而不是去计划未来。如果不随时关注开支情况,你就有可能在毫无察觉的情况下浪费许多金钱。你努力地挣钱,也应把它用在对你有重要意义的事情上。妥善地消费和储蓄,这可让你自由地计划未来。

> **成功要诀**
> 用你能拿出的每一分钱去偿还债务。

> **信用记录**
> 对一个人以信贷购物的理财习惯的记录。

> **成功要诀**
> 金钱是现在与未来之间的桥梁。

✓ **自我测验**
1 什么是预算?(p. 318)
2 什么是冲动消费?(p. 323)
3 利用信贷的优点和缺点是什么?(p. 325)

本章复习和活动

关键词

时间管理（p. 294）　　金钱管理（p. 311）　　冲动消费（p. 323）
待办事项清单（p. 303）　　财务（p. 313）　　信贷（p. 324）
时间表（p. 303）　　预算（p. 318）　　信用记录（p. 326）
拖延（p. 304）　　收入（p. 318）

根据学习目标进行总结

- **概述时间管理和金钱管理的三个步骤。** 时间管理的三个步骤是：1. 分析你是如何利用时间的；2. 给你的各项活动做优先排序；3. 为你的时间创建一个计划（待办事项清单和时间表）。金钱管理的三个步骤是：1. 分析你是如何利用金钱的；2. 给你的各项开支做优先排序；3. 为你的金钱创建一个计划（预算）。

- **描述时间的三种类型和开销的三种类型。** 时间的三种类型是：1. 承诺时间，即你用在与目标相关的活动上的时间；2. 维护时间，即花在关照自己上的时间；3. 自由支配时间，即你用来做自己想做的任何事情的时间。开销的三种类型是：1. 固定必要开销，即每个月都相同的必要支出；2. 灵活必要开销，即每个月有所不同的必要支出；3. 可自由支配开销，即并非严格必要的生活方式上的支出。

- **解释如何制作待办事项清单和时间表。** 制作待办事项清单时，写下你在某个具体时间段（比如一周）里需要完成的所有任务和活动。每完成一项，就把它从清单上划去。通过标注每项任务和活动以及完成它们的日期来制作时间表。

- **定义拖延并解释其原因。** 拖延是把任务拖到最后一分钟的习惯。拖延有可能源于自我设限、完美主义或自我激励的缺乏。

- **描述衡量有效预算的标准。** 有效的预算要符合下述标准：它是现实和准确的，考虑你本月将面临的所有开支；它是平衡的，支出等于或小于收入；它围绕你的目标和价值观而展开；它给储蓄保存空间；它在必要时可以调整。

- **列举削减过度开销的方法。** 削减过度开销的方法包括：妥善地使用信贷；通过停下来分析每项购买来制止冲动消费；选择购物以外的其他消遣活动。

本章复习和活动

复习题

1. 承诺时间与可自由支配时间之间的区别是什么?
2. 列举使用待办事项清单的三个好处。
3. 为什么给你的任务和活动做优先排序是重要的?
4. 情绪如何影响人们与金钱的关系?
5. 为什么分析你的消费习惯如此重要?
6. 信贷的优点和缺点是什么?

批判性思考

7. **时间管理** 制作待办事项清单和时间表可节省时间,但其本身也需要时间。你觉得花在待办事项清单和时间表上的时间值得吗?从长远看,待办事项清单和时间表会如何节省你的时间?
8. **自求简朴** 自求简朴是这样一种生活方式:它专注于节俭的消费、生态意识和人际关系的发展,而不是物质财富和炫耀的成就。相信自求简朴的人经常这样转变自己的生活方式:更少地工作(和赚钱)、减少需求和消费。这种生活和消费方式对你有吸引力吗?为什么?

应 用

9. **金钱管理** 访问四位不同年龄的成年人,探询他们的金钱管理方式。他们如何密切地关注自己的开支情况?他们按照预算办事吗?如果不是,那他们如何决定购买什么、不买什么?他们会存下一定比例的收入吗?如果不,那为什么?总结你的发现。你的访问对象知道多少有关金钱管理的事情?你为他们的回答感到吃惊吗?
10. **拖延** 选择你最近推迟完成的任何一件事情——从烫衬衣到工作面谈的善后事宜均可。请在今天或者明天花15分钟做此事。收集你需要的任何材料,然后设15分钟的闹钟。时间一到就立刻停止。你在这15分钟时间里做完了什么?这项任务比你此前想象的更容易还是更难?你有动力继续工作吗?为什么?

本章复习和活动

网络活动

11. **住房费用**　点击 www.mhhe.com/waitley5e 中的链接，这是美国住房和城市发展网站（U.S. Housing and Urban Development Web）的链接，该网站提供了美国各市县公寓的平均费用。打开 Excel 电子表格中的数据。你所在市或县一居室的公寓每月平均租金是多少？两居室的呢？组织该电子表格，按照公寓的租金（从最贵到最便宜）来排列每个州的各个城市。在你所在的州里，哪个城市一居室公寓的平均租金最低？哪个城市最高？

12. **信贷成本**　访问 www.mhhe.com/waitley5e 中一些信用卡发行商的网站链接。比较两家不同的公司发行的信用卡。从每家公司中选定一种信用卡。每张卡提供了什么优惠或奖励？阅读其服务条款，将与每张卡相关联的费用列成清单，比如年费、年利率/借贷费用、滞纳金、现金预支费等。你会申请这两种信用卡中的任何一种吗？为什么？

真实成功故事："我能享受某些自由时间吗？"

回顾你对第 292 页"真实成功故事"所作的回答。考虑一下，你现在在完成本章以后会怎样回答该问题。

完成故事　给安娜写个便条。在便条中建议她开始使用待办事项清单和时间表，并解释这样做如何能帮助她既保持工作在正轨上运转，又有消遣娱乐的时间。

真实成功故事

"我如何支撑自己?"

攀登阶梯

乔正朝着一个方向努力着。他刚修完财务会计专业的大专学位,接着被一家四年制的大学录取转读本科学位。在继续学习之前,他决定去一家全国最有名的会计师事务所实习六个月。实习生只能拿到最低的基本工资,但乔仍然为能获得实际经验与强有力的职业推荐而感到激动。

后退一步

没过多久,乔便遇到了麻烦。他的上司多利达斯先生从未在他身边指导工作,却几乎总能抽出时间来批评乔干的活。乔两遍三遍地核对数字,但多利达斯先生总是能从鸡蛋里挑出骨头来。乔怀疑他的老板并未意识到自己苛刻言辞的影响,他也希望自己能够说些什么来改善这种状况——但是说什么呢?他向同事们征询建议,但他们却建议他保持沉默。乔变得非常沮丧,他想要就此放弃,不想再多干一天工作。

你怎么想?

乔能如何处理他与上司的冲突呢?

第九章
沟通与人际关系

"成功方程式中最重要的一个因素是知道如何与人相处。"
——政治家　西奥多·罗斯福（Theodore Roosevelt）

导言

在阅读本书的过程中，你已经看到了自己的各个方面，并考虑了自己想从生活中得到什么。在这最后一章中，你将学习与他人联系的方式。在9.1节中，你将集中在人际沟通上。你将探讨沟通的过程，学会如何成为一名有效的演讲者和积极的倾听者，并考察你如何能够利用自己的沟通技巧来化解与他人的冲突。在9.2节中，你将探讨人际关系的本质，学习这些关系是如何形成和发展的，以及你能运用哪些技巧来强化这些关系。

本章目标

读完本章后，你将能够：

- 描述沟通的六个要素。
- 总结非语言沟通的形式和功能。
- 列举有效演讲和积极倾听所必需的几种技能。
- 解释成见、偏见和同理心之间的关系。
- 定义亲密关系并解释如何在人际关系中发展它。
- 列举令人满意的亲密关系的特征。
- 解释如何有效地处理冲突。

9.1 有效沟通

◇ 沟通概观

沟通
给出或交换信息的过程。

沟通究竟是什么？**沟通**是给出或交换信息的过程。信息是对想法或感觉的表达。信息可以采用语词的形式，但也可以采用声响、动作、行为或面部表情的形式。例如，眉毛一扬、一声叹息或一声尖叫，这些都是一条信息。信息甚至还能通过音乐、舞蹈、视觉艺术、表演或任何其他表现形式来传达。

人们出于许多理由进行沟通：表达事实和想法、分享感觉、发出指令、劝说、娱乐，甚至还有欺骗。然而，沟通最重要的功能是创建并维护人们之间的联系。通过沟通，无论是直接接触、打电话，还是电子邮件和写信，你得以了解他人。你还通过沟通来维持现有的人际关系。当人们避免相互讲话或者觉得没有话可讲时，那肯定意味着他们的关系出现了麻烦。

身怀绝佳沟通技能的人享受最愉快的人际关系。他们拥有更坚强的友谊、浪漫的人际关系，以及家庭关系，与同事们也能更好地相处。拥有良好沟通技能也使你成为一名备受欢迎的雇员。雇主们总是搜寻那些拥有优秀沟通技能和各种依赖于良好沟通技能的候选人，这后一类技能包括团队合作技能、领导技能和人际交往的技能。

人际沟通

人际沟通
一对一，通常是面对面的沟通。

有四种基本的沟通技能：写作、阅读、说话和倾听。在本章中，我们将集中在说话和倾听上，这些是我们在人际沟通中最经常使用的技能。**人际沟通**是一对一，通常是面对面的沟通。人际沟通通常是自发的、非正式的。这就使它不同于其他的沟通形式，如书面沟通、公开讲演和大众（媒体）传播。

（成功要诀）
擅长沟通的人有自知之明。

你每次与他人互动时就进行着人际沟通。即使你不说话，你的肢体语言也表达了许多你所思考和感觉到的东西。事实上，你的肢体语言甚至会在你没有意识到它时传达若干信息。

练习46　你对沟通了解多少？

A. 阅读下面每条有关沟通的陈述，判断其是真还是假，并在相应的格子里打钩。

	真	假
1. 与说话人保持眼神交流表明你对他或她所说的话感兴趣。		
2. 面部表情能够帮助你传达信息。		
3. 时间和场合对于沟通有很大的影响。		
4. 对他人表示尊重是良好沟通的一部分。		
5. 与人交谈时，身体略微向说话人前倾，这表明你对他或她说的话感兴趣。		
6. 良好的沟通是可以学会的技能。		
7. 观察肢体语言是倾听的一部分。		
8. 重要的是能够在不发怒或不用粗野语言的前提下表达自己的异议。		
9. 保持沉默是鼓励某人继续讲话的一种方式。		
10. 如果某人正在告诉你一个私人的问题，给予建议有可能使得他或她觉得你并没有在真正地倾听。		
11. 说话人的肢体语言能够显示他或她是不是在说谎或掩饰某事。		
12. 当某人在选择词语上遇到困难时，不要插话进行"帮助"，这很重要。		
13. 良好的倾听包括努力去理解他人的观点。		
14. 有感情的自我意识有助于防止沟通失败。		
15. 倾听是一种心理过程。		
16. 传递信息的媒介影响解读它的方式。		
17. 像身体语言这样不包含语词的信号可以传递一条信息中多达90%的内容。		
18. 人们有时候并未意识到自己的肢体语言正在传达的信息。		
19. 每个人使用肢体语言的方式都是不一样的。		
20. 良好的沟通者对自己的感觉负责任。		

B. **评分：** 所有这些关于沟通的陈述都是真的。你选择真的次数越多，你对沟通就越了解。你给多少条陈述选了"真"？ _____

你是否为所有这些陈述都是真的这一点感到吃惊？
_____
_____
_____
_____
_____

C. 为什么对他人表示尊重是良好沟通的一部分？
_____
_____
_____
_____
_____
_____

D. 你认为自己是个擅长沟通的人吗？为什么？
_____
_____
_____
_____
_____
_____

我们多数人每天都花大部分的时间来与他人说话和倾听他们说话。然而，这并不意味着我们是了不起的沟通者。良好的沟通要求许多技能——自我意识、文化意识、真诚、尊重和同情他人，以及容纳其他观点的开放态度。通过完成练习46来评估你对沟通的了解程度。

沟通的要素

沟通是个过程，是各种想法和感觉的相互交流。这个过程要比我们大多数人意识到的复杂得多。每一次沟通都有六个不同的要素：发送者、信息、接收者、渠道、反馈和语境。让我们来考察一下每个要素（见图表9.1）。

发送者 发送者是那个把想法或感觉翻译成信息，然后将此信息发送给他人的人。发送者可以是写作者、演讲者，或是借助身体运动来传送非语言（无语词）信息的人。

信息 信息是发送者对一个想法或感觉的表达。它可以是书面的、口头的或非语言的。比方说，你和一位朋友正参加一个聚会，但你准备离开了。你可以用若干种方式来传送此信息，比如说"我们走吧"这样的话、给你的

图表9.1　沟通要素

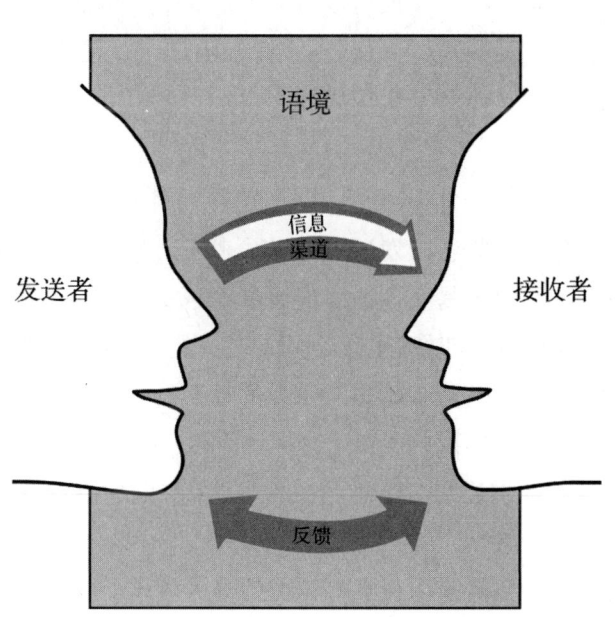

发送与接收 每一次沟通都要求有发送者、信息、渠道、接收者、反馈和所处境况。哪些沟通渠道使得接收者不可能立即提供反馈？

朋友传一张纸条、朝出口处做一个手势，或者甚至可以把你的朋友推出门去。

渠道 渠道是传递信息的媒介。渠道对于信息传播的方式有很大的影响。比方说，你的老板给你留了一条语音信息，请你到她的办公室讨论一个项目。想一下，如果她把这个信息写在正式备忘录上或发一份加急电报到你家使你大吃一惊，那该会有怎样的不同啊！

语境 语境指的是沟通发生的时间和地点。像渠道一样，语境也会对沟通过程产生很大的影响。比方说，你在教师办公室讨论修改成绩的可能性。如果这个对话发生在一个热闹的聚会、葬礼或者是所有同学都听得到的课堂上，那它会有怎样的不同？你会说同样的话吗？你会得到同样的回应吗？意识到语境可以帮助你选择恰当的词语，并预测对方的反应。

接收者 接收者是接收发送者所传递的信息的人。接收者解读信息的方式取决于他或她的个性、过去的经验、兴趣程度、情感状态和对该对象的了解程度。发送者与接收者的关系也会影响接收者解读信息的方式。例如，如果你的上司要求你放下手头的工作而去做她的开支报告，你也许不会犹豫。然而，如果你的室友要求你放下手头的工作而去完成她的数学作业，那你会作出怎样的反应呢？

反馈 反馈是接收者对信息作出的回应。发送者依靠反馈来了解接收者是如何解释他们的信息的。反馈可以有多种形式——同意、不同意、疑问、困惑、愤怒、高兴。它可以由语词（"我知道"）、语气词（"啊哈"）或行为（点头、微笑、走开）所构成。

沟通失败

沟通的目标是让接收者以发送者的意图来解读信息。这一目标听起来十分简单，但它并不总是容易实现的。沟通过程是复杂的，很容易发生误解。你听到过别人想说"不"时嘴里发出的却是"是"这样的情况吗？你是否曾作出无害的评论，但却让人得出了错误的理解？

我们每个人都拥有不同的经验、目标、预期、观念、感觉、情感和态度，而这些都会为良好的沟通制造障碍。当物理、情感或文化的障碍妨碍理解时，沟通就会失败。

物理障碍 物理障碍是阻碍良好沟通的最大障碍。例如，背景噪音或不良的声学效果都有可能让你难以听清对方讲的话。如果你身体不适或讲话者的说话语气让人不快，那你也许就难以领会所听到或读到的内容。讲话者的外形也有可能成为物理障碍。设想你的老师某天穿着马戏团小丑的服装

渠道
传递信息的媒介。

语境
沟通发生的时间和地点。

成功要诀
每个人都以不同的方式解读信息。

成功要诀
良好的沟通需要付出努力。

来上课，那该怎么集中注意力啊！有些物理障碍，比如震耳欲聋的背景噪音，是无法克服的。其他的障碍，比如同时进行两个对话，是可以通过自我意识来改变或减弱的。分析让你烦恼的事情，并试图纠正该问题。

情感障碍 沟通既是物理过程，也是心理过程。因此，障碍可以是物理的，也可以是心理的。像悲伤、兴奋、厌恶或焦虑等情感有可能让人难以去注意别人说的话。设想你刚得知自己中了彩票或有一位朋友在车祸中丧生——你下堂课还能很好地集中注意力吗？

> **成功要诀**
> 情感意识有助于你进行良好的沟通。

相冲突的情感也有可能给沟通制造障碍。我们通过语言来表达自己的思想，因此混乱的思想将导致混乱信息的产生。例如，如果你对一个人的感觉是矛盾的，那你就不能表达出一条清晰的信息。你也许会发现自己结结巴巴、犹豫不决或者词不达意。

说话者和听者会把自己的感情带进每个会话中，这有可能导致双方都产生误解。例如，如果你对自己的好友感到非常愤怒，那你也许会发现很难找到合适的词语或构造连贯的句子。你也许会以一种扭曲的方式来解读她的话，或者进行有选择的倾听，选中你想听的而忽视其他。人们经常用选择性倾听来屏蔽威胁他们自尊的那些信息。

克服情感障碍需要情感意识。认识到并接受自己的情感时，你就会意识到自己的情感是如何影响自己的沟通能力了。

语言与文化障碍 两个人要想沟通，理想情况是他们使用同样的语言。但是，人们拥有共同的语言并不意味着他们享有同样的文化背景，与那些来自不同文化背景或地理区域、使用你不熟悉的词语和概念的人们进行沟通就有可能变得困难。每一种文化对语言和非语言沟通都有其自身的约定，许多用法也许是外人难以理解的。例如，在保加利亚，点头意指"不"，而摇头却意指"是"。竖起大拇指在世界的大部分地区是肯定的意思，而在澳大利亚却意味着侮辱人。

> **成功要诀**
> 语言表达思想——要讲清楚，那就得先想清楚。

文化禁忌，或禁令，有可能使得信息的传递特别困难。比如，你向一位新认识的英国朋友询问他的谋生途径，以期能表示对他的兴趣，并试图更好地了解他。不幸的是，在英国，这个问题会冒犯他人，因为人们把它解读为与个人收入相关的问题。你可以通过提高文化意识来避免这样的问题，文化意识指的是辨认出不同文化相异的方式以及这些差异如何影响跨文化互动的能力。拥有文化意识还意味着意识到你所属的文化会如何影响你的行为。

> **成功要诀**
> 文化差异影响沟通。

现在是把你所学到的关于沟通的知识运用到现实情形的时候了。在练习

47 中，你将在行动中看到沟通的各个要素。

非语言沟通

你有那么多种不用一个字就能表达自己感觉的方法。你能使用手势、面部表情、身体运动，甚至是声响。想想你上一次对一个演讲感到厌烦的时候。你一直在看手表吗？你打哈欠了吗？你叹气了吗？

这些非语言的信号或提示是非语言沟通的例子。**非语言沟通**指的是不用词语来给出或交换信息的过程。它是没有只言片语的"说话"。你知道自己甚至在打电话时也能不借助语言而进行沟通吗？微笑可以影响你的语气。

> **非语言沟通**
> 不借助词语来给出或交换信息的过程。

与我们所讲的话相比，非语言提示能够反映更多的内容。它们帮助我们了解自己正在对话的人——他们是谁，想的是什么，感觉如何。如果某人交叉双臂在胸前，他或她也许正摆出防守的姿态。如果那人双手叉腰，那他或她也许具有攻击性。眼睛向下看或逃避正视你的人，也许他们正感到局促不安或内疚。眼神能够表现出吃惊或愤怒。

最重要的非语言信息是自信。一个微笑、善意的眼神交流、直立的姿势和坚定有力的握手，都反映了你的自我肯定。微笑是打开大门的通用语言。它是照进你窗户的光，告诉别人这里面有一个体贴和爱分享的人。当你伸出手来与别人握手时，你表现的是自己对此人的重视。这一传统始于古代，双手紧握表示没有藏匿武器。不愿握手的人会让人起疑心。回想一下他人与你握手的情况。你积极回应的有哪些？坚定有力的握手（不是抓住不放，也不是轻轻一碰）传达的是自信的形象。

非语言沟通的功能

> **成功要诀**
> 非语言信号往往表达比语言更多的内容。

非语言沟通有许多功能。我们运用它来维持人际联系、传达事实和观念、分享情感、发出指示、进行劝说、娱乐，甚至欺骗他人。非语言沟通最常见的功能有三类：管理对话、提供反馈、澄清语言信息。

管理对话　管理对话是指发起对话、使之顺利进行和结束。人们运用手势和面部表情来表示自己有话要说或者想继续讲下去。例如，当某人话还没有讲完时你就开始说话，他或她也许会提高音量或做出"等一等"的手势。非语言暗示也能结束对话。当某人与你交谈时，如果你站了起来、坐立不安和看手表，那显然是你准备结束对话了。

提供反馈　非语言沟通的第二个功能是提供反馈。非语言反馈告诉你有关别人正在想和感觉到的许多事情。比方说你是一家商店的经理，正在为

练习47　分析沟通

A. 观察一段在两个你从未谋面的人之间展开的对话。记下所有的六个沟通要素:发送者的身份或角色、信息的内容、信息的渠道、接收者的身份或角色、反馈的内容、对话的语境。

发送者:_____

信息:_____

渠道:_____

接收者:_____

反馈:_____

语境:_____

你能想出发送者与接收者间的关系吗?如果可以,那是怎样的关系?如果不能,那为什么?(考虑语言和非语言的信息)。
_____
_____
_____
_____
_____
_____

是否有任何物理、情感或文化的障碍影响了此次对话?请予以解释。
_____
_____
_____
_____
_____
_____

B. 现在换成一段你参与其中的对话，描述同样的要素。

发送者：_____

信息：_____

渠道：_____

接收者：_____

反馈：_____

语境：_____

你与另一人之间的关系是什么，你觉得它如何影响了这次对话？例如，它如何影响了你选择的词语、说话语气等？

_____
_____
_____
_____
_____
_____

是否有任何物理、情感或文化的障碍影响了此次对话？请予以解释。

_____
_____
_____
_____
_____
_____

一份销售工作考虑两名候选人：帕特里克和黛乐。在面试过程中，帕特里克面带笑容，当你解释工作的细节时，他身体前倾专注地倾听。这表示："我对你正在说的事感兴趣"以及"我怀着积极的态度"。另一方面，黛乐则强装笑颜，双臂交叉于胸前，身体向后仰。这传递的信息是："我实在对你所说的毫无兴趣可言"以及"我干这个工作真是屈才了"。你会雇用哪个候选人？

澄清信息 沟通的第三个功能是澄清语言信息。像语气和身体语言这样的非语言信号经常会传达比语言更多的信息。比方说，你的室友告诉你碗碟是脏的。如果她说此话时用的是抱歉的口吻，并且眼睛向下看，那你也许觉得她在为再度把脏碗碟留在水池中而感到愧疚。但是，如果她以充满敌意的口气说这句话，并且指着你责骂，那会怎样呢？这同一句话现在便传达了完全不同的信息。

非语言信号还可能彻底地暴露说话人的心口不一。你们公司的总裁说本年度不会裁减任何人，但如果他拖着步子走开并且避免眼神接触，那你也许会觉得他心里明白，有些事他并没有明说出来。

> **成功要诀**
> 非语言信号往往显示一个人正在想和感觉到的事情。

非语言沟通的形式

非语言沟通在形式和功能上都是丰富多样的。它可以涉及任何一种或所有五种感官——视觉、听觉、触觉，甚至还有嗅觉和味觉。一个爱抚可以表示关爱，吹一声口哨可以表示"看这里"！点一下头可以表达同意。一个人在约会时也许会使用古龙水或香水，他们想传达这样的信息："我很性感。"二手车销售商也许会在他待售的汽车内喷上新车的气味，以便让购车者相信他的车就像新的一样。如果你的配偶在家里做了一顿美味佳肴，以此给你惊喜，那你会怎么想呢？假如他或她给你的咖啡中加了一把盐，那又会怎样？所有这些行为都传达出强烈的信息。

> **成功要诀**
> 用所有五种感官来注意非语言信号。

非语言沟通的三种最普遍且最重要的形式是声音、人身距离和肢体语言。声音涉及听觉，人身距离涉及视觉、触觉和嗅觉，肢体语言则涉及视觉。

声音 你的声音是强大的工具。你可以通过改变语速（快慢）、音调（高低）、声响（强弱）和语气（同情、讥讽、抱怨等）来改变你的声音效果。这当中的每个因素都可影响你的信息。例如，大声说话可以让人觉得你发怒了或怀有敌意。说得太快给人以焦虑、激动或急迫的印象。根据你所采用的语气，你的信息可能给人留下真诚、讥讽、愤怒或者任何一种印象。

人身距离 人身距离指的是你与自己正在沟通的人之间的空间大小。

跟一个陌生人或偶然相识的人谈话时，普通的北美居民通常至少会与此人保持 1.2 米的距离。在与朋友、家人和同事谈话时，我们大多数人保持 0.5 米到 1.2 米之间的距离。对于最亲密的人，我们保持 0.5 米以内的空间，比如密友或配偶。因此，你设置的与别人之间的物理空间很可以说明你们的关系。

肢体语言 肢体语言指的是面部表情、姿势和动作。面部表情包括嘴、眉毛、前额和眼睛的动作。面部表情是一个人情绪的主要非语言表达。例如，扬起眉毛表示吃惊或害怕；皱眉表示紧张、担忧或沉思；远距离凝视有可能表示厌倦。面部表情正是这样一个人类心理的基本部分，以致我们需要通过很大的努力才能压抑它们或作假。

动作指的是臂膀、手、腿和脚的运动。它们被用来表达情绪，说明一种观点，把对话引向某个方向，甚至显示某个社会群体中成员的身份（想想某些俱乐部使用的神秘握手方式）。

姿势即我们坐着和站着时的姿态，也显示出许多关于我们是谁的内容。直立的姿势与自信及权威相关联，而低头和沉落的肩膀则表示卑下的地位或情感上的重负，正如"肩负重任"所表达的那样。向前倾显示交流的急切心情和对对方感兴趣，而后仰有可能传递出做错了某事的信息。改变姿势还可能改变我们对自己的感觉；坐直和站直可以提升我们的自信心。

解释非语言信号

解释非语言信号并非总是易事。首先，几乎所有的非语言信号都包含多种含义。例如，笑可以表达许多不同的内容，这取决于实际的情境。你如果因为那句逗笑的话而发笑，那也许是在说："我觉得这很有趣。"但是，笑也可能表示紧张、讥讽或奚落，它可以是消除紧张和提振你周围人们士气的一种方式。

如图 9.2 所示，非语言信号也受到所处的文化、性别和个体差异的影响。

人们被允许在何处、何时和对何人表达情绪，每一种文化都有不同的规则。此外，不同的文化也以不同的方式使用手势、触摸、人身距离和其他非语言信号。例如，在阿拉伯文化中，他们比北美和欧洲文化更频繁地使用强烈和持久的目光接触，在后者的文化中，人们认为这样的目光接触带有冒犯性。

男性和女性也以不同的方式运用非语言信号，即使他们来自同一个文

肢体语言
面部表情、姿势和动作。

成功要诀
我们的声音和身体是强大的沟通工具。

成功要诀
男性和女性以不同的方式沟通。

应用心理学

你在听我讲话吗？

正如有关沟通的研究所揭示的，男性和女性倾向于不同的沟通方式（即男性倾向于更直接、包含较少细节的沟通；女性倾向于提供更多细节或者喜欢更详细地讨论某种情形），在倾听和肢体语言方面也是如此。坐着倾听时，男性的身体通常会向后仰，伸展双臂和双腿，占据更多的空间。女性在倾听时往往会前倾身体，手臂和腿向身体收拢。男性通常会把头偏向一侧，从某个角度看人，他们经常皱眉或斜视。女性往往迎头看人，表现出更多面部表情。如果她们认同某事，则会微笑和点头。尽管这两种沟通风格并没有孰优孰劣之分，但这清楚地表明我们如何可能错误地解读某人对我们所说话语的反应，特别是在她或他的倾听风格与我们不同的时候。

批判性思考

下次上课时，注意一下你的坐姿和听老师讲课的方式。你身体的姿势是什么样的？你面部表情的反应如何？你在课堂上的倾听风格如何不同于与某人一对一的互动？

化。例如，女性比男性更频繁地运用微笑和目光接触。她们还显示出更加顺从性的非语言行为，比如目光向下、给别人让路、允许别人打扰自己。

不同的个体也以各自独特的方式进行非语言沟通。还记得前面提到的那

图 9.2　影响非语言沟通的因素

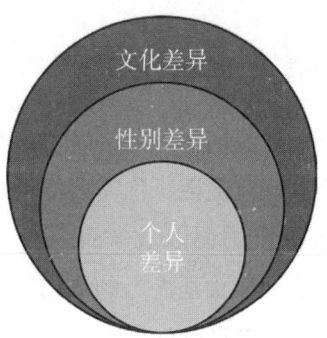

置于情境之中　非语言信号被不同的文化群体、男性、女性和个体以不同的方式运用。你认为什么可以解释女性比男性更多地使用顺从性非语言信号的现象？

个公司总裁谈论裁员时说的话吗？你觉得他在说谎，因为他慢步走开并且避免目光接触。可是，当你的女朋友在说她爱你时使用了同样的肢体语言，你知道这意味着她感到紧张和脆弱。这是因为你已经学会了解读她独一无二的肢体语言。

由于所有这些对非语言沟通的影响，我们需要根据与非语言信号一起出现的语言信息、发送者的文化背景和性别以及沟通的语境来解读这些非语言信号。通过完成练习48来做一个解码非语言沟通的实验。

◇ 改善你的沟通技能

像其他技能一样，沟通技能是通过学习和实践而发展的。既然你已经学到了更多关于沟通的不同方面的内容，那你就能够把这种知识付诸实践，从而改善你的沟通技能。

成为有效的讲话者

> **成功要诀**
> 寻找高效讲话者的榜样。

描述一位你觉得很优秀的讲话者。是什么将此人与他人区别开来？他们很可能具有下述特质：

- 清晰地讲话
- 运用大量具有极强表现力的词汇
- 使用积极的肢体语言
- 讲真话
- 欢迎信息反馈
- 注意听者的非语言信号
- 对他人的感觉和观点表示尊重

让我们考察你可以用来发展这些技能的若干策略。

拓展你的词汇　为了有效地讲话，你需要能够用词语来表达自己的想法和感觉。英语具有一百万以上的词汇量，而一般人只能使用其中的五万个词汇。拓展自己的词汇有助于你找到恰当的词语来表达自己。由于我们大量的思维是以词语来表现的，扩大自己的词汇量还意味着扩大你的思维工具。

通过对自己感兴趣主题的广泛阅读，你可以努力地发展你的词汇量。发现一个不熟悉的词时，立即停下来，根据上下文猜测它的含义，然后查阅词典，以验证你的猜测。

练习48　肢体语言日志

A. 注意室友、密友或家庭成员经常使用的手势、面部表情和姿势。例如，他或她经常通过翻白眼来表示愤怒，或者用跳舞来表示快乐吗？列举出他或她的一些肢体语言习惯以及你所认为的它们的含义。

肢体语言	含义

B. 与你所观察的人一起复习这个列表。他或她对你的总结感到吃惊吗？他或她是否同意你在上面第二栏中总结的含义？请予以解释。

C. 现在注意你自己经常使用的手势、面部表情和姿势。列出你自己肢体语言习惯的特点及其含义。如果你发觉难以客观地观察自己，那就请一名家庭成员或好友来帮助你。

肢体语言	含义

D. 你的观察结果让你吃惊吗？例如，你是否意识到了任何自己不曾知晓的习惯？请予以解释。

正直和诚实　有效的沟通者诚实并且真诚，他们不虚情假意。说假话或故弄玄虚有可能破坏你的信誉、听者的兴趣以及他或她对你的信任。反之，诚实可营造积极的沟通环境。进行目光接触是营造和谐氛围和表达真诚的良好方式。还要注意避免相冲突的信息，比如说一切都很好，而你的肢体语言表达的却是另外一回事。你是否有过这样的经验，你说了一个善意的谎言以宽慰某人的感受，可是它却像滚雪球一样变成了一个越来越大的谎言？避免这种状况的方式是真诚以待，但从一开始就注意讲话策略。

欢迎信息反馈　有效的讲话还意味着欢迎反馈，不只是与自己的声音对话。努力对各种各样的反馈持开放的态度，即使不是你想听到的意见。特别要注意非语言反馈，它有可能帮助你体察别人的感受。如果你看到自己当下说的话正在造成负面感觉，那你就可以试图以不同的方式来表达你的信息。如果你意识到自己犯了个错误，制造了混乱或者伤害了某人的感情，那就承认这个问题并且作出道歉。这有助于建立信任和避免冲突。

> **成功要诀**
> 对各种各样的反馈都保持开放的态度。

表示尊重　尊重他人可建立信任和善意，这对良好的沟通来说非常重要。有意识地努力理解并尊重他人的观点，即使你不同意这些观点。当你在与来自不同背景和文化的人们互动时，这就尤其重要。把每一次对话都当做开放与真诚沟通的机会。这将使他人感觉更轻松，从而促成观点的真正交流。

对他人表示尊重的另一个重要的方式是为你自己的感受负责。你是否说过"你让我很生气"或者"你让我发疯了"这样的话？此类以"你"字开头的情感信息就是所谓的"你"字陈述。它们表达了对他人的一种信念，经常责备他或她引起了你自己的问题或负面感觉。不要以"你"字开头，而是尝试以"我"字或"我觉得"来开头："你今天早上没有说再见，这让我觉得很生气"，"你到家后没有打电话告诉我，这让我很担忧"。把重点从"你"转到"我"，这表明你开始对自己的情感负责任了。给你的情感加上解释也是一个好办法，因为这帮助他人理解你的看法："你今天早上没有说再见，这让我很生气，因为我担心你是否仍然爱我"，"你到家后没有打电话告诉我，这让我很担忧，因为我开始设想你是否出了车祸"。通过个人日志9.1来练习使用"我"字陈述。

> **成功要诀**
> 对你自己的感受负责任。

成为一名积极的倾听者

沟通是一种双向的通道。当某人说话时，另一人需要倾听——积极地倾听。**积极倾听**意味着以理解和密切的关注来倾听对方所说的话。不像作为物理过程的倾听，积极倾听是一种心理过程。积极倾听需要三种技能，其首字

> **积极倾听**
> 以理解和密切注意所说的话的方式去倾听。

个人日志 9.1

"我"字陈述

把下面的每条"你"字陈述都改成"我"字陈述。使用"我觉得……因为……"或者"当你……时,我觉得……因为……"

例子

你从不履行自己的诺言。
<u>当你不守承诺时,我感到失望,因为我觉得你不看重我们之间的关系。</u>

你总在我说话时打断我。
_____

你一定要批评,不是吗?
_____

你又像往常一样迟到了。
_____

你需要多帮着做些家务。
_____

你这样幼稚的行动让我神经紧张。
_____

母组合是 EAR——鼓励(encouraging)、关注(attending)和回应(responding)。

以"我"字开始这些陈述的感觉又会如何呢?

鼓励 鼓励他人意味着显示出一种倾听的意愿。你可以通过一个开放式的问题来做到这一点,开放式问题允许多样的回答。这些问题能比封闭式问题更有效地引出信息,而封闭式问题只要求一两个词的固定答案。"你对什么职业感兴趣?"是个开放式问题,而"你选好职业了吗?"则是个封闭式问题。

在一次对话中,你可以鼓励讲话者以不同的方式来继续他或她的思考,例如:

- 直接请此人继续讲下去("继续"、"你是说……")
- 运用简洁的词语、声音或手势来让此人知道你在倾听("是的"、"真的吗!"、"我知道了"、点头、微笑)
- 保持沉默,以便给讲话者继续说话的余地
- 运用积极的肢体语言,比如目光接触和略微前倾身体,以显示兴趣

成功要诀
克制打断别人的冲动。

克制打断别人的冲动,完成他人的句子,或者帮助他或她表述此信息。不要频繁地提问,因为问题会把焦点从倾听者转移到你那里。

关注 积极倾听的第二个要素是给予注意或**关注**——集中注意力、警觉并以开放的态度接收信息。

关注
集中注意力、警觉并以开放的态度接收信息。

保持关注有可能是困难的,特别是当你疲劳或厌倦的时候。为了提高你对所讨论话题的兴趣,可尝试把它与你自己经历中的某些事情联系起来。还要意识到这样的习惯,即在别人还在说话时就计划你自己下一步将说什么。由于人们思考的速度要比他们能够说出来的速度快许多倍,所以可以轻易地让你的意识走在讲话者的前面。然而,你如果被自己的思想所淹没,那你就将无法注意任何其他人讲的话。想一想当你意识到别人不在真正听你讲话时你自己的感受。你是否遇到过这样的电话交谈,即某人为了接另一些电话而持续地让你待机?你如果不予以注意,别人也许会感到伤心或恼怒。

回应 积极倾听的第三个要素是回应,或给予建设性的反馈。避免这样的诱惑:作出判断或提供建议、批评或弱化讲话者的情绪,或试图把话题引到自己身上。我们都知道收到冷淡回应会有怎样的感受,比如"这有什么了不起的?"或者"这让我想起了自己……的时候。"

不要用诸如此类的评论来打断讲话人的关注点,取而代之的,让我们运用释义和反思的技巧。**释义**指的是重新陈述信息中的实质内容。**反思**指的是重新陈述信息中的情感内容。释义和反思显示你已经倾听了,而且你接纳并看重对方。你可以用一句陈述来把释义和反思结合起来,比如"这听起来你感觉到(该信息的情感内容),这是因为(该信息的实质内容)"。通过第351~352页的练习49来尝试这一技巧。

释义
重新陈述信息中的实质内容。

反思
重新陈述信息中的情感内容。

沟通与自尊 在这一节中,我们讨论了沟通为何是重要的,它是如何进行的,以及你如何能够运用沟通来改进你的人际和工作关系。良好的沟通还有另外一个好处:更高的自尊。

沟通是我们建立与他人关系的方式,向他们表明我们是谁,我们有什么样的感觉。当你有效地讲话和积极地倾听时,你就给他人留下了良好的印象,

职业发展

做好你的简历

简历并不只是一份成就清单。它也是你显示自己良好沟通技能的机会。清晰、直接和诚实，确保其中没有拼写、语法或词语选择上的错误。在描述你的经验时使用行动词，比如"指导了"、"带领了"或"改革了"。这些突出了你的技能并显出你精细的词汇量。精练——在尽量小的空间里说出尽可能多的有关你自己的内容。例如，如果你在一家音像商店工作过，那就不要使用冗长的描述，比如"登记顾客租用的带子，然后在他们把录像带还回来时再扫描并上架"。尝试更简洁的句子，比如"提供高效的顾客服务和维护库存"。还要注意使你的简历显得很专业，即使用吸引人的布局和在四周留下足够的空白。你愿意读这样的简历吗？你会雇用写这份简历的人吗？请两到三名经验丰富的人士检查你的简历。他们也许会找出你忽略了的错误，他们的建议肯定对你寻找工作有所帮助。

你的观点是什么？

为什么保持简历的精练很重要？请予以解释。

关于更多简历写作的技巧，请点击www.mhhe.com/waitley5e。

并且反过来也能得到积极的反馈。这提高了你的自尊，并让你在社交场合拥有更大的自信。当你用尊重和理解来讲话和倾听时，你也吸引了那些对你表示尊重和理解的朋友和合作伙伴。

增强你的沟通技能还有助于你变得更加坚定。随着你成为更加自信的沟通者，你会在表达自己的想法和感觉、提出自己的要求和毫无愧疚地说出"不"时感到更加坦然。这将不仅使你感到更加自信，而且还有助于你实现自己的目标，发展以诚实和开放性为基础的人际关系。

✓ 自我测验

1 什么是沟通？（p. 332）
2 列出阻碍良好沟通的三个障碍。（p. 336-337）
3 EAR 代表什么？（p. 348）

练习49　提供反馈

A. 把下面每一个无效的回应改成释义和反思信息的积极倾听回应。

"我在此工作五年了，然而当我处理发票时，哈维先生仍然会在我身边转悠，好像总是预想着我会从钱柜里拿取现金。我再也不能忍受了！"

无效的回应："不要为此担忧，他就是这种人。"

积极的回应：_____

_____

"我男朋友快把我逼疯了。在我外出工作并为我们如何支付房租而担心时，他却把所有的时间都花在了玩电脑游戏上。我不知道该怎么办！"

无效的回应："我的男朋友更糟糕。有时候不论好坏你都得忍受。"

无效的回应："不要为此担忧，他就是这种人。"

积极的回应：_____

_____

_____

"我真的为自己的这次数学考试而烦恼。我整个学期都在学习，却仍然只得了C。"

无效的回应："至少你还没有得D。"

积极的回应：_____

_____

_____

"昨晚保姆不小心把我的狗放出去了，结果它被车撞了。我太受打击了，我觉得我无法回去工作。"

无效的回应："不要把此事看得太重。不过是条狗，至少撞的不是一个人。"

积极的回应：_____

_____

_____

"我找到了这份为市长效力的好工作。他们肯定有许多够格的申请者，所以我不能相信他们竟然选择了我！我为第一天的工作感到紧张，但也为此而感到激动不已。"

无效的回应："我肯定你会好好的。你能不能也给我在那儿找份工作？"

积极的回应：_____

_____

_____

9.2 健康的关系

◇ 关系概观

没有人能够独自取得成功。无论你是谁、在哪里上学、靠什么谋生，你都将需要与他人相处。你越是尊重和同情他人的想法、感觉和需要，他们对你也就会更加如此。因此，理解他们并与他们相处对你的成功来说至关重要。

为了生理和心理的健康，我们都需要**关系**，即与他人之间有意义的联系。健康的关系不仅满足我们对相互关联的需要，也提升我们的自尊，并提供理解和支持的基础。健康的关系不只是发生了而已——它们也需要自我意识、同理心和良好的沟通。在本节中，你将考察你在建立和维护与朋友、伙伴、同事、熟人、同龄人和其他人的积极关系时所需要的技能。

关系
与另一个人之间有意义的联系。

群体关系

让我们先考察群体。**群体**是这样一群人（通常是三人或更多），他们相互影响并分享共同的目标。我们都至少是一个群体的成员，比如一个家族群体、学校或学生群体、族群或宗教群体。人们出于许多原因而需要群体。其中的主要原因有：

群体
相互影响的一群人（通常是三人或更多）。

- 群体可满足我们对归属感的基本需要
- 群体成员能够给我们以声望和认可
- 群体成员在我们困难时给予支持
- 群体成员给我们提供同伴关系
- 群体成员可以鼓励和帮助我们实现自己的目标
- 群体成员可以分享知识、技能、感觉和经验
- 群体中的成员资格有助于我们塑造自己的集体认同

我们可选择自己的某些，但不是所有的群体。我们也许选择加入一个俱乐部、学校或公司，但我们无法选择自己的家庭、自己的年龄层或族群。某些群体比其他群体（在功能和团结上）更加有凝聚力。一些大的群体（比如族群）通常比小群体拥有更少的凝聚力。那些面对大量内部冲突的群体（如某些政党）可能非常不团结，所以他们会分裂。

群体准则 所有群体都有准则或标准，这些都用来指导其成员的行为。这些准则可以是正式的，也可以是不正式的。大多数学校和公司都有正式的

准则或行为规则，它们规定了各种事情，比如哪些衣饰是可接受或不可接受的。在单个办公室或教室中也许还有一些非正式的准则，比如休息或发言前要举手。家族群体也有其准则，它们经常以每个人在该群体中的地位为基础。大多数家庭在隐私、家中使用的得体语言和家务分工的方面都有准则。某些家庭准则与文化或宗教传统有关。例如，许多家庭在穿着、社会活动和宗教仪式方面也有其规则。

遵 从

> **成功要诀**
> 考虑一下群体准则如何影响你的行为。

> **遵从**
> 由于遵守一个群体的规则而引起的行为变化。

人们的行为在群体中与在独处或与另一人单独相处时相比会有所不同。这种情况的一个常见的例子是遵从。**遵从**是由于遵守一个群体的规则而引起的行为变化。当我们在遵从时，我们改变了真正自我的某个方面，以此来获得群体的认可。例如，如果我们的大多数同学都持有与我们不同的观点，那我们也许就不敢在班上公开讲出自己的心里话了。

遵从并非总是负面的。我们每次在遵守常见的社会习俗（比如耐心地排队或在电影院里保持安静）时都是遵从的。这些社会习俗有助于维持秩序并创造一种公平和相互尊重的氛围。

> **成功要诀**
> 当你急于遵从时，你就丧失了真实的自我。

不幸的是，人们经常在比较重要的事情上采取遵从的态度，在自己的信念和价值观上妥协，以便得到他人的认可。低自尊的人一般比高自尊的人遵从得更快，因为他们害怕其他人会不喜欢真实的自己。在极端情况下，遵从有可能导致从众心态，即一种降低抵制和自我意识的状态，它可导致人们去做他们独自一人时绝不会做的事情，比如参与暴动或对他人进行身体攻击。

群体思维 一种常见的遵从类型是群体思维。群体思维是群体成员所持有的一种简单思维，这些成员更关心维护俱乐部式的氛围，而不是批判地思考。群体思维经常发生在一个群体必须迅速作出决定或处于压力之下的情况，或者，一个群体由类似的人所组成，这些人不会想要考虑不同的观点。

关于群体思维的一个最著名的例子是 1986 年作出了发射挑战者号航天飞机的错误决定，该机在升空不久后就爆炸了。虽然美国航空航天局的许多人都事先发出了警告，说该机的一个关键部件不安全，但决策者更多地关心推动发射进行，而不是考察所有的信息。对危险部件的类似警告也发生在 2003 年哥伦比亚号航天飞机爆炸之前。

群体思维不只发生在生命遭受危险的时候。设想你是一个团队的成员，该团队负责改进你所在学校的就业咨询工作。但是，该团队的成员们关心的是维护社交愉快的社团氛围，无人愿意提出创造性的想法来打破现状。持有不同观点的人保持沉默，并最终改变自己的想法以迎合受领导青睐的观点。到头来，你的团队做出了一个并无成功机会的不切实际的计划。

为了避免群体思维，群体成员和领导者需要重视多样性，并鼓励不同的观点。期望一个群体中的每个人都同意是不现实的，但是，谋求共识——即该团体大多数（而不是所有）成员的同意却是现实可行的。

> **成功要诀**
> 欢迎多样的观点。

多样性

遵从的反面是多样性。**多样性**意味着多种多样。它到处都有，出现在每个群体和人生的每个方面。多样性发生在个人层面上，它经由个人在价值观、宗教信仰和实践行动、政治态度、性取向以及生理和精神缺陷等方面的差异表现出来。多样性也经由种族、文化、出生国度和语言等方面的群体差异而发生于社会层面。

多样性是任何群体——一个公司、学校、运动队、社会——的主要力量来源。然而，人群中的个体和社会差别有可能导致冲突。与跟自己类似的人相处容易，特别是当他们与你共享价值观和目标的时候。对不同于你的人保持开放的心态可能要困难得多。你有与不同于自己的人交往吗？在个人日志 9.2 中真实地记录。

> **多样性**
> 多种多样。

抛弃成见和偏见

你如何学会在享受自己作为个体和保有独特性的同时，也享受人生中遇到的所有不同、不寻常的事情？这里的关键在于抛弃成见和偏见。**成见**是一套关于某个群体属性的过于简单化的信念。成见经常与不同的种族群体有关，但也可能与我们自己的年龄、性别、性取向、宗教、体重或外表有关。成见经常导致**偏见**，即对于一个群体或其成员的负面感觉或态度。我们利用成见，不作很多思考就迅速地得出关于其他人的结论。不幸的是，这妨碍我们欣赏个体间的差别。

成见和偏见通常基于恐惧和误解。例如，某个老人也许从电视上看到了关于歹徒的新闻报道，从而认为所有年轻人都是潜在的罪犯。一位青年也许害怕老去，因而形成了对老人的偏见。我们也许会从父母或朋友那里接受他们持有的偏见，这只是因为我们从未花时间去检验这些偏见。

人们怀有一种无意识的动机，这种动机使他们相信自己所属的群体要优

> **成见**
> 一套关于某个群体属性的过于简单化的信念。
>
> **偏见**
> 对一个群体所抱有的负面感觉或态度，它源自对该群体过于简单化的信念。

个人日志 9.2

理解多样性

你社交世界的多元化程度如何？填写下面的内容。

与我打交道的人们来自于与我不同的族群。
_____
_____

与我打交道的人们具有与我不同的性取向。
_____
_____

与我打交道的人们出生在与我不同的国度。
_____
_____

与我打交道的人们来自于与我不同的文化传统。
_____
_____

与我打交道的人们持有与我不同的宗教信仰。
_____
_____

与我打交道的人们具有与我不同的身体或精神缺陷。
_____
_____

与我打交道的人们具有与我不同的政治信念。
_____
_____

你与不同于自己的人打交道感到自在吗？请予以解释。

于其他类似的群体。即如果我们是年轻人、异性恋者、基督徒或棕发女性，则我们可能认为自己优于老年人、同性恋、穆斯林或金发女性——无论这些人是多么优秀的个体。

歧视　指的是根据某个特征来区别对待一个人或群体的行为。它是偏见导致的实际行为。我可以积极地优待某人（如只是因为某人的族群背景而雇用他），或者贬抑某人（只是因为某人的族群背景而不雇用他）。这两种形式的偏见对待都具有破坏性，并且没有集中在积极的品质和贡献上。

积极成见　所谓的积极成见又如何呢？比如"非洲裔美国人擅长体育"或"亚裔美国人擅长数学"——这些不可能制造伤害，不是吗？不，它们有可能产生伤害。诸如此类的积极成见对于它所指的群体的成员制造了"也要成为这样一员"的压力。如果他们不能或不愿意遵从，他们经常会面对批评并形成低自尊。

积极成见还会掩饰对一个群体的负面感觉。考虑近期的一项关于美国人对华裔美国人态度的调查。绝大多数受访者赞扬华裔美国人强烈的家庭纽带，说他们是诚实的生意人，并赞赏他们对教育的重视。然而，四分之一的受访者，包括许多对华裔美国人持明确积极态度的人承认，他们不会认可亚裔美国人与欧洲裔美国人之间的婚姻，也不会投票给亚裔的总统候选人。这表明一个领域内的积极态度有可能伴随着另一个领域内的负面态度。

成见与你　成见会妨碍批判性思考，并限制我们对他人的看法。成见还限制我们对自己、我们的身份和潜力的看法。作为个人，我们有权利决定自己的身份，挑战他人有可能对我们持有的成见。哪些成见有可能适用于你？在第358页的个人日志9.3中挑战这些成见。

发展同理心

我们可以通过发展同理心来克服成见和偏见，并且对他人保持一种开放的心态。**同理心**意味着意识到他人的感觉、想法和经验，并对之保持敏感。这意味着通过他人的眼光来看待生活——体验他们的痛苦、好奇、希望和恐惧。这还意味着在赛程32公里处观看马拉松长跑者赛跑，并且觉得自己的脚疼。

你可以对任何一个人发挥同理心——无论这个人是不同代的人、另一个国家的公民，或者只是一个持有不同观点的人。不要轻易地批评或评判他人，而是尝试通过他们的眼光来看待事情。他们的感觉如何？他们害怕什么？他们最关心什么？他们的回答也许与你的有着惊人的相似。通过以他人的眼

成功要诀
不要假设你所属的群体比其他群体优越。

歧视
根据某个特征来区别对待一个人或群体的行为。

成功要诀
积极成见经常掩盖负面的感觉。

同理心
意识到并察觉他人的感觉、想法和体验。

个人日志 9.3

你自己的圈子

把你的名字写在中间的圆圈中。然后在它周围的四个圆圈内,各写下一个你认同的群体。

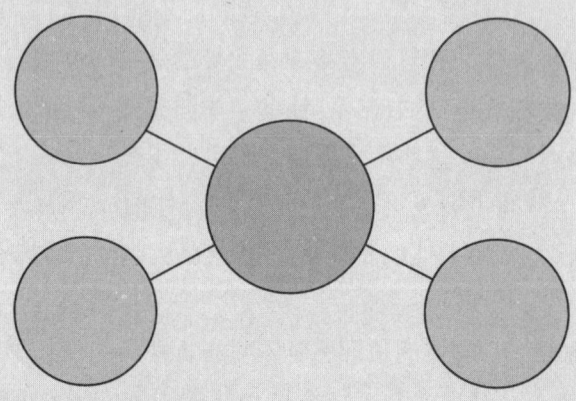

考虑与其中每一个群体相关、却无法代表你是谁的那些成见。针对每个群体,写下如下格式的一个句子:

"我是一名……,但我不是(不做)……"

例子

我是一名<u>素食主义者</u>,但我不吃<u>树枝和嫩芽</u>。

我是一名 _____,但我不是(不做)_____

我是一名 _____,但我不是(不做)_____

我是一名 _____,但我不是(不做)_____

我是一名 _____,但我不是(不做)_____

光来看待事情并且感受他们的情绪,我们能够改变自己的态度、回应和行为,这样我们就不会伤害他人的感情。

你在生活中将承担多种角色:学生、雇员、合伙人、家长、亲属、朋友。在不同的角色间变换的过程能帮助你感同身受。例如,假设你班上的另一名学生不像你那么快地学会课堂上的内容。你将如何回应呢?不怀同理心的某人也许会说:"比尔太愚钝了,什么也学不会。真是个失败者。"可是,当你同情某人时，你可以说："我能理解比尔为何不理解上次的课堂内容。我希望他去请求老师给予额外的帮助。"如果你自身存在一些问题，那你希望他人如何回应呢？

> **成功要诀**
> 快速发挥同理心，不要轻易批判。

同理心可以帮助你超越自身，在你与其他人乃至和世界的关系中去寻找意义和真诚。关心他人是一项团队工作、与伴侣或室友相处，或只是当一个好朋友、亲属或社会成员的重要技能。不时地对自己进行同理心检查，看看你可以在何处改进。问问你自己：

- 如果我是我的伴侣，那我对与我共享生活这件事会有何感想？我会觉得我是助人的？独立的？有趣的？善解人意的？一个平等的伴侣？
- 如果我是我的孩子，那我对一个像我这样的家长有何感想？我会觉得我是有耐心的？给予鼓励的？积极的？给予支持的？不偏不倚的？
- 如果我是我的老师，那我对有我这样的学生会有何感想？我会觉得我表现得很努力？很有兴趣？很有好奇心？有纪律性？关心班上的其他人？
- 如果我是我的老板，那我对有我这样的雇员会有何感想？我会觉得我是一个好员工？效率高？可靠的？负责任的？乐于共事的？
- 如果我是刚刚抵达美国的移民，那我会有何感想？我会感到孤独？害怕？不知道信任谁？备受挑战？乐观？充满希望？
- 如果我是个孩子，那这个世界看起来是怎样的？庞大无比？疑惑？激动？害怕？难以理解？有趣？

同理心与自我意识 同理心是建立在对你自己和你与世界的关系的意识基础上的。当你把自己看做是一个更大整体的一部分时，你就会尊重你周围的人和事。个人的成功是建立在自尊和尊重你周围的人和事的基础上的。撰写过印度、中国和日本思想的哲学家艾伦·瓦兹（Alan Watts）认为，我们不应该把自己看做是试图控制外在世界的单独存在者。我们反而应当把自己看做是这个世界和共享这个世界的人们的一部分。

> **成功要诀**
> 对你自己进行同理心检验。

成功人士意识到，他们不知道，也不可能知道他们所处世界中的每一件事物。他们意识到，自己的遗传、环境和人格会影响自己看待这个世界以及思考的方式。你听到过有人说"我们不相干"或者"你不会理解的"这样的话吗？这可以翻译成"你不像我一样思考"或者"我不理解你为何按照你那种方式思考"。不难看出，世界、家庭之内和国家之间为什么会存在如此多的误解和纷争。每个人都通过不同的角度看待生活，走进不同的区域。

> **成功要诀**
> 每个人都是不同的，因为每个人都是独特的。

许多人都和你不同，这一点让你烦恼吗？你为自己看起来陌生或与他人不同而担忧吗？每个人是不同的，因为每个人是独特的。我们在自己的一生中将会遇到许多不同的人、地方和体验。许多这样的人们、地方和体验在我们看来都将是陌生、不熟悉的。有时，我们在其他人眼中也会显得陌生和迥然不同。我们能够在享受自己作为个体和保有独特性的同时，也享受一生中遇到的所有不同和不寻常的事情。随着交通和技术的进步，地球日益变小。来自世界各个角落的人们聚集到一起，一片大陆上的事件会影响所有其他大陆。意识到你周围的世界并理解你与它的关系，将促进你整体的幸福感。

人际关系

> **人际关系**
> 两个人之间的关系。

我们的群体关系是我们集体认同的核心。与此对比，我们的人际关系是我们关系认同的核心。正如人际沟通是两个人间的沟通一样，**人际关系**是两个人间的关系。建立健康的人际关系对于成功的个人和职业生涯是至关重要的。与拥有消极关系或承受孤独的人相比，拥有健康人际关系的人更加愉快，也更少遭受焦虑的困扰。

亲密关系

> **亲密关系**
> 当你分享自己的真实内在自我的时候，油然而生的那种密切、关爱和互相接受的感觉。

我们有各种各样的人际关系——家庭关系、浪漫关系、友谊、学校和工作关系以及熟人关系。这些当中最重要的是亲密关系，其特点就是亲密。**亲密关系**是一种当你分享自己的真实内在自我时，油然而生的密切、关爱和互相接受的感觉。亲密关系并不总涉及性关系。例如，朋友关系可以是非常亲密的，而性关系却可以是缺少亲密感的。

亲密关系在若干重要方面不同于随意的关系。在亲密的关系中，人们：

- 相互知道许多对方的隐私
- 与对其他人的爱意相比，相互间更爱彼此
- 经常以有意义的方式影响对方的生活
- 把他们看做是一个整体，称为"我们"
- 相互信任
- 希望并期待这种关系会长久

虽然我们每天看到许多同样的人，比如同事、同学、邻居和老师，但我们很少与他们变得很亲密。事实上，大多数人在一段时间里只有少数几段亲密关系。这种关系需要时间去培养。只知道某人生活的事实是完全不够

的。我们也许知道某人，比如室友的许多事情，但与他或她并无亲密的关系。要发展到亲密关系，两人必须相互开放他们的想法和情感。在健康的亲密关系中，这种开放与相互尊重对方的目标和界线是结合在一起的。

广度和深度 亲密关系的另一个特征是它具有广度和深度。当一种关系具有广度时，其参与者谈论的话题就很广泛。当一种关系具有深度时，参与者会谈论与他们的内在自我直接相关的问题。成功的亲密关系通常具有很大的广度和深度——人们讨论许多话题，并且透露自己内在的想法和情感。普通的关系缺少深度，尽管也许会有广度。以同事曼迪和杰拉多的关系为例。很大一部分时间里，两人都在午餐时间进行交谈，谈论从周末计划到他们老板的珠宝趣味的每件事情。但是，他们的对话避开像自己的浪漫关系和对未来的期望和梦想这样的话题。尽管这两人在一起度过了相当长的时间，但他们的关系并不具有多少亲密性。

成功要诀
亲密关系需要时间、信任和情感的开放。

考察你关系中的广度和深度，这是评估这些关系亲密程度的好办法。运用第362~363页练习50中的图表来考察你的亲密关系。

自我表露

亲密关系是如何发展的？建立亲密关系的首要方式是自我表露。**自我表**

网络活动

电子邮件同理心

你在用电子邮件进行沟通时损失了许多非语言的信息，这有可能导致误解。例如，在电子邮件中，讽刺和幽默有可能显得具有敌意、傲慢或毫不关心。在给朋友发电子邮件时，许多人使用富有创造性的标点符号、粗体或斜体字、表情符号（比如笑脸）和缩略语（比如表示大笑的LOL）来弥补无法面对面接触（以及那些快速输入文字的人）的不足。然而，这样一些手段通常被认为是不专业的。当你写电子邮件时，练习"电子邮件同理心"——考虑你的用语在接收者那里将有何效果。你的信息清晰明了并且尊重他人了吗？你考虑过接收者会怎样解读此信息吗？你提供给他或她所有需要的信息了吗？作为接收者时，你也要发挥同理心。当你收到一份让你生气的电子邮件时，问一下自己是否考虑了所有可能的解读。我们通常容易做出一种刻薄、但你也许很快会后悔的回应。面对一封你不能理解的电子邮件时，可要求对方给出进一步的说明。还可以考虑打个电话或约定一次面对面的谈话。

思考 书面沟通与口头沟通有何不同？想了解更多有关写有效电子邮件的内容，请点击 www.mhhe.com/waitley5e。

练习50　你的亲密关系

A. 写下你与之拥有亲密关系的人的名字，最多六个，并描述他们与你的关系（比如妻子、父亲、朋友）。然后描述一下你们相互之间会分享哪些重要的想法和情感，不分享（或者还没有分享）哪些重要的想法和情感。

姓名/关系	我们分享	我们不分享

B. 你对你们关系的亲密程度感到满意吗？为什么？

_____

_____

_____

_____

C. 你愿意与你名单中的人分享更多的信息吗？如果愿意，那你愿意分享什么以及为什么？如果不愿意，那是为什么？

_____
_____
_____
_____
_____
_____
_____
_____

D. 很少有人向他人透露自己的每件事情。你有任何自己决不愿意与任何人分享的私人想法和情感吗？请予以解释。

_____
_____
_____
_____
_____
_____
_____
_____

自我表露
交流你的真实想法、愿望和情感。

露指的是交流你的真实想法、愿望和情感。当人们说某人是"真实的"或"真诚"的，他们通常意指这个人擅长自我表露。自我表露意味着让他人看到真正的你。通过展示情感上的开放程度，你向对方表明自己看重这段关系。

成功人士向他人展示真实的自我，而不只是表达使自己感到自得的好话。我们经常在自己周围建造一堵墙，只透露我们认为他人应该看到的东西。我们太害怕使自己变得易受攻击了。但是，这有可能妨碍我们实现自己的全部潜能，也可能是实现亲密关系的一个障碍。自我表露随着实践而变得容易。当你展示真实的自我时，你就获得了自尊和他人的尊重。这会鼓励你进一步表露自我。

他人对你了解多少？根据图表9.3所示的乔哈里窗（Johari window）模型，你的所有信息都可以归入四个类别中去：

成功要诀
建立亲密关系，你需要表露真实的自我。

- **开放的自我**代表你所知道的、你也没有理由向他人隐藏的关于你自己的事情。
- **隐蔽的自我**代表你所知道的、但向他人隐藏的关于自己的事情。
- **盲目的自我**代表其他人可能知道、而你自己未能知道的关于你自己的事情。
- **未知的自我**代表无人能够知道的关于你自己的事情，比如你未知的才能、能力和态度，以及遗忘了、受压抑的体验和情绪。

这种沟通模型对增进一个团队或群体中个人之间的理解特别有效。通过开放信息，个人在团队中建立起信任（纵向地扩大开放的自我象限）。通过接受建设性的反馈，他们还能学会更多关于更好的自己和如何改进自己的知识（横向地扩展开放的自我象限）。

扩大你的开放自我是健康的。你可以通过自我表露和增强你的自我意识来做到这一点。

成功的亲密关系

亲密关系是我们生活中的一个非常基本的部分，以致我们经常把它们当做是理所当然的。然而，我们的身份、日常生活和情感状态都深深地依赖于这些关系。因此，你需要为你的这些关系付出时间和努力。

成功要诀
自我意识对于亲密关系至关重要。

对于良好的关系，并不存在一个放之四海而皆准的公式。然而，为了使人们在情感上有所收获，亲密关系需要具有下述三种特征：

- 共享性

| 图表 9.3 | 乔哈里窗 |

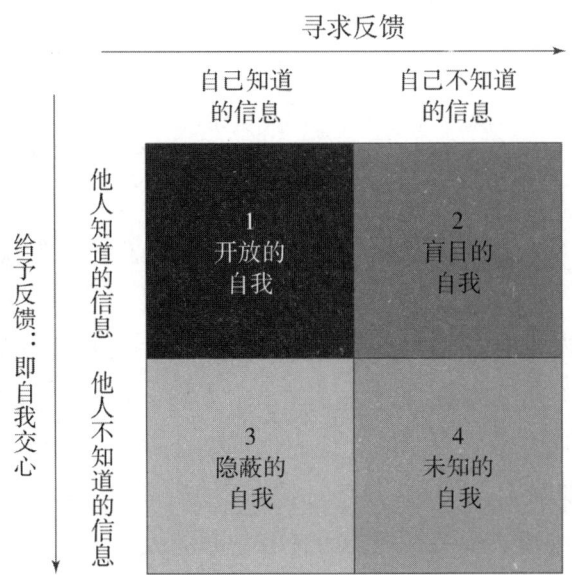

表露还是不表露 乔哈里窗表明我们如何了解自己以及如何与他人互动。你认为这四种自我中的哪一个包含最多关于你的信息？请予以解释。

资料来源：Joseph Luft, *Groups Process: Introduction to Groups Dynamics* (Palo Alto, CA: National Press, 1970).

- 社交性
- 情感支持

共享性意味着自我表露，同时也意味着拥有共同的东西，比如兴趣和活动。它还意味着在需要时提供物质支持。社交性意味着在一起分享乐趣，并且享受对方的陪伴。提供情感支持意味着关心对方的想法和情感，表示欣赏和喜爱，并且给予鼓励。这是关系的情感核心。为了给朋友或伴侣以情感支持，并且由此增强你得到的支持，你需要努力做到：

- 具有自我意识和情感意识
- 表示并且真正地感受到同理心
- 练习积极倾听
- 考虑对方的动机和需要
- 表示出关心、爱护和真正的兴趣
- 给予鼓励和情感支持

- 避免伤人的行为，比如欺诈、自私、依赖、试图控制以及生理或心理上的辱骂

成为一名支持他人的朋友或伴侣需要付出努力和担当，但是其回报会大大地超过投入。

自尊和成功的关系 另一种保障与他人的健康关系的方式是努力培养你的自尊。为什么？你对自己越是感到自信、愉快和自得，你就越能够信任你的伴侣或好友，相信他或她的良好意愿，相信你维护健康、互惠的长期关系的能力。

低自尊的人经常生活在被对方抛弃的恐惧中。设想被抛弃的人总是担心对方会暗中放弃这段关系。面对这种焦虑，人们会变得怀有敌意、心灰意冷，或者妒火中烧、意欲控制。因此他们也可能会表现得完全不同，比如任由别人击败或者诋毁自己。这些都会削弱关系的质量，更容易导致真正的拒绝。反之，对自己维持一种关系的能力怀有信心的人，更加享受他们所处的关系——从而使得这些关系更牢固。

> **成功要诀**
> 你对一种关系投入越多，得到的回报也就越多。

处理关系中的冲突

每一种关系无论怎样和谐，偶尔也会面临冲突。**冲突**是个人或群体在需求、价值观、情感或权力上出现矛盾时发生的分歧。冲突可以采取这样的形式：与朋友争论、与同事发生争执或者与配偶争吵。当人们在下述某个方面出现分歧的时候，冲突经常会随之发生：

> **冲突**
> 个人或群体在需求、价值观、情感或权力上出现矛盾时发生的分歧。

- 需求——我们每个人总是努力满足自己的需求。当我们没有成功地满足自己的需求，同时我们觉得需要责备别人时，冲突就有可能发生。冲突还可能在无视或否认我们自己和他人的需求时发生。
- 价值观——当人们持有对立的价值观，特别是当人们把自己的个人价值观与绝对的对与错相混淆时，严重的冲突就有可能发生。
- 情感——当人们在一个投入情感的议题，比如政治、教育或宗教上出现分歧时，冲突经常就会发生。
- 权力——当人们试图行使权力，比如要求对方以自己的方式行事时，冲突往往会发生。当一个人或一个群体感到被另一个人或群体控制时，冲突也有可能发生。

惹恼、受挫和愤怒也经常伴随着冲突而来。然而，尽管这些情绪有可能

个人日志 9.4

处理冲突

描述你在过去一年中牵涉其中的三次人际或群体间冲突:工作中一次、学校里一次、家里一次。什么导致了这些冲突,你是如何处理它们的——或者不予处理?

工作中:

原因:
_____

你是如何处理的:
_____
_____

在学校里:

原因:
_____

你是如何处理的:
_____
_____

在家里:

原因:
_____

你是如何处理的:
_____
_____

你为自己处理这些冲突的方式感到自豪吗?如果是,那为什么?如果不是,那你下次如何做好?请记住,使用ABCDE方法来处理困难的处境。

成功要诀
冲突可以巩固关系。

令人不快，但冲突是人们互动中自然并且正常的一部分。事实上，冲突可以是健康的。它可以使进展、创新和思维的新方式得以产生。它能提供一个讨论重要想法和情感的机会。你过去是如何处理冲突的？在个人日志9.4中记录下你的个人体验。

解决冲突 有效的沟通是解决冲突的关键。良好的沟通有助于你以积极的方式来解决冲突，而劣质的沟通则妨碍冲突的解决，并且常常使其恶化。面对冲突时，重要的是：

成功要诀
集中于解决，而不是责备。

- **避开对抗**。承认存在一个问题，然后关注事实，而不是责备。
- **积极地倾听**。努力理解对方的观点。予以充分的注意并且避免妄下评判。
- **说出你的需求**。坦然面对你的需求，并且记住，你和对方在满足你的需求上拥有平等的权利。
- **为解决冲突想出可能的解决方案**。尽可能地想出各种可以解决冲突的方案，然后讨论每一种方案的执行效果。
- **致力于一种解决方案**。你一旦选择了一个解决方案，就照此处理，并且履行你的诺言。这表明你尊重对方的需求，并且表明你是在认真地解决冲突。

以开放和相互尊重的态度来运用这些策略，可以通过至少满足各自需求的一部分来取得"双赢"。良好的冲突解决方案不仅能够化解当前的问题，还能使我们对关系有更深的理解。

尊重和成功

像良好的沟通这样的友好关系取决于你对自己以及他人的尊重。每个人都是独特的，每个人都拥有发挥其生活潜能的权利。在体育运动、商业、教育或其他活动中取得成功的人们会接受自己的独特性。他们对自己感到满意，并愿意让别人了解并承认自己的真实状况。他们知道，肤色、宗教、出生地或财务状况不能决定一个人的价值。积极并富有同理心的人自然会吸引朋友和支持者。他们很少有必须独自面对的情况。

✓ **自我测验**
1 定义遵从。（p. 354）
2 成见和偏见有何区别？（p. 355）
3 列举冲突的四个来源。（p. 366）

本章复习和活动

关键词

沟通（p. 332）　　　　关注（p. 349）　　　　成见（p. 355）

人际沟通（p. 332）　　释义（p. 349）　　　　偏见（p. 355）

渠道（p. 336）　　　　反思（p. 349）　　　　同理心（p. 357）

语境（p. 336）　　　　关系（p. 353）　　　　人际关系（p. 360）

非语言沟通（p. 338）　群体（p. 353）　　　　亲密关系（p. 360）

肢体语言（p. 342）　　遵从（p. 354）　　　　自我表露（p. 364）

积极倾听（p. 347）　　多样性（p. 355）　　　冲突（p. 366）

根据学习目标进行总结

- **描述沟通的六个要素。**　这六个要素是：1. 发送者，即发送信息的人；2. 信息，一种想法或感觉；3. 渠道，即中介；4. 接收者，即接收信息的人；5. 反馈，即接收者的回应；6. 语境，即时间和地点。

- **总结非语言沟通的形式和功能。**　最重要的非语言信号是人身距离、声音和肢体语言。它们的功能是管理对话、提供反馈和阐明信息。

- **列举有效演讲和积极倾听所必需的几种技能。**　有效讲话所必需的技能包括运用有表达力的词汇、清晰和真诚、欢迎反馈、表示尊重。积极倾听所必需的技能是鼓励、关注和回应（EAR）。

- **解释成见、偏见和同理心之间的关系。**　成见即关于某个群体的过度简单化的信念，它经常会导致偏见，即对该群体的负面感觉。同理心帮助我们克服成见和偏见。

- **定义亲密关系并解释如何在人际关系中发展它。**　亲密关系是一种密切、关爱和相互接受的感觉，它源自你对真实内在自我的分享。亲密关系是通过自我表露建立的。

- **列举令人满意的亲密关系的特征。**　令人满意的亲密关系的三个核心特征是：共享性、社交性和提供情感支持。

- **解释如何有效地处理冲突。**　为了处理冲突，要关注事实，尽力思考可能的解决方案，并讨论每种方案对你需求的满足程度。选定一种解决方案并坚持执行下去。

本章复习和活动

复习题

1. 情绪能如何导致沟通的失败?
2. 什么是文化意识?
3. 列举三个非语言沟通的例子,并且解释其含义。
4. 定义释义和反思。
5. 积极成见为什么有害?
6. 什么是自我表露,它为什么重要?

批判性思考

7. **同理心** 考虑某宗教领袖说过的一句话:"当我们为他人付出爱和仁慈时,这不仅让他人感受到爱和关注,而且也帮助我们生发出内在的幸福与和平。"你认为这是什么意思?你同意吗?请予以解释。
8. **词汇** 广泛阅读和拥有巨大词汇量的人通常在其职业生涯中也很成功。你觉得什么可以解释这种现象?你有兴趣建造自己的词汇库吗?请予以解释。

应用

9. **非语言沟通** 观察公开场合的非语言沟通,例如在商场或公园里,至少观察30分钟。列举出你观察到的十种面部表情或手势,以及你认为它们的含义是什么。不同文化和出生在不同国度的人们是否使用不同的非语言信号?一对情侣间的非语言行为告诉你哪些关于他们之间关系的事情?解释你在观察过程中注意到的最有趣的事情。
10. **关系性质** 请五位女性和五位男性来完成下列两条陈述:"一个真正的朋友＿＿＿＿＿＿。"和"我理想的浪漫伴侣＿＿＿＿＿。"请每位受访者解释他们为何这样填写。把你的结果与一名同学的调查结果相比较,你们收到的回答相类似吗?女性和男性对这些问题的回答是否有所不同?准备好你的笔记进行讨论。

本章复习和活动

网络活动

11. **性别与沟通**　运用网络搜索引擎来搜索沟通中的性别差异。女性和男性以怎样不同的方式进行沟通？为什么？男性和女性可以用哪些具体的策略来更好地相互沟通？

12. **关系价值观**　浏览 www.mhhe.com/waitley5e，找到其中一个网站链接，它包含有关各种价值观力量的故事和格言。选择其中一种你认为对于成功的人际关系来说很重要的价值观。阅读有关这种价值观的格言，选出其中你认为是最好的并且最适合于你自己生活的一段。记下这段格言，并且解释你为何觉得它有意义。然后描述你的一段支持该格言信息的个人经历。

真实成功故事："我如何支撑自己？"

回顾你对第 330 页"真实成功故事"所作的回答。在学习了更多有关尊重他人的沟通和管理冲突的内容后，考虑一下你现在会怎样回答。

完成该故事　设想你现在是一位乐于助人的同事，给乔写一封电子邮件，向他解释他如何可以运用自信的沟通，即"我"字陈述和冲突解决策略来改进他与老板的关系。

拓展阅读材料

Adler, Ronald B., and Neil Towne. *Looking Out, Looking In: An Introduction to Interpersonal Communication.* 12th ed. New York: Holt, Rinehart, and Winston, 2007.

Allen, David. *Getting Things Done: The Art of Stress-Free Productivity.* New York: Penguin, 2002.

Altman, Kerry Paul. *The Wisdom of the Five Messengers: Learning to Follow the Guidance of Feelings.* Baltimore: Sidran, 2007.

Bassham, Gregory, William Irwin, and Henry Nardone. *Critical Thinking: A Student's Introduction.* 3rd ed. New York: McGraw-Hill, 2007.

Buckingham, Marcus, and Donald O. Clifton. *Now, Discover Your Strengths.* Tulsa, OK: Gardners, 2005.

Byrne, Rhonda. *The Secret.* New York: Simon & Schuster, 2006.

Covey, Stephen. *The Seven Habits of Highly Effective People.* New York: Simon & Schuster, 2004.

Davis, Martha, Elizabeth Robbins Eshelman, and Matthew McKay. *Relaxation and Stress Reduction Workbook.* 6th ed. Oakland: New Harbinger, 2008.

Dickson, Amanda. *Wake Up to a Happier Life: Finding Joy in the Work You Do Every Day.* Salt Lake City, UT: Shadow Mountain, 2007.

Ellis, Albert. *How to Stubbornly Refuse to Make Yourself Miserable About Anything.* New York: Kensington, 2006.

Feldman, Robert S. *Understanding Psychology.* 9th ed. New York: McGraw-Hill, 2009.

Fiore, Neil. *The Now Habit.* Chagrin Falls, OH: Findaway World, 2008.

Freston, Kathy, and C. Oz Mehmet. *Wellness: A Practical and Spiritual Guide to Health and Happiness.* New York: Weinstein, 2008.

Gamble, Teri Kwal, and Michael Gamble. *Communication Works.* 9th ed. New York: McGraw-Hill, 2007.

Goleman, Daniel. *Emotional Intelligence.* 10th ed. New York: Bantam, 2005.

Hanna, Sharon L. *Person to Person.* 5th ed. Englewood Cliffs, NJ: Prentice Hall, 2007.

Herman, Kenneth. *Secrets from the Sofa: A Psychologist's Guide to Achieving Personal Peace.* Bloomington, IN: iUniverse, 2007.

Jakes, T. D., and Phil McGraw. *Reposition Yourself: Living Life Without Limits.* New York: Simon &

Schuster, 2007.

Jeffers, Susan J. *Feel the Fear and Do It Anyway*. 20th ed. New York: Random House, 2006.

Lawrence, Judy. *The Budget Kit: The Common Cents Money Management Workbook*. 5th ed. New York: Kaplan Publishing, 2007.

Miller, Dan. *No More Mondays: Fire Yourself—and Other Revolutionary Ways to Discover Your True Calling at Work*. New York: Doubleday, 2008.

Morgenstern, Julie. *Time Management from the Inside Out*. 2nd ed. New York: Henry Holt & Company, 2004.

Orman, Suze. *9 Steps to Financial Freedom*. Rev. ed. New York: Crown, 2006.

Pausch, Randy, and Jeffrey Zaslow. *The Last Lecture*. New York: Hyperion, 2008.

Seligman, Martin. *Learned Optimism*. New York: Knopf, 2006.

Shriver, Maria. *Just Who Will You Be?: Big Question. Little Book. Answer Within*. New York: Hyperion, 2008.

Thaler, Richard H., and Cass R. Sunstein. *Nudge: Improving Decisions About Health, Wealth, and Happiness*. New Haven, CT: Yale University Press, 2008.

Tolle, Eckhart. *A New Earth: Awakening to Your Life's Purpose*. New York: Penguin, 2008.

____. *The Power of Now: A Guide to Spiritual Enlightenment*. Novato, CA: New World Library, 2004.

Waddington, Tad. *Lasting Contribution: How to Think, Plan, and Act to Accomplish Meaningful Work*. Beverly Hills, CA: Agate, 2007.

Waitley, Denis. *Empires of the Mind*. New York: Quill, 1996.

____. *The Joy of Working*. Rev. ed. New York: Random House, 1995.

____. *The New Dynamics of Goal Setting*. London: Nicholas Brealey, 1997.

____. *The New Dynamics of Winning*. New York: Quill, 1995.

____. *The Psychology of Winning*. New York: Berkley Books, 1992.

____. *Seeds of Greatness*. New York: Simon & Schuster, 1988.

____. *The Winner's Edge*. New York: Berkley Books, 1994.

Willett, Walter C., P. J. Skerrett, and Edward L. Giovannucci. *Eat, Drink, and Be Healthy: The Harvard Medical School Guide to Healthy Eating*. New York: Free Press, 2005.

Ziglar, Zig. *Over the Top*. Nashville, TN: Thomas Nelson, 2007.

____. *See You at the Top*. 25th ed. New York: Pelican, 2000.

Ziglar, Zig, Jim Savage, Krish Dhanam, Bryan Flanagan. *Top Performance: How to Develop Excellence in Yourself and Others*. Grand Rapids, MI: Baker, 2004.

词汇表

ABC Model ABC 模式 人的行为模式，其中激发事件（A）激起了非理性信念（B），然后该信念又激起了消极的行为结果（C）。

ABCDE Method ABCDE 方法 通过驳斥非理性信念来应对消极思考的一种方法。

Accomplishment 成就 通过努力、技能和坚持去完成的任何事情。

Accuracy 准确 真相。

Activating Event 激发事件 在 ABC 模式中，激起非理性、自暴自弃信念的负面事件。

Active Listening 积极倾听 以理解和密切注意所说的话的方式去倾听。

Adapting 适应 灵活地应对变化。

Aerobic Exercise 有氧锻炼 持续的、有节奏的身体活动，可以在短时间内提高心率和呼吸速率。

Affirmation 积极主张 积极的自我陈述，有助于你用积极、关爱和认可的方式来为自己考虑。

Aggression 侵犯 倾向于伤害或损害一个人或对象的行为。

All-or-nothing Thinking 全有全无思维 一种认知上的扭曲，指的是人们看问题非黑即白，觉得中间没有灰色地带。

Anaerobic Exercise 无氧锻炼 高强度的锻炼，可强化肌肉；包含短暂爆发的剧烈运动。

Anger 愤怒 强烈的失望感、愤怒感或敌视感。

Antibodies 抗体 免疫系统产生的抵御疾病的蛋白质。

Anxiety 焦虑 普遍的、没有特定原因的担忧或不安感。

Assertiveness 自我主张 在不威胁他人自尊的前提下主张你的权利。

Attending 关注 集中注意力、警觉并以开放的态度接收信息。

Attitude 态度 预先安排你以某种方式行动的信念或观点。

Autonomic Nervous System [ANS] 自主神经系统 神经系统的组成部分，监视和控制大部分非自主机能，包括心跳和出汗。

Autonomy 自主 选择的自由、独立性和行使独立判断的机会。

Avoidance 逃避 不愿面对令人不适的情形或心理现实。

Behavior 行为 人们思考、感受或做的任何事情。

Belongingness 归属感 令人满意的与他人的关系。

Biofeedback 生理反馈 一种治疗技术，

它运用电子仪器测量并显示病人的生理特征（比如心跳），以便帮助病人更好地控制它们。

Blind Self　盲目的自我　在乔哈里窗中，其他人可能知道，而你自己未能知道的关于自己的事情。

Body Image　身体意象　如何看待和感受你的身体和外貌。

Body Language　肢体语言　面部表情、姿势和动作。

Breadth　广度　1. 在批判性思考中，一条陈述考虑其他论据和观点的程度。2. 在人际关系中，一个人与他人讨论的话题的数量。

Budget　预算　一种金钱管理计划，它会具体说明你在某个时期内将如何使用自己的金钱。

Catastrophizing　小题大做　戏剧性地夸大任何小事件的负面结果。

Channel　渠道　传递信息的媒介。

Clinical Psychologist　临床心理学家　诊断并治疗情绪障碍的心理学家。

Closed Question　封闭式问题　要求一定要用一两个词来回答的问题。

Cognition　认知　对任何形式的信息进行思考的过程。

Cognitive Distortion　认知扭曲　自我批判和毫无逻辑性的思维。

Cognitive Therapy　认知诊疗　一种心理诊疗技术，它基于的理念是我们的思维会影响我们的感觉。

Collective Identity　集体身份　你扮演的社会角色和你所属的社会组织的综合。

Collectivism　集体主义　与个人目标相比，更重视团体目标。更多地根据团体身份而不是个人属性来界定一个人的身份。

Comfort Zone　舒适区域　你意识中觉得安全并知道自己会成功的区域。

Committed Time　承诺时间　用于学校、工作、家庭、志愿活动和其他与短期和长期目标相关的活动的时间。

Communication　沟通　给出或交换信息的过程。

Competence　胜任　有把握做好某事。

Complaint　抱怨　向别人诉说苦恼、不快或担忧。

Conditional Positive Regard　有条件的积极关心　针对一个人，尤其是儿童，只有他们以某种方式行动时才给予关爱和认可。

Conflict　冲突　个人或群体在需求、价值观、情感或权力上出现矛盾时发生的分歧。

Conformity　遵从　由于遵守一个群体的规则而引起的行为变化。

Conscious Mind　意识思维　大脑机能中控制我们可以意识到的精神过程的一部分。

Consciousness　意识　察觉到一个人在特定时刻所经历的感觉、思考和知觉。

Consensus　共识　团体大多数（而不是所有）成员同意。

Consequences　结果　我们行动的逻辑效果。

Constructive Criticism　建设性批评　关注

具体的行为，通常会提及积极的方面并提供改进建议的批评类型。

Context 语境 沟通发生的时间和地点。

Coping 应对 面对不如意或有危险的情境。

Coping Skills 应对技能 帮助你处理压力和其他不愉快情形的行为。

Cortisol 皮质醇 一种类固醇激素，用以控制新陈代谢和血压，在紧张的时候身体会释放它们进入血液。

Credit 信贷 你在必须偿还给借款者之前能够使用的一笔钱款。

Credit Record 信用记录 对一个人以信贷购物的理财习惯的记录。

Critical Thinking 批判性思考 积极的、自我反思的思考。

Criticism 批评 任何包含判断、评价或有关错误陈述的评论。

Cultural Awareness 文化意识 能辨认出不同文化相异的方式，以及这些差异如何影响跨文化互动的能力。

Culture 文化 为巨大的社会群体所共享且世代相传的行为、观念、态度和传统。

Debit Card 借记卡 一种塑料银行卡，可以当做提款卡和银行卡来使用。

Debt 债务 1.欠贷款人的钱。2.拖欠款项的状况。

Decision 决定 在一些选项或可能的行动方案之中合理地选择。

Decision-making Process 决策程序 一套指出并评估各种可能性以作好选择的合乎逻辑的步骤。

Deindividuation 从众心态 一种降低抵制和自我意识的状态，它可导致人们去做他们独自一人时绝不会做的事情。

Denial 否定 拒绝面对痛苦的想法和感觉。

Depression 抑郁症 一种使人感到极度悲伤、无望和无助的疾病。

Depth 深度 1.在批判性思考中，一条陈述所能达到的程度是挖掘表面之下的议题本质。2.在人际关系中，一个人与他人谈论话题的重要性和与自己相关的程度。

Desire 欲望 有意识地驱动我们去实现目标。

Despair 绝望 无望和受挫折时的不愉快感。

Destructive Criticism 破坏性批评 针对一个人的态度或一些个人方面的批评，并不是集中在具体行为上。

Discretionary Expenses 可自由支配开销 有益于身心但并非严格必要的生活开支。

Discretionary Time 自由支配时间 可用来做你想做的任何事情的时间。

Discrimination 歧视 根据某个特征来区别对待一个人或群体的行为。

Disgust 憎恶 一种消极的反感或排斥。

Dispute 驳斥 通过相关情形来检验非理性信念。

Distress 忧虑 由负面事件引起的压力，这会造成消极的生理和情感影响。

Diversity 多样性 多种多样。

Downward Comparison 向下比较 在一个特定的领域里，把自己与不如自己成功的人相比较。

Dream 梦想 能赋予人生以目标的对未来的抱负、期望或愿景。

80/20 Rule 80/20规则 该理论认为，投入与产出或努力与结果之间的关系并不是平衡的。

Embarrassment 难堪 当一个人认为他人找到了自己的缺陷时所产生的不愉快感。

Emotion 情感 伴随着生理和行为变化的主观感觉。

Emotional Awareness 情感意识 认知、识别并接受自身情感的过程。

Emotional Reasoning 情感推理 一种认知扭曲，它使你断定自己的消极情绪反映了事情的本来面目。

Emotional Support 情感支持 关心对方的想法和情感，表示欣赏和喜爱，并且给予鼓励。

Empathy 同理心 意识到并察觉他人的感觉、想法和体验。

Encouraging 鼓励 一种积极倾听的技能，它会显示出倾听的愿望。

Endorphins 内啡肽 大脑中一种发挥天然止痛药作用的蛋白质。

Escape Response 逃避反应 帮助你把精力从麻烦中移开的行为。

Esteem 尊重 1.（动词）赞赏一个人或一件事的价值。2.（名词）赞赏和高度评价。

Ethics 伦理 你用来界定可接受的行为和判断正误的原则。

Eustress 积极压力 由那些使我们充满力量的积极事件所引起的压力。

External Obstacle 外部障碍 由外部世界因素（如一个人或事件）造成的障碍。

Extrinsic 外在 外部的。

Extrinsic Goals 外在目标 与下列事件相关的目标,希望在他人眼中看起来很好、赢得奖赏或避免负面结果。

Extrinsic Motivation 外在激励 来自外部的激励。

Facial Expressions 面部表情 一种肢体语言，其中包括嘴、眉毛、前额和眼睛的动作。

Failure 失败 不希望得到的结果。

Fear 惧怕 由预期到危险而产生的不愉快感。

Feedback 反馈 对信息作出的回应。

Filtering 过滤 阻断积极输入，只集中在消极输入上的思维习惯。

Finance Charges 信贷费用 借款人收取的费用，通常根据所借出的数额而定。

Finances 财务 财经资源。

Fixed Committed Expenses 固定必要开销 每个月都相同的必要支出。

Framing Effect 框架效应 受决定、疑问或问题的表达方式所影响的决策偏向。

Gender 性别 用来界定男性和女性的一系列特征。

Gender Bias 性别歧视 由于性别不同而受到区别对待的情况。

Gender Role 性别角色 一套定义男性和女性应当如何表现的规范。

Gestures 四肢动作 一种肢体语言，它包含了臂膀、手、腿和脚的运动。

Goal 目标　你期望实现的结果，引导你努力的方向。

Group 群体　相互影响的一群人（通常是三人或更多）。

Groupthink 群体思维　由群体成员持有的一种简单化思维，这些成员更关心维护俱乐部式的氛围，而不是批判地思考。

Guilt 内疚　当一个人认为他或她的行为伤害到了其他人的时候，由此而产生的一种消极感。

Habit 习惯　由于重复而变成自动进行的行为。

Happiness 快乐　来自对生活积极评价的幸福状态。

Hassles 麻烦事　日常生活中引起紧张的小烦恼。

Helpless Thinking 无助思维　在这种认知扭曲中，人们认为自己的生活不是自己所能控制的。

Hidden Self 隐蔽的自我　乔哈里窗中，向他人隐藏的自己所知道的信息。

Hierarchy of Needs 需求层次　人类需求五层次的图示，按照从最基本到最复杂的顺序进行排列。

"I" Statement "我"字陈述　对某个问题的陈述，而且该陈述以"我"字开头，它在不责备他人的前提下交流感觉。

Ideal Self 理想自我　我们希望或觉得应当成为的那种人。

Identity 身份　你选择如何向世界定义自己。

Imagination 想象力　精神的创造力量。

Important 重要　与一个人的私人或工作目标相关。

Impulse 冲动　有可能导致预料之外或不明智的行动的突发愿望或感觉。

Impulse Buying 冲动消费　未事先计划而心血来潮地花钱。

Incentive 刺激性奖励　为了激励某人做某事而提供的奖赏。

Income 收入　你在一个固定时期内获得的所有金钱。

Individual Identity 个体身份　将你与他人区别开来的生理和心理特征。

Individualism 个人主义　一种视个人目标高于群体目标，并且更多地通过个人特质而不是群体身份来界定身份的哲学。

Inner Critic 内在批评　以持续的消极自我对话攻击你的批评声。

Instrumental Support 工具支持　给予资源，如金钱、劳动、时间、建议和信息。

Intelligence 智力　解决特定类型的真实问题的一系列能力。

Interests 兴趣　对特定课题和活动的个人偏好。

Internal Obstacle 内部障碍　由于个人因素而造成的障碍，比如完美主义或缺乏激励。

Interpersonal Communication 人际沟通　一对一，通常是面对面的沟通。

Interpersonal Relationship 人际关系　两个人之间的关系。

Intimacy 亲密关系　当你分享自己的真实内在自我的时候，油然而生的那种密切、关爱和互相接受的感觉。

Intrinsic 内在 内部的。

Intrinsic Goals 内在目标 与下列事件相关的目标，营造人际关系、帮助他人、实现个人成长、发挥自己最大的潜力。

Intrinsic Motivation 内在激励 来自内部的激励。

Irrational Belief 非理性信念 干涉你思考的、扭曲的、自我破坏的观念或假设。

Job-specific Skill 特定工作技能 完成某项特定任务或工作的技能。

Johari Window 乔哈里窗 一种自我意识和自我表露的模式，它表明本人意识到的和其他人意识到的个人信息的比例。

Joy 快乐 一个人在实现了目标以后所体验到的愉悦感。

Judgementalism 批评主义 因为违背了你认为应当遵循的方式，从而谴责这些人或事的习惯。

Knowledge 知识 对特定学科领域的事实和原理的理解。

Label 标签 人们用来定义他们是谁的一句简单陈述。

Life Coach 人生导师 专业的激励专家，他们帮助客户找到自己的目标，并使他们为更有意义的人生作出所需要的改变。

Logic 逻辑 正确地推理、从事实得出结论的过程。

Logos 逻各斯 科学、研究；"心理学"的两个希腊语词源中的另一个。

Loneliness 孤独 为独处而感到悲哀。

Long-term Consequences 长期结果 一个行为的长远结果，它通常是不可预期的。

Long-term Goal 长期目标 你计划在更长远的未来完成的目标。

Love 爱 喜欢、愿意为之奉献，并且依恋对方的感情。

Magical Thinking 一厢情愿 认为一个人的思想可以控制很多事件。

Maintenance Time 维护时间 花费在维护和关照自己和周围事情上的时间。

Meditation 沉思 把注意力集中在一个特定的因素上，比如声音、词汇、图像或呼吸，以此来恢复平静和清空思想。

Message 信息 对想法和感觉的表达；沟通的内容。

Mind Reading 测心术 在这种认知扭曲中，人们对自己持有糟糕的想法，进而断定其他每个人也持有同样的想法。

Mistake 错误 你过去做的、但你现在希望不这样做的任何事情。

Money 金钱 一种用来交换物品和服务的便捷媒介。

Money Management 金钱管理 合理地使用金钱以实现你的目标。

Motivation 激励 促使我们行动的力量。

Need 需求 生存和发展所必需的东西。

Negative Escape Response 消极逃避回应 这种逃避反应会使人暂时感觉良好，但它最终会使问题变得更严重。

Negative Motivation 消极激励 为了避免消极结果而去做某事的驱动力。

Negative Thinking 消极思考 关注你自

己、他人和周围世界的缺点和问题。

Nervous System 神经系统 通过在大脑和其他身体部位之间往返传递信息来调节行为的神经元系统。

Neurons 神经元 神经系统中使用化学信号和电信号来传递信息的细胞。

Nonverbal Communication 非语言沟通 不借助词语来给出或交换信息的过程。

Norms 准则 定义在特定社会地位和制度中恰当和不恰当行为的标准或规则。

Obstacle 障碍 任何阻止你实现目标的障碍。

Open Question 开放式问题 用特定方式来陈述的问题，它允许多样的回答。

Open Self 开放的自我 在乔哈里窗中，代表一个人知道的，并且没有理由向他人隐藏的关于你自己的事情。

Optimism 乐观主义 倾向于预期最好的可能结果。

Overgeneralizing 过度概括 以有限的证据为基础而得出宽泛的消极结论。

Paraphrasing 释义 重新陈述信息中的实质内容。

Parasympathetic Nervous System 副交感神经系统 自主神经系统的一部分，它在人们经历了紧张的危急情形之后使人冷静下来。

Passive-aggression 消极侵犯 针对他人的间接、伪装的侵犯。

Perfectionism 完美主义 认为只有你完美时才有价值的信念。

Persistence 坚持 不顾反对、挫折和偶尔的怀疑而继续下去的能力。

Personal Digital Assistant [PDA] 个人数字助理 一种无线电子装置，它给人提供基本的记录工具，如待办事项和时间表。

Personality 人格 把你与他人区别开来的相对稳定的行为模式。

Personalizing 个人化 假定每件事情多少都与你有关。

Pessimism 悲观主义 预期最坏的可能结果的倾向。

Positive Escape Response 积极逃避反应 让一个人感觉更好，并且不让问题恶化的一种逃避反应。

Positive Motivation 积极激励 由于某事将促使我们朝向一个目标而去做此事的驱动力。

Positive Stereotype 积极成见 关于一个群体及其成员特质的积极却过于简单化的信念。

Positive Thinking 积极思考 关注有益于我们自己、其他人和我们周围世界的事物。

Possible Selves 可能自我 你在未来也许可真实成为的人。

Posture 姿势 一种肢体语言，包括坐姿和站姿。

Precision 精确 精准。

Prejudice 偏见 对一个群体所抱有的负面感觉或态度，它源自对该群体所持有的过于简单化的信念。

Pride 自豪 一个人在实现个人成功后所

体会到的积极感。

Prioritize 优先排序 按照重要性安排顺序。

Private Self-consciousness 私人自我知觉 意识到自己私人的、内在各方面的倾向。

Probing 探究 向提出笼统、模糊批评的人要求提供具体细节。

Procrastination 拖延 把任务推迟到最后一分钟的习惯。

Progressive Muscle Relaxation 渐进式肌肉放松 一种放松的方法，它让肌群有序地绷紧和释放，以减少紧张。

Psyche 心智 心灵；心理学（psychology）一词有两个希腊语词源，它便是其中之一。

Psychologist 心理学家 研究人类行为的人，其目标是描述、预测、解释、（有时还）改变这些行为。

Psychology 心理学 研究人类行为的科学。

Public Self-consciousness 公共自我知觉 意识到一个人在社会环境中所展示的各个方面。

Rational Emotive Behavior Therapy [REBT] 理性情感行为治疗 这里指的是用来处理非理性信念，并将之转变成理性、有益的信念时所使用的方法。

Receiver 接收者 在沟通中接收信息的人。

Recretional Shopping 消遣购物 把购物（特别是在商业中心的购物）当做是一种娱乐形式。

Reflecting 反思 一种积极倾听技能，它指的是重新陈述信息中的情感内容。

Regret 后悔 希望你此前作出的是不同的决定。

Relational Identity 关系身份 你在与重要的他人的关系中如何定位自己。

Relationship 关系 与另一个人之间有意义的联系。

Resource 资源 可供使用，并且能够在需要时为我们所取用的东西。

Responding 回应 一种积极倾听技能，它要求我们给予建设性的反馈。

Responsibility 责任心 作出独立、积极主动的决定并接受这些决定之结果的能力。

Role Model 角色模范 具备你希望拥有的品质的人。

Sadness 悲哀 因失去而产生的忧郁的悲伤感。

Schedule 时间表 显示必须完成各项任务的日期和时间的表格。

Selective Listening 选择性倾听 选中一个人想听的，而忽视其他内容的过程。

Self 自我 你对自己作为一个独特的、有意识的个体的感觉。

Self-acceptance 自我接纳 认清并接受你自己的真实情况。

Self-actualization 自我实现 发挥你全部的潜能并实现长期的个人成长。

Self-awareness 自我意识 关注你自己的过程。

Self-blame 自我责备 一种认知扭曲，指的是在每件事情上都责备你自己的习惯。

Self-consciousness 自我知觉 经常思考并观察你自己的倾向。

Self-defeating Attitude 自暴自弃的态度 一种认为你自己注定要失败的消极态度。

Self-determination 自我决定 确定你生活所要经历的路径。

Self-direction 自我引导 制定明确的目标并向其努力的能力。

Self-discipline 自我约束 使你不被坏习惯分心，为达成自己的目标而做必须做的事情的过程。

Self-disclosure 自我表露 交流你的真实想法、愿望和情感。

Self-esteem 自尊 信任并尊重你自己。

Self-expectancy 自我期望 相信你能实现自己人生需求的信念。

Self-handicapping 自我设限 为一个人的成功设置障碍，以便为自己糟糕的表现制造借口。

Self-honesty 对己诚实 清楚地看到你自己的强项和弱项的能力。

Self-hypnosis 自我催眠 一种进入缩减意识状态的做法，它使得潜意识更容易接受积极信息。

Self-image 自我形象 你拥有的关于你自己的所有信念。

Self-presentation 自我表现 通过改变你的行为来给他人留下良好的印象。

Self-talk 自我对话 你自己思考或对自己所说的关于自己的内容。

Sender 发送者 在沟通中，把想法或感觉翻译成信息，然后将此信息发送给他人的人。

Sex 性 男性与女性的生物学类别。

Shame 羞愧 在经历一次个人失败后体验到的消极感。

Short-term Consequences 短期结果 一个行动的直接后果，经常是可预测的。

Short-term Goal 短期目标 一个可以在接下来一年内完成的、有着特定计划的目标。

Shyness 害羞 人处在社会环境中的焦虑，它源于对他人如何看待我们的担忧。

Skill 技能 做某种特定事情的能力，这是学习和实践的结果。

Social Comparison 社会比较 把你的特质和成就同其他人的进行比较的做法。

Social Role 社会角色 规定你在给定的社会场合和环境中如何表现的一套准则。

Social Support 社会支持 所有来自那些帮助我们感到被重视、关注和与社区相联系的他人的话语和行为。

Stereotype 成见 一套关于某个群体属性的过于简单化的信念。

Stress 压力 面对自己人生中的要求时所作出的生理和心理反应。

Stressor 压力源 引发压力的任何事情。

Subconscious Mind 潜意识思维 大脑机能中控制我们未能积极意识到的精神过程的一部分。

Success 成功 一生的成就，它来自你在你的工作和生活中创造的一种有意义的感觉。

Sympathetic Nervous System 交感神经系统 自主神经系统的一部分，它为身体应对紧张的突发情形作好准备。

T'ai Chi 太极拳 中国古代的一种武术。

Taboo 禁忌 对于说话、接触或做某些事情的文化禁令。

Time Management 时间管理 有计划地、有效地利用时间。

To-do List 待办事项清单 在某段时间内（比如一周）需要完成的任务和活动的个人清单。

Trait 特质 无论所处境况如何，都以某种特定的方式作出反应的性格。

Transferable Skill 可转换技能 能够用于多种任务和工作的技能。

Trigger 触发源 激发愤怒的人、境况或事件。

Uncertainty 不确定性 不知道一个决定对你自己或其他人将有什么结果。

Unconditional Positive Regard 无条件的积极关心 关爱和认可一个人，尤其是儿童，无论他或她如何表现。

Unknown Self 未知的自我 在乔哈里窗中，没有人能够知道的关于你自己的事情，比如未知的才能、能力和态度，以及被遗忘了的、受压抑的体验和情绪。

Uplifts 精神振奋点 日常生活中能帮助减缓压力的小且积极的瞬间和活动。

Upward Comparison 向上比较 一种社会比较方式，它把一个人与某些领域里更加成功的人进行比较。

Urgent 急迫 要求立即采取行动。

Values 价值观 你选择以之为生的信念和原则。

Variable Committed Expenses 灵活必要开销 每个月数量不等的必要支出。

Vicious Cycle 恶性循环 一个消极事件引发另一个消极事件的事件链。

Visualization 设想愿景 创造能详细展示你希望采取行动的心理图景的过程。

Want 要求 我们即使没有它也可以生存和发展。

Worry 担忧 由于设想最坏的情况而引发的苦恼和焦虑。

Yoga 瑜伽 一种精神和身体锻炼，包括伸展、呼吸练习、放松，有时还有沉思。

"You" Statement "你"字陈述 关于一个问题的陈述，它以"你"开头，并且责备别人造成了该问题。

译后记

　　本书系统全面地介绍、演示、解释和阐述了一个人取得事业成功所需要的心理知识和体验，包括自我意识、了解目标和障碍、培养自尊、积极的思考、自我约束、自我激励、管理各种资源、沟通和人际关系。全书的阐述具体生动，没有抽象的说教，也不纠缠于深奥难懂的名词术语，而是用日常语汇进行简明的定义和解释，介绍成功心理学的原理，列举大量的案例，一一解说各种具体的技能。尤其是通过大量的复习题、活动、练习、日志写作来让读者自己总结、反复实践，了解自己的特点，找出最适合自己的学习和工作方式，从而获得最大的成功。

　　今天，普及心理学仍然是我们的一项艰难任务。许多人在具体专业知识和外语等方面花了许多工夫，成绩显著，对于如何总结自己的心理状况、积极地思考、与人相处共事、取得事业的成功却相当陌生。值此全球化的时代，人才的竞争更加激烈，取得事业和生活的成功已经成为每个人必须正视和实践的事情。掌握成功心理学显然有助于人们取得成功。我们特推荐这本难得的教材，供大学文理科学生、研究生和广大教师、记者、企事业管理干部、政府公务员等各业人士参考，也供立志于培养卓越成功的子女的广大家长们参考。

　　本书的翻译工作分工如下。刘森林翻译第一至四章及第五章的前半部分，顾肃翻译本书的其余部分，并对全书进行了仔细校改。译者水平有限，错误在所难免，恳请读者批评指正。

译者
2015 年 1 月于南京大学

出版后记

渴望成功的人们通常认为成功意味着比他人更加优秀，而恐惧成功的人们通常为妖魔化的成功学与"成功"概念而焦虑。当人人都在谈论成功的时候，这里暗含的一个先行假设或者标准即为有一个既定的"成功"概念。然而成功究竟是什么？是否存在放之四海皆准的"成功"？而我们是否一定需要一个万能的"成功"圭臬？当我们开始思考这些问题时，"成功"一词在使用过程中所裹挟上的鬼魅影子也在此刻开始被打破，我们由此也开始了批判性思考"成功"的旅程。

首先，本书每章都以"真实成功故事"开篇，真实的场景设置使得读者能够更加感同身受地愁书中人物之愁、思书中人物之思，再在此基础上带着问题开始每一章的学习。每章的末尾又设有对开篇故事存在问题的再思考，这使得读者能够通过切实的应用来检验自己的学习效果。

其次，本书的一大特点是配合有丰富的习题与讨论活动。借此，读者可以及时复习所学到的概念。而在面对练习活动中众多会在实际生活中遇到的问题时，读者可以在反复的实践、应用和模拟中自问自省，从而在这一过程中不断地打磨自己对自身以及成功的认识。除此以外，书中的"个人日志"也随章节循序渐进，这使读者可以随时跟踪自己的变化与进步。边栏的"成功要诀"更是清晰地提炼了书中要点，从而帮助读者巩固记忆。

最后，本书附有大量清晰的图表，还有有趣的"应用心理学"小贴士以及"网络活动"，这使读者可以在发现自我的同时学习到很多有意思的心理学知识，这样阅读体验也将更加丰富和美妙。

综上所述，本书是一本每个人都可以轻松自学的优质教材，是一本无关乎"成功学"的成功心理学著作。相信读者在阅读本书的过程中会自然地养成批判性思考的习惯，进而找寻到于自己而言富有意义的成功。也希望当读者朋友们为如何成功而感到迷茫时，本书能为陪伴。

服务热线：133-6631-2326　188-1142-1266
服务信箱：reader@hinabook.com

后浪出版公司
2016 年 4 月

图书在版编目（CIP）数据

成功心理学：第5版/（美）韦特利著；顾肃，刘森林译.—北京：北京联合出版公司，2016.5
（2018.4重印）
ISBN 978-7-5502-6441-0

Ⅰ.①成… Ⅱ.①韦… ②顾… ③刘… Ⅲ.①成功心理—通俗读物 Ⅳ.① B848.4-49

中国版本图书馆 CIP 数据核字（2015）第 244205 号

Psychology of Success: Finding Meaning in Work and Life, 5e
ISBN: 978-0-07-337517-5
Copyright © 2010 by The McGraw-Hill Education
All rights reserved. Previous editions © 1990, 1993, 1997, and 2004. No part of this publication may be reproduced or distributed in any form or by any means, or stored in a database or retrieval system, without the prior written consent of the publisher, including, but not limited to, in any network or other electronic storage or transmission, or broadcast for distance learning.

This authorized Chinese translation edition is jointly published by McGraw-Hill Education and Beijing United Publishing Co., Ltd. This edition is authorized for sale in the People's Republic of China only, excluding Hong Kong, Macao SAR and Taiwan.

Copyright © 2016 by The McGraw-Hill Education and Beijing United Publishing Co., Ltd.

版权所有。未经出版人事先书面许可，对本出版物的任何部分不得以任何方式或途径复制或传播，包括但不限于复印、录制、录音，或通过任何数据库、信息或可检索的系统。

本授权中文简体字翻译版由麦格劳－希尔（亚洲）教育出版公司和北京联合出版公司合作出版。此版本经授权仅限在中华人民共和国境内（不包括香港特别行政区、澳门特别行政区和台湾）销售。

版权 © 2016 由麦格劳－希尔（亚洲）教育出版公司与北京联合出版公司所有。

本书封面贴有 McGraw-Hill Education 公司防伪标签，无标签者不得销售。

成功心理学（修订第 5 版）

著　　者：［美］丹尼斯·韦特利
译　　者：顾　肃　刘森林
选题策划：后浪出版公司
出版统筹：吴兴元
特约编辑：费艳夏
责任编辑：李　征
营销推广：ONEBOOK
装帧制造：墨白空间·陈威伸

北京联合出版公司出版
（北京市西城区德外大街 83 号楼 9 层　100088）
天津翔远印刷有限公司印刷　新华书店经销
字数 420 千字　787 毫米 × 1092 毫米　1/16　24.5 印张　插页 8
2016 年 8 月第 1 版　2018 年 4 月第 4 次印刷
ISBN 978-7-5502-6441-0
定价：68.00 元

后浪出版咨询（北京）有限责任公司常年法律顾问：北京大成律师事务所　周天晖 copyright@hinabook.com
未经许可，不得以任何方式复制或抄袭本书部分或全部内容
版权所有，侵权必究
本书若有质量问题，请与本公司图书销售中心联系调换。电话：010-64010019